과학의 역사

A Little History of Science by William Bynum

A LITTLE HISTORY *of* SCIENCE

세계를 탐구하고
지식의 경계를 넘다

과학의 역사

윌리엄 바이넘 지음 | 고유경 옮김

연대표로 보는 과학의 역사

연대	사건	과학사
BC 3500~ BC 2000	고대 문명 : 이집트, 바빌로니아, 중국, 인도	
BC 500		고대 그리스 • 엠페도클레스(BC 500?~BC 430?) : 4원소설 주창 • 데모크리토스(BC 460?~BC 380?) : 원자론자, '원자와 허공' • 히포크라테스(BC 460?~BC 370?) : '의학의 아버지', 4체액설
BC 300	그리스의 알렉산드로스 대왕, 이집트 정복 (BC 332)	• 아리스토텔레스(BC 384~BC 322) : 목적론적 세계관, 4원인설 • 유클리드(BC 330?~BC 260?) : 기하학 집대성, 『기하학 원론』
AD 100		• 프톨레마이오스(100?~178?) : 천동설 주장, 『알마게스트』 • 갈레노스(129~210?) : 4체액설 완성, '프네우마' 이론
300	로마 제국 동서 분열 (307)	
400	서로마 제국 멸망 (476)	
600	이슬람교 (610)	• 브라마굽타(598~665?) : '0'을 최초로 사용
800	'지혜의 집' (9세기경)	이슬람 • 라제스(854?~925?) : 천연두 정의
900		• 이븐 시나(980~1037) : 『의학전범』
1200	유럽, 중세 대학 등장 (11~12세기)	
1300	흑사병 유럽 전파 (1340년대)	
1400	르네상스 (14~16세기)	• 파라셀수스(1493?~1541) : 연금술사, 근대 의학의 선구자 • 니콜라우스 코페르니쿠스(1473~1543) : 지동설, 『천체의 회전에 관하여』
1500		• 안드레아스 베살리우스(1514~1564) : 해부학의 창시자 • 갈릴레오 갈릴레이(1564~1642) : '그래도 지구는 돈다' • 윌리엄 하비(1578~1657) : 혈액순환론 • 마르첼로 말피기(1628~1694) : 현미경으로 모세혈관 발견 • 프랜시스 베이컨(1561~1626) : '아는 것이 힘이다' • 르네 데카르트(1596~1650) : '나는 생각한다, 고로 존재한다', 정신과 육체의 이원론
1600	30년 전쟁 (1618~1648)	• 로버트 보일(1627~1691), 로버트 훅(1635~1703) : 보일의 법칙 • 아이작 뉴턴(1642~1727) : '유율법(미적분학)' 발명, 뉴턴의 운동 법칙, 『프린키피아』 ⇔ G. W. 라이프니츠(1646~1716) : 미적분학 발명

1700	산업혁명 (1760~1840)	• 벤저민 프랭클린(1706~1790) : 피뢰침 발명 • 알레산드로 볼타(1757~1827) : 전기더미 발명 • 칼 폰 린네(1707~1778) : 생물분류학의 아버지 • 앙투안 로랑 라부아지에(1743~1794) : '현대 화학의 아버지', 산소 발견, 『화학 원론』 • 존 돌턴(1766~1844) : 근대의 '원자론' • 아메데오 아보가드로(1776~1856) : 아보가드로 법칙 • 마이클 패러데이(1791~1867) : 전기 에너지를 역학적 에너지로 변환 • 제임스 클러크 맥스웰(1831~1879) : 전자기학을 수학적으로 정리, 『전자기론』 • 리처드 오언(1804~1892) : '공룡'이라는 이름을 처음 사용 • 조르주 퀴비에(1769~1832), 윌리엄 버클랜드(1784~1856) : 격변론자 ⇔찰스 라이엘(1797~1875) : 동일과정론자
1800	영국, 만국박람회 개최 (1851)	• 찰스 다윈(1809~1882) : 진화론, 『종의 기원』 • 루돌프 피르호(1821~1902) : 『세포병리학』 • 루이 파스퇴르(1822~1895) : 생물속생설, 저온살균법과 백신 개발 ⇔ 펠릭스 푸셰(1800~1872) : 자연발생설 • 루돌프 클라우지우스(1822~1888) : 엔트로피 개념 도입 • 드미트리 이바노비치 멘델레예프(1834~1907) : 주기율표 고안 • 어니스트 러더퍼드(1873~1937) : 핵물리학의 창시자 • 닐스 보어(1885~1962) : 보어 원자 모형 • 제임스 채드윅(1891~1974) : 중성자 발견 • 빌헬름 뢴트겐(1845~1923) : 엑스선 발견 • 피에르 퀴리(1859~1906), 마리 퀴리(1867~1934) : 방사능 연구 • 알베르트 아인슈타인(1879~1955) : 상대성이론, $E=mc^2$ • 막스 플랑크(1858~1947) : 흑체 복사, 에너지의 양자화 • 베르너 하이젠베르크(1901~1976) : 불확정성 원리 • 알프레트 베게너(1880~1930) : 대륙이동설, '판게아' • 그레고어 멘델(1822~1884) : 유전 법칙 • 칼 피어슨(1857~1936) : 생물계측학파 ⇔ 윌리엄 베이트슨(1861~1926) : 멘델학파 • 토머스 헌트 모건(1866~1945) : 초파리 실험, 염색체와 유전 물질
1900	제1차 세계대전 (1914~1918) 제2차 세계대전 (1939~1945) 인간 유전체 프로젝트 (1990~2013)	• 알렉산더 플레밍(1881~1955), 하워드 플로리(1898~1968), 언스트 체인(1906~1979) : 페니실린 발견 • J. J. R. 매클라우드(1876~1935), 프레더릭 밴팅(1891~1941) : 인슐린 발견 • 모리스 윌킨스(1916~2004), 로잘린드 프랭클린(1920~1958), 제임스 왓슨(1928~), 프랜시스 크릭(1916~2004) : DNA 이중 나선 구조 발견 • 에드윈 허블(1889~1953) : 우주의 팽창 증명, 허블의 법칙 • 조지 가모프(1904~1968) : 빅뱅 우주론 ⇔ 프레드 호일(1915~2001) : '정상 상태' 우주론 • 리처드 파인만(1918~1988) : 양자전기역학 • 라인하르트 겐첼(1952~) : 우리은하의 초대질량 블랙홀 확인 • 베라 루빈(1928~2016) : 암흑물질 증거 발견 • 앨런 튜링(1912~1954) : 암호 해독, 인공지능 개념 고안 • 존 바딘(1908~1991), 월터 브래튼(1902~1987), 윌리엄 쇼클리(1910~1989) : 트랜지스터 개발 • 팀 버너스 리(1955~), 로베르 카이오(1947~) : 월드와이드웹 개발 • 빌 게이츠(1955~), 스티브 잡스(1955~2011) : 개인용 컴퓨터 혁명 주도

| 차례 |

1 과학의 첫걸음 009

2 바늘과 숫자 016

3 원자와 허공 027

4 의학의 아버지 | 히포크라테스 034

5 지식인들의 스승 | 아리스토텔레스 041

6 황제의 주치의 | 갈레노스 050

7 이슬람 과학 057

8 암흑 밖으로 062

9 현자의 돌을 찾아서 068

10 인체의 비밀을 벗기다 076

11 우주의 중심은 어디일까? 084

12 사탑과 망원경 | 갈릴레오 093

13 돌고 돌아 | 하비 101

14 아는 것이 힘이다 | 베이컨과 데카르트 108

15 새로운 화학 118

16 올라간 것은 반드시 떨어진다 | 뉴턴 126

17 밝은 불꽃 136

18 우주라는 태엽 장치 144

19 세계의 질서 153

20 공기와 기체 161

21 물질을 구성하는 아주 작은 입자 170
22 힘과 장, 자기 179
23 공룡 발굴 187
24 지구의 역사 196
25 지구상에서 가장 위대한 쇼 205
26 생명이 담긴 작은 상자 216
27 기침과 재채기, 그리고 질병 225
28 엔진과 에너지 237
29 원소로 이루어진 표 246
30 원자 속으로 255
31 방사능 263
32 판도를 바꾸다 | 아인슈타인 273
33 움직이는 대륙 282
34 우리는 무엇을 물려받는가 290
35 인간 연구 300
36 기적의 약 310
37 인체의 구성 요소 320
38 '생명의 책' 읽기 | 인간 유전체 프로젝트 328
39 빅뱅 336
40 디지털 시대의 과학 347

옮긴이의 말 355
찾아보기 358

● 일러두기

1. 이 책의 본문에 나오는 각주는 옮긴이가 독자들의 이해를 돕기 위해 달았습니다.
2. 본문 중 원어는 괄호 없이 병기하는 것을 원칙으로 삼았습니다.
3. 인명과 지명, 용어 등은 가급적 '찾아보기'에 원어를 병기하고 책명은 한국어판 제목에 원어를 병기했습니다.
4. 일반적인 책명에는 '『 』'를, 작품명이나 연극명, 논문 제목 등에는 '「 」'를, 정기간행물(잡지 등)에는 '〈 〉'를 붙였습니다. 단, 바이블 제목 앞뒤에는 기호를 생략했습니다.

CHAPTER 1

과학의 첫걸음

과학은 특별하다. 우리 자신을 비롯해 세계와 그 안에 존재하는 모든 것을 이해하는 데 과학보다 좋은 방법은 없다.

사람들은 수천 년 동안 주위에서 목격하는 현상에 의문을 품었고, 여기에서 그들이 내린 결론은 많은 변화를 겪었다. 과학도 마찬가지다. 과학은 역동적이며 한 세대가 다음 세대로 전달하는 개념과 발견을 기반으로 하고, 완전히 새로운 사실이 발견될 때 엄청난 도약을 한다. 여기에서 변하지 않는 요소는 과학을 하는 사람들의 호기심, 상상력, 지성이다. 오늘날 우리는 과거보다 더 많은 사실을 알아냈겠지만 3,000년 전에 세계를 깊이 탐구한 사람들도 우리만큼이나 현명했다.

대부분 '과학'이라고 하면 실험실의 현미경이나 시험관을 떠올리지만, 이 책에서 그런 내용만 다루지는 않을 것이다. 인류 역사를 통틀어 과학은 마법, 종교, 기술과 함께 세계를 이해하고 통제하기 위해 활용되었다. 과학은 매일 아침 일출을 보는 것처럼 단순한 일이기도 하고, 새로운 화학 원소를 발견하는 것만큼 복잡한 일이기도 하다. 마법은 별을 보며 미래를 예언하는 일이기도 하고, 검은 고양이가 지나간 길을 피하는 것처럼 미신이라고 부르는 일이기도 하다. 종교는 신의 노여움을 달래기 위해 동물을 제물로 바치는 일이기도 하고, 세계 평화를 위해 기도하는 일이기도 하다. 기술은 불을 피우는 방법을 알아내는 일이기도 하고, 새로운 컴퓨터를 발명하는 일이기도 하다.

이러한 과학, 마법, 종교, 기술은 인도나 중국, 중동 전역에 걸쳐 강 유역에 정착한 고대 사회에서 활용되었다. 강 유역은 비옥하여 매년 농작물을 심을 수 있고, 그 수확량은 대규모 공동체에 식량을 공급할 수 있을 만큼 충분했다. 덕분에 이 공동체의 일부 구성원은 충분한 시간을 들여 한 가지 일에 집중하고 끊임없이 연마하여 전문가가 될 수 있었다. 최초의 '과학자'는 (당시에는 그렇게 부르지 않았겠지만) 아마도 사제였을 것이다.

처음에는 '앎'을 추구하는 과학보다 '행동'에 초점을 맞춘 기술이 더 중요했다. 농작물을 재배하거나 옷을 만들고 요리를 하려면 먼저 무슨 일을 어떻게 해야 하는지 알아야 했다. 어떤 작물을 피하고 어떤 작물을 재배해야 할지 결정할 때 '왜' 어떤 열매에는 독성이 있는지, '왜' 어떤 식물은 먹어도 되는지는 알 필요가 없었다. 왜 매일 아침저녁으로 해가 뜨고 지는지도 알 필요가 없었다. 하지만 인간에게는 주변 세계를 이해하는 능력이 있었을 뿐만 아니라 호기심도 많았고, 이 호기심이 바로 과학의 중심축이었다.

우리는 단순한 이유로 다른 고대 문명보다 바빌론(현재의 이라크) 문명에 대해 더 많은 사실을 알고 있다. 점토판에 기록이 남아 있기 때문이다. 거의 6,000년 전에 쓰인 수천 개의 점토판이 지금까지 살아남았다. 이 점토판을 살펴보면 바빌로니아인이 어떻게 세계를 바라보았는지 이해할 수 있다. 바빌로니아인은 굉장히 조직적이었고 수확량과 비축량, 국가 재정을 꼼꼼하게 꾸준히 기록했다. 고대 사제들은 현상이나 수치를 살펴보는 데 많은 시간을 할애했다. 또한 '과학자'로서 땅을 측량하거나 거리를 측정하고 하늘을 보며 셈법을 개발했다. 이들의 셈법 중 일부는 오늘날에도 여전히 사용되고 있다. 현대인처럼 바빌로니아인도 수를 셀 때 표식을 활용했다. 바로 네 개의 선을 수직으로 그은 후, 다섯 번째 선은 대각선으로 가로지르는 형태였다. 흔히 감옥을 배경으로 하는 만화에서 수감자들이 남은 수감 기간을 헤아릴 때 이런 기호를 사용한다. 훨씬 더 중요한 사실은 1분을 60초로, 한 시간을 60분으로, 원을 360도로, 1주일을 7일로 정한 장본인이 바로 바빌로니아인이었다는 것이다. 사실 흥미롭게도 1분이 60초이고 1주일이 7일이어야 하는 이유는 딱히 없다. 다른 숫자를 썼어도 상관없었을 것이다. 그러나 바빌로니아의 체계는 다른 곳에서도 사용되어 정착되었다.

바빌로니아인은 천문학에, 즉 하늘을 관찰하는 데 능했다. 이들은 수년에 걸쳐 밤하늘에 존재하는 별과 행성의 위치에서 어떤 규칙성을 인식하기 시작했다. 그리고 지구가 만물의 중심이며 우리와 별이 마법적으로 강력하게 연결되어 있다고 믿었다. 이들에게 지구는 우주의 중심이었기 때문에 행성으로 취급되지 않았다. 바빌로니아인은 밤하늘을 열두 개의 영역으로 나누고 각각에 특정한 별의 무리, 즉 '별자리'와 관련된 이름을 붙였다. 이들은 하늘에서 점 잇기 게임을 하며 별자리에서 천칭이나 전갈 같은 사물과 동물의 형태를 보았다. 이 별자리들은 최초의 황도 12궁으로, 별이 인간에게 미치는 영향을 연구한 점성술의 기초가 되었다. 이후 고대 바빌론에서 점성술과 천문학은 수 세기 동안 밀접하게 연결되어 있었다. 오늘날에는 대부분 자신이 태어난 달의 별자리를 알고 있으며(나는 황소자리다), 신문이나 잡지에서 인생의 조언을 얻으려고 별점 운세를 읽는다. 하지만 이제 점성술은 현대 과학으로 분류되지 않는다.

바빌로니아는 고대 중동에 존재했던 여러 뛰어난 문명 중 하나였을 뿐이다. 가장 잘 알려진 것은 기원전 3500년경에 나일 강을 따라 정착한 이집트 문명이다. 이집트 문명 전후로 이렇게 단 하나의 자연 지형에 의존하는 경우는 없었다. 이집트인은 생존하기 위해 나일 강에 의존했다. 매년 이 거대한 강이 범람하면 비옥한 토사가 밀려와 강둑 주변의 땅이 메워졌고 이듬해 농사를 준비할 수 있었기 때문이다. 이집트는 매우 덥고 건조했기 때문에 그림이나 일종의 그림문자, 즉 상형문자와 같이 오늘날 우리가 감탄하며 배울 수 있는 유산이 많이 살아남았다. 그러나 이집트가 그리스와 로마에 차례로 정복당하면서 상형문자를 읽고 쓸 줄 아는 사람들이 사라지는 바람에 이집트인이 남긴 글은 거의 2,000년 동안 해석되지 못한 채로 남아 있었다. 그러다 1798년에 한 프랑스 군인이 이집트 북부 로제타 근처 작은 마을의 오래된 돌무더기에서 둥근 석판을 발견했다. 여기에는 한 선언문이 세 가지 언어, 즉 상형문자, 그리스어, 민중문자demotics라고 불리는 또 다른 형태의 이집트 문자로 각각 쓰여 있었다. 이 로제타석은 런던으로 옮겨져 대영박물관에 전시되어 있다. 이 석판은 엄청난 실마리를 제공했다! 학자들은 그리스어를 읽을 수 있었기 때문에 상형문자를 번역하고 신비한 이집트 문자까지 해독할 수 있었다. 이렇게 우리는 고대 이집트인의 생각이나 관습을 실제로 파악할 수 있게 되었다.

이집트와 바빌로니아의 천문학은 비슷했지만, 이집트인이 사후 세계에 보인 관심으로 미루어볼 때 이들이 별을 더 열심히 관측했으리라는 사실을 유추할 수 있다. 달력은 작물을 심기에 가장 좋은 시기나 나일 강이 범람하는 시기를 알려주었을 뿐 아니라 종교 행사를 계획할 때도 매우 중요했다. 이집트에서 '자연 주기'에 따른 1년은 360일, 즉 1주를 10일, 1개월을 3주로 계산한 12개월로 이루어져 있었으며, 계절이 어긋나지 않도록 연말에 5일이 추가되었다. 이집트인은 우주가 네모난 상자 형태이며 세계는 이 상자의 바닥에 존재하고 나일 강이 그 세계의 중심을 정확히 관통한다고 생각했다. 한 해는 나일 강이 범람하는 시기에 맞춰 시작되었고, 이집트인은 이 현상을 밤하늘에서 가장 밝은 별, 즉 시리우스라는 별이 밤마다 떠오르는 시기와 연관 지었다.

바빌론에서처럼 이집트 사제들은 통치자인 파라오의 궁정에서 중요한 역할을 했다. 파라오는 신성하다고 여겨졌으며 내세를 누릴 수 있었다. 이는 파라오가 실제로 거대한 왕릉인 피라미드를 건설한 이유 중 하나이다. 파라오와 그들의 친척, 기타 주요 인물은 이 거대한 구조물에 하인, 개, 고양이, 가구, 식량 보급품을 마련해놓고 다음 세상에서 누릴 새로운 삶을 기다렸다. 이러한 인물들의 시신을 보존하기 위해(궁극적으로는 악취가 나며 부패된 상태로 내세에 나타나지 않도록), 이집트인들은 시신 방부 처리 기술을 개발했다. 먼저 기다란 갈고리로 콧구멍을 통해 뇌를 빼내는 등 장기를 제거하여 특별한 항아리에 담았다. 남은 시신은 보존하기 위해 화학 처리를 한 후, 리넨 천으로 감싸 무덤 내부에 안치했다.

시신 방부 처리를 담당한 이집트인들은 심장이나 폐, 간, 신장이 어떻게 생겼는지 자세히 알고 있었을 것이다. 하지만 안타깝게도 자신이 제거한 장기에 대한 기록을 남겨두지 않았기 때문에 당시에 장기가 어떠한 기능을 한다고 생각했는지는 확인할 수가 없다. 그러나 의학적 내용이 적힌 다른 파피루스 고문서가 발견되었고, 여기에서 이집트의 의술과 수술에 관련된 정보를 얻을 수 있었다. 당시에 흔히 그랬듯이, 이집트인들은 종교와 마법, 자연 현상이 뒤섞여 질병이 발생한다고 믿었다. 당시 치료사들은 환자에게 처방을 내리면서 주문을 외웠을 것이다. 그러나 이집트인이 개발한 치료법 중 상당수는 실제로 질병을 주의 깊게 관찰해서 얻은 것처럼 보인다. 당시에 부상이나 수술로 생긴 상처에 발랐던 일부 약품은 상처를 세균에서 보호하여 치유하는 역할을 하기도 했다. 이는 세균의 정체를 알아내기 수천 년 전의 일이었다.

이 시기에는 셈법, 천문학, 의술이 가장 뚜렷한 '과학' 분야였다. 셈법은 농작물을 심거나, 거래하기 전에 물건이 '얼마나 많은지'를 헤아리거나, 당장 동원할 수 있는 군인이나 피라미드 건설 노동자가 충분한지 확인하는 데 사용되었다. 천문학도 중요했다. 해와 달, 별이 날짜, 달, 계절과 매우 밀접하게 연관되어 있어 달력을 만들기 위해서는 그 위치를 꼼꼼히 기록해야 했기 때문이다. 의술은 사람들이 아프거나 다치면 자연스럽게 의지하는 분야이기 때문에 필수적이었다. 하지만 각 분야에는 마법, 종교, 기술, 과학이 뒤섞여 있었으며, 우리는 이 중동의 고대 문명에서 사람들이 어떤 일을 왜 했는지, 즉 일반 대중이 일상을 어떻게 영위했는지 알아내기 위해 상당 부분 추측에 의존해야 한다. 역사에 기록을 남긴 사람은 대부분 글을 읽고 쓸 수 있는 권력자였기 때문에 일반 대중에 대한 정보는 늘 부족하다. 이러한 현상은 멀리 아시아에서 비슷한 시기에 시작된 고대 문명인 중국과 인도 문명에서도 마찬가지였다.

CHAPTER 2

바늘과 숫자

바빌론과 이집트에서 동쪽으로 계속 이동하다 보면 바위투성이의 히말라야 산맥을 사이에 두고 고대 문명이 번성했던 인도와 중국에 이르게 된다. 약 5,000년 전, 사람들은 인더스 강과 황허 계곡을 따라 늘어선 마을과 도시에 살고 있었다. 당시 인도와 중국은 지금보다도 훨씬 더 넓은 영토를 자랑했다. 두 문명 모두 향신료 무역로spice route를 따라 형성된 광대한 육상 및 해상 무역 네트워크의 일부였으며 글쓰기와 과학이 고도로 발달해 있었다. 과학과 무역은 상부상조하는 관계였다. 과학은 무역에 도움이 되었고, 무역으로 얻은 부富 덕분에 학문이라는 사치가 성행할 수 있었다. 실제로 1500년경까지 이 두 문명의 과학은 적어도 유럽 수준까지 발전해 있었다. 인도는 인류에게 숫자를 알려주었으며 수학에 대한 애정을 보여주었다. 중국에서는 종이와 화약, 항해에 필수적인 장비인 나침반을 발명했다.

오늘날 중국은 세계적인 강대국이다. 중국에서 생산된 옷, 장난감, 전자 제품 등이 전 세계에서 판매되고 있다. 당장 여러분의 운동화 상표를 확인해보시라. 그러나 수 세기 동안 서구에서는 이 거대한 나라를 우습게 여기거나 의심의 눈초리로 바라보았다. 중국인들은 모든 일을 자신만의 방식으로 해결했기 때문에 신비롭고 변화에 둔감한 것처럼 보였다.

이제는 중국이 언제나 역동적이었으며 중국의 과학 역시 끊임없이 변화하고 있었다는 사실이 잘 알려져 있다. 그러나 중국에서 수 세기 동안 변하지 않은 한 가지는 바로 '문자'였다. 중국의 한문은 사물을 나타내는 작은 그림에 해당하는 표의문자로 이루어져 있어, 자모로 이루어진 알파벳을 사용하는 사람들에게는 낯설어 보일 수 있다. 그러나 이러한 작은 그림을 해석할 수 있다면 아주 오래된 한문도 최근에 쓰인 글처럼 쉽게 읽을 수 있다. 사실 우리는 글을 쉽게 쓸 수 있도록 해준 종이를 발명한 중국에 감사해야 한다. 가장 오래된 종이는 서기 150년경에 만들어진 것으로 알려져 있다.

중국을 통치하기는 결코 쉽지 않았겠지만, 과학이 유용한 역할을 했다. 역사상 가장 위대한 공학 사업이라고 할 수 있는 중국의 만리장성은 기원전 5세기 동주東周 시대에 건설되기 시작했다. (중국 역사는 강력한 통치자와 왕실에 따른 시대로 구분된다.) 만리장성은 북쪽의 이민족을 막으려고 지어졌지만, 중국인이 외부로 빠져나가지 못하게 하려는 목적도 있었다! 만리장성을 완성하는 데는 수 세기가 걸렸고 끊임없이 증축하고 보수하면서 이제는 총 길이가 약 8,850킬로미터에 이른다. (수년간 사람들은 만리장성이 우주에서도 보일 것으로 생각했지만, 사실이 아니다. 중국 우주비행사조차 이 구조물을 확인하지 못했다.) 중국이 남긴 주목할 만한 또 다른 공학적 업적인 대운하는 5세기 수나라 시대에 착공되었다. 수천 킬로미터에 달하는 이 운하는 그 경로에 있는 자연 수로를 일부 활용하여 북쪽의 거대한 내륙 도시인 베이징과 남쪽 해안 도시인 항저우를 연결했고, 더 나아가 외부까지 뻗어 나갔다. 이 역사적인 건축물에서 우리는 중국 측량사와 공학자의 기술력뿐만 아니라 건설에 들어간 엄청난 양의 고된 노동을 가늠할 수 있다. 중국에서 손수레도 발명되었지만, 노동자들은 여전히 땅을 파고 직접 자재를 옮기면서 이 건축물을 지어야 했다.

중국에서는 우주를 살아 있는 유기체로 보았으며, 힘이 만물을 연결한다고 생각했다. 기본이 되는 힘 또는 에너지는 '기氣'라고 불렀다. 여기에는 두 가지의 힘, 음陰과 양陽이 있었다. 음은 여성적 원리로 어둠, 구름이나 습기와 관련되어 있는 반면, 양은 남성적 원리로 햇빛, 열, 온기와 관련되어 있었다. 온전히 음이나 양의 성질만 띠는 사물은 없으며, 음양은 항상 다양한 비율로 혼합되어 있다. 중국 철학에 따르면 개인은 어느 정도의 음과 양을 지니고 있으며, 이 음양의 조합에 따라 개인의 정체성과 행동 양식이 달라진다.

중국에서는 우주가 물, 쇠, 나무, 불, 흙의 다섯 가지 요소로 구성되어 있다고 믿었다. 이 요소들은 단순히 우리 주변에서 볼 수 있는 평범한 물이나 불이 아니라 함께 어우러져 지상과 천상 세계를 구성하는 원리였다. 물론 요소마다 성질은 각기 달랐지만, 각각의 힘은 변신 로봇 장난감처럼 서로 맞물린다. 예를 들어 나무로 된 삽이 흙을 팔 수 있듯이 나무는 흙을 이긴다. 쇠는 나무를 깎을 수 있고, 불은 쇠를 녹이며, 물은 불을 끄고, 흙은 물을 막을 수 있다. 이는 마치 중국에서 유래한 가위바위보 놀이와 유사해 보인다. 음양의 힘이 결합한 이 요소들은 시간과 자연의 주기, 계절, 생성과 소멸의 순환, 태양과 별, 행성의 움직임을 만들어낸다.

만물은 이러한 요소들로 이루어져 있기 때문에 어떤 의미에서는 모두 살아 있고 서로 연결되어 있다. 그래서 중국에서는 물질의 기본 단위인 '원자'라는 개념이 등장하지 않았다. 게다가 중국의 자연철학자들은 모든 것을 '과학적'으로 이해하기 위해 숫자로 나타낼 필요는 없다고 생각했다. 산수는 물건을 사고팔 때 총액을 계산하거나 물건의 무게를 잴 때 필요한 매우 실용적인 도구일 뿐이었다. 줄에서 구슬을 움직여 셈을 놓는 도구인 주판은 1500년대 말의 기록에 등장하지만, 아마 더 일찍 발명되었을 것이다. 주판을 활용하면 더하기, 빼기, 곱하기, 나누기 같은 셈을 빠르게 할 수 있었다.

하루와 1년의 길이를 계산할 때도 숫자가 사용되었다. 기원전 1400년에 이미 중국인들은 1년이 365와 4분의 1일이라는 사실을 알고 있었고, 여느 고대 문명처럼 달을 관찰하여 한 달의 길이를 계산했다. 또한 다른 모든 고대인처럼 태양이 하늘의 같은 지점으로 돌아오는 시간의 길이로 1년을 쟀다. 목성 같은 행성이나 별의 운동 주기는 자연의 만물이 순환한다는 개념과 잘 맞아떨어졌다. '태극상원太極上元'은 우주 전체가 한 번의 순환주기를 완전히 마치는 데 걸리는 시간을 구한 방대한 양의 계산 결과로, 그 값은 2,363만 9,040년이었다. 이는 우주가 매우 오래되었다는 사실을 의미했다. (물론 지금은 그보다 훨씬 더 오래되었다는 사실이 밝혀졌다.) 또한 중국인들은 우주의 구조에 관심을 가졌다. 고대 중국의 별자리 지도를 보면 중국인들이 휘어진 공간에 존재하는 천체를 2차원 지도에 표시한 방식을 확인할 수 있다. 후한 시대(25~220년)에는 태양, 달, 별이 바람의 흐름에 따라 공간을 떠다닌다고 믿는 이들이 등장했다. 이러한 생각은 천체가 구체에 고정되어 있다고 믿었던 고대 그리스인의 생각과 매우 다르며, 오늘날 우리가 우주를 이해하는 방식과 비슷하다. 중국의 천문학자들은 특이한 사건을 아주 면밀히 기록했고, 그 기록은 아주 오래되어 지금까지도 현대 천문학자들에게 유용하게 사용되고 있다.

중국인들은 지구의 나이가 아주 많다고 믿었기 때문에 화석이 한때 살아 있었던 식물이나 동물이 굳은 잔해라는 사실을 쉽게 알아차렸다. 이들은 돌을 경도나 색깔 같은 성질에 따라 분류했다. 옥은 특히 귀중한 광물이었고, 장인들은 옥으로 아름다운 조각상을 만들었다. 지진이 중국에서 흔한 현상이었음에도 발생하는 이유를 설명할 수 있는 사람은 없었지만, 2세기의 학자

장형張衡은 땅이 흔들릴 때 움직이도록 무게 추를 매달아 지진을 기록했다. 이러한 구조는 직선을 그리다가 지진이 일어나면 구불구불한 선을 그리는 기기인 지진계의 초기 형태였다.

자기력은 실용적인 목적으로 사용되었다. 중국인들은 철을 고온으로 가열하여 남북 방향을 가리키게 한 후 그대로 식혀서 철에 자성을 입히는 방법을 알아냈다. 중국은 서양보다 훨씬 앞서 나침반을 발명했고, 항해하거나 운수를 점치는 데 사용했다. 당시에는 자성을 띠는 바늘을 물그릇에 띄워놓은 '습식' 형태의 나침반이 가장 흔했다. 지금은 보통 나침반 바늘이 북쪽을 가리킨다고 말하지만, 중국의 나침반 바늘은 남쪽을 가리켰다. (물론 지금의 나침반 바늘도 반대쪽 끝은 남쪽을 가리킨다. 모두 합의만 한다면 어느 쪽을 선택하든 상관없다.)

중국인들은 화학에도 능했다. 뛰어난 화학자들 중 상당수는 기원전 6세기에서 기원전 4세기 사이에 살았던 노자를 따르는 종교, 즉 도교의 신자였다. (도교道教에서 '도道'는 '길'을 의미한다.) 그 외에 공자나 석가모니를 따르는 이들도 있었다. 각 종교 지도자의 철학은 해당 종교를 따르는 이들이 우주를 연구하는 태도에 영향을 주었다. 종교는 언제나 인간이 주변을 바라보는 방식에 영향을 미친다.

당시 중국인의 화학 기술은 꽤 정교했다. 예를 들어 중국인들은 알코올 같은 물질을 증류하거나 용액에서 구리를 추출할 수 있었다. 또한 숯과 황, 질산칼륨을 섞어 화약을 만들었다. 이 화약은 최초의 화학 폭탄이었으며 폭죽과 무기를 발명하는 데 기초가 되었다. 어떻게 보면 화약은 화학계의 음과 양을 보여준다고 할 수 있다. 궁정에서는 엄청난 규모의 불꽃놀이를 즐기며 폭죽을 터뜨렸지만, 이미 10세기부터 동부의 전장에서는 화약을 사용해 총기와 대포를 발사했다. 이 강력한 물질을 만드는 방법과 사용법이 어떻게 유럽에 전해졌는지는 확실하지 않지만, 1280년대에 유럽에도 화약이 존재했다는 기록이 남아 있다. 화약을 사용하면서 모든 전쟁은 점점 더 참혹해졌다.

중국에도 연금술사가 있었으며, 이들은 수명을 연장하거나 영생을 누릴 수 있게 해주는 물질인 '불로장생'의 영약을 찾고자 했다. (연금술은 제9장에서 더 자세히 다룰 것이다.) 하지만 이런 약은 발견되지 않았고, 사실 몇몇 황제는 이 실험적이고 위험한 '치료'를 하지 않았다면 오히려 더 오래 살았을지도 모른다. 이 마법의 물질을 찾는 과정에서 일반적인 질병을 치료하는 데 사용할 수 있는 약이 다수 발견되었다. 중국 의사들은 유럽에서처럼 질병을 치료하기 위해 식물 추출물을 활용했을 뿐만 아니라 유황과 수은 등 여러 물질로 화합물을 제조했다. 쑥과의 식물은 열을 내리는 데 사용되었다. 쑥에서 추출물을 얻은 후, 생명에 필수적인 체액이 잘 흐를 수 있도록 피부의 특정 지점에 올려놓고 태웠다. 이 제조법과 사용법은 1,800여 년 전에 작성된 약 관련 서적에서 최근에 발견되었다. 현대에 실험해본 결과, 이 방법은 오늘날 열대 국가의 주요 사망 원인인 말라리아에 효과적인 것으로 나타났다. 말라리아의 증상 중 하나가 고열이기 때문이다.

기원전 2세기부터 이미 중국에서는 의학서가 저술되기 시작했으며, 고대 중국 의학은 오늘날까지 전 세계에 걸쳐 살아남았다. 피부의 특정 부위에 바늘을 꽂는 침술은 질병을 치료하거나 스트레스를 완화하고 통증을 줄이는 데 널리 사용된다. 이는 신체에 기 에너지가 흐르는 길이 존재하여 침술사가 바늘로 이 길을 자극하거나 뚫어줄 수 있다는 생각에서 비롯한다. 통증을 완화하기 위해 수술을 하기도 했지만, 때로는 환자의 몸에 바늘을 꽂기만 해도 해결되었다. 현대의 중국 과학자와 서양 과학자가 하는 일은 별반 차이가 없지만, 중국의 전통 의학은 여전히 세계적으로 인기가 높다.

인도의 전통 의학도 마찬가지다. 이는 '아유르베다Ayurveda'라고 불리며, 기원전 200년에서 서기 600년 사이에 쓰인 고대 언어 산스크리트어로 작성된 같은 이름의 의학서를 기반으로 한다. 아유르베다에서는 체내를 흐르는 액체가 있다고 여기며, 이를 '도샤dosha'라고 한다. 이 도샤에는 바타vata, 피타pitta, 카파kapha의 세 종류가 있다. 바타는 건조하며 차갑고 가볍다. 피타는 뜨겁고 시면서 자극적이다. 카파는 차고 무거우며 달콤하다. 이러한 도샤는 신체가 적절히 기능하는 데 필수적이며, 셋 중 하나 이상이 너무 많거나 적으면, 또는 이들이 잘못된 위치에 있으면 질병이 발생한다. 환자의 피부를 살펴보고 맥박을 재는 일 또한 인도 의사들이 질병을 진단할 때 매우 중요했다. 그리고 약물과 마사지, 특수한 식이요법으로 신체의 불균형을 바로잡을 수 있었다. 인도 의사들은 아편 성분이 있는 양귀비즙을 사용하여 환자를 진정시켰고 통증을 완화했다.

인도의 다른 의학서 『수스루타Susruta』에서는 수술을 집중적으로 다루었다. 여기에서 다룬 수술 중에 당시로서는 놀라울 정도로 섬세한 것도 있었다. 예를 들어 환자가 백내장(눈의 수정체가 혼탁해져 시력이 약해지는 현상)을 앓고 있을 때 의사는 안구에 바늘을 조심스럽게 밀어 넣어 백내장이 있는 부위를 한쪽으로 밀어냈다. 인도 의사들은 손상된 코를 재건하기 위해 환자의 자체 피부조직을 사용했으며, 이는 현대의 성형수술에 해당하는 최초의 사례라고 할 수 있다.

아유르베다는 힌두교도 의사가 행한 의술이었다. 1590년경 인도에 이슬람교도들이 정착했을 때, 초기 이슬람교도 의사들은 고대 그리스 의학을 자체적으로 해석한 의학 지식을 들여왔다. 이 의술은 '그리스식'이라는 뜻의 유나니Yunani라고 불렸으며 아유르베다와 함께 발전했다. 두 의술 모두 우리에게 익숙한 서양 의학과 함께 오늘날까지 인도에서 사용되고 있다.

인도에는 자체적으로 일군 과학적 전통이 있었다. 인도의 천문학자들은 그리스 천문학자 프톨레마이오스의 이론과 인도 불교 선교사들이 들여온 중국의 과학을 받아들여 하늘과 별, 달을 이해했다. 인도의 고대 도시 우자인에는 관측소가 있었고, 현재 이름이 알려진 최초의 고대 인도 과학자 바라하미히라(505년경)가 그곳에서 연구를 수행했다. 바라하미히라는 고대 천문학 자료를 수집한 후 자신의 관측 결과를 추가했다. 오랜 시간이 지난 후 16세기에는 델리와 자이푸르에도 관측소가 건설되었다. 인도의 달력은 꽤 정확했으며, 중국인처럼 인도인들도 지구의 나이가 아주 많다고 생각했다. 인도에서 계산한 천문학적 주기는 432만 년이었다. 인도인들도 생명 연장을 위한 영약을 찾으려고 노력했다. 평범한 금속에서 금을 제조하는 방법도 알아내려 했다. 그러나 인도의 과학이 가장 큰 발자취를 남긴 분야는 바로 수학이었다.

우리에게 익숙한 1, 2, 3 등 '아라비아 숫자'라고 부르는 숫자는 인도에서 중동을 거쳐 널리 퍼졌다. '0'이라는 개념도 인도에서 처음 나왔다. 인도 수학자들은 현재까지 사용되고 있는 숫자와 더불어 '자릿수'라는 기본 개념을 사용했다. '170'이라는 숫자를 보자. 여기에서 '1'은 100을 의미하며, '백의 자리'에 놓여 있다. '7'은 70으로 '십의 자리'에 있으며, '0'은 '일의 자리'에 있다. 지금은 너무 자연스러워서 인지조차 못하고 있지만, 자릿수가 없다면 큰 수를 적기가 훨씬 복잡할 것이다. 7세기에 살았던 가장 유명한 고대 인도의 수학자 브라마굽타는 각기둥을 비롯한 도형의 부피를 계산하는 법을 알아냈다. 또한 숫자 '0'을 처음으로 언급했으며, 0을 곱하면 무엇이든 0이 된다는 사실을 알고 있었다. 거의 500년이 지난 후, 또 다른 인도 수학자 바스카라(1115~?)는 무엇이든 0으로 '나누면' 무한대가 된다고 언급했다. 현대 수학에서 이러한 개념이 없다면 세계를 설명할 수 없을 것이다.

인도와 중국의 전통 의학은 지금까지도 서양 의학과 서로 경쟁 관계이지만, 과학은 다르다. 인도와 중국의 과학자들은 세계의 동료들과 동일한 아이디어와 도구, 목표를 갖고 연구한다. 아시아뿐만 아니라 어디에서든, 이제 '과학'이라고 하면 서양에서 발전한 보편적인 과학을 의미한다.

하지만 숫자는 인도에서, 종이는 중국에서 발명되었다는 사실은 기억할 필요가 있다. 우리가 외우는 '구구단'에는 아주 오래된 동양의 선물이 숨겨져 있다.

CHAPTER 3

원자와 허공

기원전 454년경 그리스의 역사가 헤로도토스(기원전 485?~기원전 425)가 이집트를 방문했다. 우리처럼 헤로도토스도 피라미드와 나일 강 상류의 테베 지역에 있는 18미터 높이의 거대한 조각상들을 보고 깜짝 놀랐다. 그는 이 모든 것이 얼마나 오래되었는지 믿을 수가 없었다. 그러나 이집트의 영광은 사그라졌고 이미 오래전 페르시아에 점령당한 뒤였다. 헤로도토스는 갓 번성하기 시작한 역동적인 사회에 살고 있었고, 100년 후 알렉산드로스 대왕(기원전 356~기원전 323)은 이집트를 정복하기에 이르렀다.

헤로도토스 시대까지는 지중해 동부에서 그리스어로 생각하고 글을 쓰는 사람이 점점 더 늘어나고 있었다. 이들은 그리스 군사들이 거대한 목마를 만들고 그 안에 숨어 있다가 트로이를 물리친 이야기, 트로이 전쟁을 지휘했던 그리스의 군인 오디세우스가 금의환향한 이야기 등을 담은 눈먼 시인 호메로스의 작품을 기록으로 남겼다. 그리스인들은 또한 뛰어난 조선업자이자 상인이었으며 사상가였다.

고대 사상가 중 한 명이었던 탈레스(기원전 625?~기원전 545)는 지금의 튀르키예 해안에 있었던 도시 밀레투스의 상인이자 천문학자, 수학자였다. 탈레스가 직접 쓴 글은 남아 있지 않지만, 후대의 작가들은 탈레스를 언급하며 그가 어떤 사람이었는지 드러내는 일화를 전했다. 정신없이 별을 바라보다가 밑을 살피지 못하고 우물에 빠졌다는 이야기 같은 것이었다. 또한 탈레스는 잇속에 밝았다고 전해진다. 한번은 탈레스가 명석한 두뇌로 올리브의 풍작을 예측했다. 그러고는 추수하기 훨씬 전 아무도 찾지 않을 때 미리 올리브 압착기를 빌린 후, 수확할 때가 되자 더 비싼 값으로 임대했다. 탈레스가 얼빠진 것처럼 과학에만 골몰한 최초의 인물은 아니며, 앞으로 더 보게 되겠지만 과학을 활용해 돈벌이를 한 유일한 학자도 아니었다.

탈레스는 이집트를 방문해 이집트 수학을 그리스에 들여온 인물로 알려져 있다. 이는 탈레스가 개기일식을 정확히 예측했다는 이야기처럼 그저 뜬소문일 수도 있다(탈레스에게 그만한 천문학 지식이 있지는 않았기 때문이다). 그러나 나일 강이 범람하여 땅이 비옥해지거나 지각 내부에서 물이 과열되어 지진이 발생하는 일과 같은 자연 현상을 설명하려고 노력했다는 이야기는 사실일 가능성이 높다. 탈레스는 물을 가장 중요한 요소라고 생각했으며, 지구를 거대한 바다 위에 떠 있는 원반으로 묘사했다. 지금은 매우 우스꽝스럽게 들리지만, 탈레스가 모든 현상을 초자연적인 용어가 아니라 자연적인 용어로 설명하려 했다는 점은 주목할 만하다. 보통 이집트인들은 나일 강이 범람하는 이유를 신에게서 찾았다.

역시 밀레투스 출신인 아낙시만드로스(기원전 611?~기원전 547)는 탈레스와 달리 불이 우주에서 가장 중요한 물질이라고 믿었다.* 시칠리아 출신의 엠페도클레스(기원전 500?~기원전 430)는 우주에 네 가지 원소, 즉 공기, 흙, 불, 물이 존재한다고 여겼다. 이 이론은 중세 말까지 거의 2,000년 동안 사상가들이 받아들이는 기본 개념이었기 때문에 우리에게도 익히 알려져 있다.

기본 개념이었다고 해서 모두가 최종적으로 이 4원소설을 받아들였다는 뜻은 아니다. 그리스나 이후의 로마에서 원자론자로 알려진 철학자 집단은 우주가 원자라는 아주 작은 입자로 구성되어 있다고 주장했다. 초기 원자론자 중 가장 유명한 학자는 기원전 420년경의 인물인 데모크리토스였다. 현재 데모크리토스의 사상은 다른 학자들의 인용구에 단편적으로만 남아 있다. 데모크리토스는 우주에 수많은 원자가 있으며 과거부터 계속 존재했다고 생각했다. 원자는 그 이상 분해되거나 파괴되지 않는다. 너무 작아서 보이지 않지만, 데모크리토스는 원자의 모양이나 크기가 분명 다양할 것이라고 믿었다. 그래야 원자로 이루어진 물질의

* 아낙시만드로스는 '만물의 근원이 물'이라는 탈레스의 주장을 부정하면서, 만물의 근원을 특정 자연물이 아니라 '아페이론apeiron'이라는 무한하고 규정되어 있지 않은 것에서 찾아야 한다고 주장했다. 불이 가장 중요하다고 주장한 철학자는 흔히 헤라클레이토스(기원전 535?~기원전 475?)로 알려져 있다.

맛과 질감, 색이 다양한 이유를 설명할 수 있기 때문이었다. 원자보다 더 큰 물질은 인간이 맛보고 느끼고 보기 때문에 존재할 뿐이었다. 실제로 데모크리토스는 우리가 '물질과 공간'이라고 부르는 '원자와 허공' 이외에 아무것도 존재하지 않는다고 주장했다.

원자론은 그다지 인기가 없었다. 특히 생물이 시행착오를 거쳐 '진화'하는 방식을 설명한 데모크리토스와 그 제자들의 관점은 더욱 그랬다. 재미있게도 코끼리의 코를 물고기에 붙이거나 장미 꽃잎을 감자에 붙이는 것처럼 어떤 조합으로든 서로 이어 붙일 수 있는 동식물의 부위들이 먼저 존재하고, 나중에야 우리가 보고 있는 생물의 형태로 결합한다고 주장하기도 했다. 개의 다리가 우연히 고양이에게 붙으면 그런 동물은 살아남을 수 없기 때문에 개의 다리를 가진 고양이는 있을 수 없다는 식이었다. 따라서 결국에는 개의 다리는 개에게, 다행스럽게도 사람의 다리는 사람에게 붙는다. (그리스에서는 진화라는 개념을 더 현실적으로 바라보았으며, 역시 별로 유쾌하지는 않지만 모든 생물이 아주 오래된 점액질에서 서서히 만들어진다고 생각했다.)

원자론은 우주의 최종 목적이나 궁극적인 설계를 찾는다기보다 어떤 현상이든 운이나 필요에 따라 발생한다고 보았기 때문에 별로 주목받지 못했다. 이는 꽤 삭막한 관점이었던 반면, 그리스 철학자들은 목적이나 진리, 아름다움을 추구했다. 데모크리토스를 비롯한 동료 원자론자와 동시대에 살았던 그리스인들은 원자론자들의 주장을 직접 온전히 들을 수 있었겠지만, 지금은 후대의 철학자들이 언급하거나 논의한 내용에서만 찾아볼 수 있다.

로마 시대의 원자론자 루크레티우스(기원전 100?~기원전 55?)는 「사물의 본성에 관하여De rerum natura」라는 과학에 관한 아름다운 시를 남겼다. 이 서사시에서 루크레티우스는 인간 사회의 진화를 비롯해 하늘과 땅, 땅 위의 모든 것을 원자론 관점에서 설명했다.

우리는 거의 1,000년에 걸쳐 등장한 고대 그리스 과학자와 수학자 수십 명의 이름과 업적을 알고 있다. 아리스토텔레스는 그중 가장 위대한 인물이다. 아리스토텔레스의 자연관은 매우 뛰어나 그의 사후에도 오랫동안 지배적인 이론으로 남아 있었다. (아리스토텔레스에 대해서는 제5장에서 자세히 살펴보겠다.) 그러나 아리스토텔레스 사후에 활약한 세 사람도 현대의 과학 발전에 특히 중요한 기여를 했다.

유클리드(기원전 330?~기원전 260?)가 처음으로 기하학을 생각해 내지는 않았지만(과거 바빌로니아인들도 기하학에 능했다), 그는 기하학의 기본 가정이나 법칙, 방법론을 집대성하여 일종의 교과서를 만들었다. 기하학은 점, 선, 면, 입체 같은 공간을 다루는 매우 실용적인 수학이다. 유클리드는 평행선은 절대 만나지 않는다거나 삼각형 내각의 합이 180도라는 기하학적 개념을 설명했다. 유클리드의 위대한 저서 『기하학 원론Elements of Geometry』은 유럽 전역에서 인정받으며 연구 대상이 되었다. 누구든 '평면기하학'을 배울 기회가 있다면 그 깔끔함과 아름다움에 감탄하게 될 것이다.

앞서 말한 세 사람 중 두 번째인 에라토스테네스(기원전 284?~기원전 192?)는 기하학을 활용하여 아주 간단하지만 기발한 방법으로 지구의 둘레를 측정했다. 에라토스테네스는 1년 중 낮이 가장 긴 날인 하지에 태양이 시에네라는 곳에서 정확히 머리 위에 있다는 사실을 알아냈다. 그리고 시에네에서 북쪽으로 5,000스타데stade(그리스의 거리 단위로, 1스타데는 약 160미터에 해당한다) 떨어진 알렉산드리아(에라토스테네스는 이 도시의 유명한 박물관이자 도서관에서 일했다)에서 하지에 태양 빛이 떨어지는 각도를 측정했다. 에라토스테네스는 이 측정치와 기하학을 활용하여 지구의 둘레가 약 25만 스타데라는 것을 계산해냈다. 이 값은 정확했을까? 에라토스테네스가 계산한 값인 4만 234킬로미터는 오늘날 적도를 따라 계산한 지구의 둘레 4만 75킬로미터와 크게 다르지 않다. 여기에서 주목할 점은 에라토스테네스가 지구를 둥글다고 가정했다는 것이다. 크리스토퍼 콜럼버스가 아메리카 대륙으로 항해를 떠났을 때 어떤 사람들은 지구가 넓은 평면이라서 가장자리로 가면 떨어질 것이라고 믿었다는 이야기가 있지만, 모두가 그렇게 믿은 건 아니었다.

마지막 인물인 클라우디오스 프톨레마이오스(100?~178?) 역시 알렉산드로스 대왕이 건설한 이집트 북부 도시 알렉산드리아에 근거지를 둔 인물이었다. 프톨레마이오스는 여느 고대 과학자처럼 다양한 분야에 관심이 많았으며 음악, 지리학, 자연과 빛의 성질에 관한 글을 남겼다. 그러나 프톨레마이오스가 지금까지 유명한 것은 아랍인들이 제목을 붙여준 『알마게스트Almagest』 때문이다. 이 책에서 프톨레마이오스는 항성 목록을 작성했고 행성, 달, 태양, 별의 운동을 계산했으며 우주의 구조를 기술하는 등 수많은 그리스 천문학자의 관측 결과를 집대성하여 확장했다. 또한 당시의 모든 사람처럼 지구가 만물의 중심이며 태양, 달, 행성, 별들이 지구 주위를 원운동 한다고 생각했다. 프톨레마이오스는 매우 훌륭한 수학자였으며, 몇 가지의 수정 사항을 도입하여 자신과 과거의 많은 사람이 목격한 행성의 움직임을 설명하는 방법을 찾아냈다.

실제로는 지구가 태양 주위를 돌고 있는 상황에서 반대로 태양이 지구 주위를 돈다는 가설을 설명하기는 상당히 어렵다. 프톨레마이오스의 책은 이슬람 국가와 중세 유럽의 천문학자들에게 필독서였다. 또한 아랍어로 번역된 초기 저작물 중 하나였으며, 이후 라틴어로 번역되어 상당한 가치를 인정받았다. 사실 이 책에서는 히포크라테스와 아리스토텔레스, 갈레노스를 각기 다른 장에서 다루고 있지만, 프톨레마이오스도 이 셋과 충분히 견줄 만한 인물이다.

CHAPTER 4

의학의 아버지

히포크라테스

다음에 의사를 만날 일이 있다면, 졸업식에서 '히포크라테스 선서'를 했는지 물어보시라. 모든 의과대학에서 요즘 학생들에게 이 선서를 외우게 하지는 않겠지만 2,000년 전에 쓰인 선서인데도 여전히 우리에게 시사하는 바가 있다. 이 선서가 무엇인지 간단히 살펴보자.

이 유명한 선서에 히포크라테스의 이름이 붙긴 했지만, 그가 직접 작성하지는 않았을 것이다. 사실 히포크라테스는 자신의 이름을 딴 60편 정도의 논문(특정 주제에 관해 쓴 짧은 책) 중 몇 편을 썼을 뿐이다. 인간 히포크라테스에 대해 알려진 사실은 많지 않다. 그는 기원전 460년경에 오늘날의 튀르키예에서 그리 멀지 않은 코스 섬에서 태어났다. 의사로 활동하면서 생계를 위해 의술을 가르쳤으며, 역시 의사였던 아들 두 명과 사위가 있었다. 의술은 오래전부터 가업으로 내려오는 경우가 많았다.

『히포크라테스 전집Hippocratic Corpus』은 수많은 저자가 250년에 가까운 오랜 기간에 걸쳐 작성한 논문 모음집이다. 이 전집에 실린 다양한 논문은 여러 관점에서 수많은 문제를 다루고 있다. 질병을 진단하고 치료하는 법, 부러진 뼈와 탈구된 관절을 처치하는 법, 전염병, 건강 유지법, 음식 섭취, 환경이 건강에 미치는 영향 등 다양한 주제가 들어 있다. 또한 의사가 동료 의사나 환자를 대할 때 취해야 하는 행동 양식을 알려주기도 한다. 즉 이 『히포크라테스 전집』은 당시 시행되었던 의술을 총망라하고 있다.

다루는 주제의 범위만큼이나 우리는 이 책이 얼마나 오래되었는지에 주목할 필요가 있다. 히포크라테스는 소크라테스, 플라톤, 아리스토텔레스보다 앞선 인물이며, 작은 외딴섬 코스에 살고 있었다. 그렇게 오래전에 쓰인 책이 지금까지 남아 있다는 사실은 정말 놀라운 일이다. 당시에는 인쇄기가 없어서 글을 양피지나 두루마리, 점토판 등에 공들여 옮겨 적은 뒤 다른 사람에게 전달해야 했다. 그래서 잉크가 바랠 수도 있고, 전쟁으로 소실되거나, 곤충이나 날씨 때문에 손상될 수도 있었다. 우리는 여러 세대에 걸쳐 이 책에 관심을 가진 사람들이 남긴 사본을 볼 수 있을 뿐이다. 사본이 많을수록 일부라도 보존될 가능성이 높아진다.

히포크라테스의 논문은 서양 의학의 토대를 마련했고, 그런 이유로 히포크라테스는 여전히 의학계에서 특별한 위치에 있다. 수 세기 동안 의료 행위는 세 가지의 대원칙을 따랐다. 그중 첫 번째 원칙은 여전히 현대 의술과 의학의 밑바탕을 이루고 있다. 이는 합리적으로 설명할 수 있는 '자연의 이치' 때문에 질병이 발생한다는 확고한 믿음이다. 히포크라테스 이전, 그리스를 비롯한 이웃 국가들에서는 질병이 초자연적인 원인으로 발생한다고 생각했다. 신의 노여움을 샀거나 초자연적인 힘을 지닌 누군가가 주문을 걸었을 때, 또는 그런 사람의 심기를 거슬렀을 때 병에 걸린다는 것이다. 이렇게 마녀나 주술사, 신이 질병을 일으킨다면 사제나 주술사에게 맡겨 병에 걸린 원인이나 가장 효과적인 치료법을 알아내는 것이 최선이었다. 심지어 오늘날에도 주술적 치료법을 따르는 사람이 많으며, 여전히 신앙 요법이 성행하고 있다.

히포크라테스학파 학자들은 신앙 치료사가 아니라 질병이 자연적이고 정상적인 현상이라고 여기는 의사였다. 이러한 관점은 「신성한 질병에 관하여On the Sacred Disease」라는 논문에 명확히 드러나 있다. 이 짧은 논문에서는 당시 흔한 질병이었던 뇌전증을 다룬다. 알렉산드로스 대왕과 율리우스 카이사르도 뇌전증을 앓았다고 전해진다. 뇌전증 환자가 발작을 일으키면 의식이 없어지고 근육 경련이 일어나며 몸이 뒤틀린다. 때로는 소변이 새기도 한다. 그러다 발작이 점차 가라앉고 나면 신체적·정신적 기능을 다시 통제할 수 있게 된다. 오늘날 뇌전증 환자는 조금 불편한 증상이 보이기는 하지만 '정상'으로 간주한다. 하지만 뇌전증 발작을 일으키는 사람을 보면 상당히 충격적일 수 있으며, 발작 증상이 너무 비현실적이고 기이했기 때문에 고대 그리스인들은 신이 개입한 이유가 있을 것이라고 믿었다. 그래서 뇌전증을 '신성한 질병'이라고 불렀다.

「신성한 질병에 관하여」를 쓴 히포크라테스학파 학자는 이러한 시각을 용인하지 않았다. 저자는 널리 알려진 첫 문장에서 직설적으로 표현했다. '나는 신성한 질병에 다른 질병과 다르게 신성이 존재한다고 생각하지 않으며, 반대로 구체적인 특징과 명확한 원인이 있다고 생각한다. 하지만 이 질병은 다른 질병과 완전히 다르기 때문에 충분한 지식 없이 경악하며 바라보는 사람들에게는 신의 심판으로 여겨져 왔다.' 저자의 이론에 따르면 뇌전증은 뇌 속의 점액이 막히면서 생긴다. 과학이나 의학에서 흔히 그렇듯이, 이 이론도 후대에 더 나은 이론으로 대체되었다. 그러나 '특이하다거나 쉽게 이해할 수 없는 질병이라고 해서 초자연적인 원인이 있다고 할 수는 없다'라는 확고한 선언은 시대를 통틀어 과학에서 따르는 원칙이 되었다. 당장은 이해할 수 없는 질병이라도 인내심을 갖고 노력을 기울이면 이해할 수 있다는 것이다. 이는 히포크라테스학파 학자들이 우리에게 전해준 가장 오랜 신념이다.

두 번째 히포크라테스 원칙은 우리 몸에 있는 '체액humour'에 따라 건강 상태가 결정된다는 것이었다. ('in a good or bad humour'는 오래된 영어 표현으로, 기분이 좋고 나쁨을 의미한다.) 이러한 개념은 히포크라테스의 사위가 썼다고 알려진 「인간의 본성에 관하여On the Nature of Man」라는 논문에 가장 명확하게 제시되었다. 다른 히포크라테스학파 학자들의 글에서도 질병의 원인으로 점액과 황담즙이라는 두 가지의 체액이 등장한다. 「인간의 본성에 관하여」에서는 혈액과 흑담즙을 추가했다. 저자는 이

네 가지의 체액이 건강에 필수적인 역할을 하며, 이들 체액 사이에 불균형이 발생하면(두 쌍의 체액 중 어느 하나가 너무 많거나 적으면) 질병에 걸린다고 주장했다. 누구든 병에 걸렸을 때 자신의 체액을 본 적이 있을 것이다. 열이 나면 땀이 나고, 감기에 걸리거나 폐가 감염되면 콧물이 흐르고 가래가 나온다. 배탈이 나면 구토를 하는 동시에 설사를 한다. 살을 긁히거나 베이면 피가 흐른다. 오늘날에는 과거보다 드물지만, 피부가 노랗게 변하는 황달이라는 증상이 있다. 이 황달은 고대 그리스에서 흔했던 말라리아처럼, 체액을 만드는 장기에 영향을 미치는 여러 질병 때문에 발생할 수 있다.

히포크라테스는 체액을 각기 다른 신체기관과 연관 지었다. 혈액은 심장, 황담즙은 폐, 흑담즙은 비장, 점액은 뇌와 관련되어 있다는 것이다. 「신성한 질병에 관하여」의 저자는 뇌 속의 점액이 막혀서 뇌전증이 발생한다고 생각했다. 감기나 설사같이 체액에 명백한 변화가 있는 질병뿐만 아니라 다른 질병에서도 체액에 변화가 있다고 여겨졌다. 각 체액에는 고유한 속성이 있다. 혈액은 뜨겁고 습하며, 점액은 차갑고 습하다. 황담즙은 뜨겁고 건조하며, 흑담즙은 차갑고 건조하다. 이러한 성질의 증상은 질병에 걸린 사람에게 실제로 나타날 수 있다. 예를 들어 상처에 염증이 생기고 피가 나면 열이 나지만, 감기에 걸려 콧물이 흐르면 체온이 내려가고 몸이 떨린다. (약 600년 후에 히포크라테스 사상을 발전시킨 갈레노스도 우리가 먹는 음식이나 복용하는 약에 뜨겁고, 차갑고, 습하고, 건조한 성질을 부여했다.)

모든 질병은 각 환자에게 맞게 체액의 균형을 회복시켜 치료할 수 있었다. 이렇게 체액을 '자연 상태'로 되돌리라는 지침 자체는 단순해 보이지만, 실제 히포크라테스 의술은 더 복잡했다. 환자마다 건강한 상태에 해당하는 체액의 균형이 달랐기 때문에 의사는 환자의 거주지, 식단, 직업 등 환자에 대한 모든 정보를 알아야 했다. 환자를 잘 파악하면 환자에게 일어날 수 있는 일, 즉 병의 예후를 알려줄 수 있었다. 사람들은 아플 때 무엇보다도 병의 경과와 치료법을 알고 싶어 한다. 히포크라테스학파 의사들은 예측하는 능력을 중요시했다. 그러한 능력이 있으면 명성이 높아져 더 많은 환자가 찾아왔다.

히포크라테스학파 의사들이 배우고 제자(흔히 아들이나 사위)에게 가르친 의술은 질병을 주의 깊게 관찰해서 택한 치료법을 기반으로 했다. 이들은 자신의 경험을 흔히 '잠언aphorism'이라는 짧은 형태로 요약하여 기록했다. 이 『잠언집』은 후대의 의사들이 가장 널리 활용한 히포크라테스의 저서가 되었다.

보건과 질병을 다루는 히포크라테스 방법론에서 세 번째로 중요한 개념은 라틴어 구절로 '비스 메디카트릭스 나투라이vis medicatrix naturae', 즉 '자연 치유력'으로 요약할 수 있다. 히포크라테스와 그를 따른 사람들은 질병에 걸렸을 때 발생하는 체액의 움직임을 몸이 스스로 치유하려는 신호로 해석했다. 그래서 땀을 흘리거나 가래를 끌어올리고 구토를 하며 종기에 고름이 차는 증상을 몸이 체액을 내보내는, 또는 '요리하는'(이들은 부엌일에 비유하는 표현을 많이 사용했다) 현상으로 보았다. 몸에서는 이렇게 체액의 초과량을 제거하거나 병으로 변질된 체액을 바꾸어 정화한다. 따라서 의사의 임무는 자연 치유 과정을 돕는 것이었다. 의사는 자연을 지배하는 이가 아니라 섬기는 이였고, 환자가 병을 앓는 동안 정확히 무슨 일이 발생하는지 면밀히 관찰하여 병의 진행 과정을 학습해야 했다. 오랜 시간이 지난 후, 한 의사가 이러한 현상을 설명하기 위해 '자가 회복 질환self-limited disease'이라는 용어를 만들었고, 이제는 상당수의 질병이 저절로 치유된다는 사실이 잘 알려져 있다. 종종 의사끼리는 병을 치료하면 1주일 만에 낫고, 치료하지 않으면 7일 만에 낫는다는 농담을 한다. 히포크라테스도 아마 동의했을 것이다.

히포크라테스학파 의사들은 의술과 수술, 위생과 전염병에 관한 많은 연구 외에도 오늘날 의사들에게 여전히 영감의 원천이 되는 선서를 남겼다. 이 짧은 문서의 일부에서는 미숙한 제자와 스승의 관계나 의사끼리의 관계를 다루고 있지만, 대부분은 의사가 환자에게 취해야 할 적절한 행동에 대해 이야기한다. 의사는 환자를 이용하거나 환자에게서 들은 비밀을 누설하면 안 되고 독을 투여해서도 안 된다. 이 모든 내용이 오늘날 의료 윤리에서 여전히 중요하지만, 선서 중 다음 구절은 특히 시대를 초월한 것처럼 보인다. '나는 내 능력과 판단에 따라 환자를 돕기 위해 노력할 것이며, 이것으로 누구에게도 위해를 가하거나 부정행위를 하지 않을 것이다.' '환자에게 해를 끼치지 않는 행위'는 여전히 모든 의사가 추구해야 할 목표로 남아 있다.

CHAPTER 5

지식인들의 스승

아리스토텔레스

아리스토텔레스는 '모든 인간은 본능적으로 알고 싶어 한다'고 말했다. 우리 주위에는 이렇게 언제나 배우는 데 열정적인 사람들이 있다. 개중에는 아리스토텔레스가 항상 중요하게 생각했던 호기심을 잃어버리고 아는 체만 하는 사람들도 있다. 아리스토텔레스는 사람들이 자기 자신과 세계를 파악하기 위해 노력하리라는 희망을 품고 있었다. 하지만 모두 알다시피, 안타깝게도 항상 그렇지는 않다.

아리스토텔레스는 평생을 배움과 가르침에 헌신했다. 그는 기원전 384년 트라키아의 스타게이로스(현재 그리스의 칼키디키 반도)에서 태어났다. 아버지가 의사였지만, 열 살 때부터 후견인 프로크세노스의 보살핌과 가르침을 받았다. 열일곱 살이 되었을 무렵,

아리스토텔레스는 아테네로 떠나 플라톤의 유명한 아카데미에서 공부했고 이후 20년간 그곳에 머물렀다. 아리스토텔레스는 플라톤과 완전히 다른 방식으로 자연계를 다루었지만, 여전히 스승을 잘 따랐으며 기원전 347년 플라톤이 세상을 떠난 후 애정을 담아 플라톤의 업적을 기록했다. 혹자는 서양 철학의 역사가 플라톤에 대한 일련의 주석이라고 말한다. 즉 플라톤이 철학자들에게 지금까지도 생각할 만한 질문거리를 많이 남겨주었다는 뜻이다. 아름다움의 본질은 무엇인가? 진실이나 지식이란 무엇인가? 인간은 어떻게 선할 수 있는가? 세상의 규칙은 누가 만드는가? 경험은 사물의 '본질'에 어떠한 의미를 제공하는가?

아리스토텔레스 역시 다양한 철학적 질문에 관심이 있었으며, 소위 '과학적'인 방식으로 답하는 경향이 있었다. 아리스토텔레스는 플라톤처럼 철학자이기는 했지만 '자연철학자'였고 현대의 관점에서는 '과학자'였다. 아리스토텔레스가 가장 흥미를 느낀 철학 분야는 우리가 어떻게 더 명확하게 사고할 수 있는지를 연구하는 학문인 논리학이었다. 그는 항상 바쁘게 주변 세계, 지상과 천상의 세계, 자연물이 변하는 방식을 관찰했다.

아리스토텔레스의 저작은 상당수가 유실되었지만, 다행히도 강의록 중 일부가 남아 있다. 플라톤이 세상을 떠난 후, 아리스토텔레스는 아테네를 떠났다. 아마도 이방인으로 아테네에 계속 머물기엔 안전하지 않다고 느꼈기 때문일 것이다. 그 후 아소스(지금의 튀르키예)라는 도시에서 몇 년간 머물면서 학교를 세웠고 지역 유지의 딸과 결혼했으며, 아내가 세상을 떠난 후 노예 신분의 소녀와 함께 살면서 슬하에 아들 니코마코스를 두었다. 아리스토텔레스는 바로 그곳에서 생물학을 연구하기 시작했으며, 이후 레스보스 섬에서 연구를 이어나갔다. 기원전 343년, 아리스토텔레스는 아주 중요한 직책을 맡았다. 바로 마케도니아(현재 그리스 북쪽의 독립국가)의 알렉산드로스 대왕을 가르치는 일이었다. 아리스토텔레스는 제자가 철학적으로 예민한 통치자로 성장하기를 바랐다. 비록 성공하지는 못했지만 알렉산드로스는 아테네를 비롯해 알려진 세계의 상당 부분을 통치하게 되었고, 덕분에 아리스토텔레스는 아테네로 무사히 돌아갈 수 있었다. 그러나 그는 플라톤의 아카데미로 돌아가지 않고 아테네 외곽에 새로운 학교를 세웠다. 그곳에는 공공 산책로(그리스어로 '페리파토스')가 있었는데 아리스토텔레스의 제자들은 끊임없이 돌아다니는 사람이라는 뜻의 페리파토스학파로 알려지게 되었다. 아리스토텔레스 자신이 얼마나 많이 이리저리 떠돌았는지를 생각해보면 잘 어울리는 명칭처럼 보인다. 알렉산드로스 대왕이 세상을 떠나자 아리스토텔레스는 아테네에서 보호받지 못했고, 마지막으로 그리스의 칼키스로 거처를 옮겼으며 얼마 지나지 않아 그곳에서 세상을 떠났다.

자신이 과학자로 불린다는 사실을 아리스토텔레스가 알았다면 아마 의아해했을 것이다. 그는 문자 그대로의 의미에서 단순히 철학자, 즉 지혜를 사랑하는 사람이었기 때문이다. 그러나 아리스토텔레스는 평생에 걸쳐 오늘날 과학적이라고 할 만한 방식으로 주변 세상을 이해하려고 노력했다. 지구, 지구에 사는 생물, 지구를 둘러싼 하늘을 바라보는 아리스토텔레스의 관점은 1,500년 넘게 우리의 해석에 영향을 미쳤다. 갈레노스와 더불어 아리스토텔레스는 고대 사상가 중 단연 으뜸이었다. 물론 아리스토텔레스도 과거의 사상을 기반으로 자신의 사상을 쌓아나갔지만, 탁상공론만 하는 철학자는 아니었다. 물질세계를 이해하기 위해 직접 부딪치는 노력을 마다하지 않았다.

아리스토텔레스의 과학은 세 부분으로 나뉜다. 첫째는 인간을 포함한 동식물에 해당하는 생태계를 다루는 분야, 둘째는 대부분 『자연학Physics』이라는 저서에서 다룬 변화 또는 운동의 본성을 설명하는 분야, 마지막은 천상의 구조나 지구와 태양, 달, 별, 천체의 관계를 다루는 분야이다.

아리스토텔레스는 동식물이 무엇으로 구성되었는지, 어떻게 기능하는지를 알아내는 데 많은 시간을 들였다. 그는 동식물이 세상에 나오기 전, 즉 부화하거나 발아하기 전에 어떻게 자라는지 알고 싶었다. 그에게 현미경은 없었지만, 분명 시력은 좋았던 것 같다. 아리스토텔레스는 병아리가 알에서 자라는 과정을 꼼꼼하게 묘사했다. 닭이 동시에 낳은 알들을 준비한 후 하루에 하나씩 깨뜨렸다. 처음으로 발견된 생명의 징후는 병아리의 심장이 될 부분에서 고동치는 작은 핏방울이었다. 아리스토텔레스는 이를 목격하고 심장을 동물의 핵심 기관이라고 여기게 되었다. 그는 심장이 감정이나 정신 작용의 중심 역할을 한다고 생각했다. 플라톤이나 히포크라테스학파 학자들은 그러한 정신적 기능을 뇌에서 수행한다고 생각했고, 사실 그것이 옳다. 그러나 우리가 겁을 먹고 긴장하거나 사랑에 빠지면 심장이 더 빨리 뛰기 때문에 아리스토텔레스의 이론이 아주 어리석다고 할 수만은 없다. 아리스토텔레스는 인간과 같은 고등동물의 기능을 다양한 능력이 있는 '영혼'이 작용한 결과라고 믿었다. 인간의 영혼에는 영양 섭취와 번식, 감각, 욕구, 운동, 상상력, 이성이라는 여섯 가지의 주요 기능이 있다는 것이다.

모든 생물은 그러한 기능을 일부 지니고 있다. 예를 들어 식물은 성장하고 번식할 수 있다. 개미와 같은 곤충도 움직이거나 느낄 수 있다. 덩치가 더 크거나 지능이 있는 동물은 더 많은 기능을 할 수 있지만, 아리스토텔레스는 그중에서도 오직 인간만이 이성을 가지고 있다고 생각했다. 즉 인간만이 행동 과정을 생각하고 분석하며 결정할 수 있다는 것이다. 그 결과 인간은 아리스토텔레스가 정리한 '자연의 사다리scala naturae(자연의 척도 또는 존재의 사슬)' 꼭대기에 자리 잡았다. '자연의 사다리'란 단순한 식물에서 시작하여 위로 올라가면서 모든 생물을 나열할 수 있는 사다리이다. 이 개념은 자연, 특히 동식물을 연구하는 여러 박물학자가 계속 활용했다. 다음 장들에서 그 사례를 찾아볼 수 있을 것이다.

아리스토텔레스는 잎이나 날개, 위, 신장 같은 동식물의 각 부위가 어떤 기능을 하는지 쉽게 알아챘다. 그는 각 부위가 특정한 기능을 하도록 설계되었다고 가정했다. 이 가정에 따르면 날개는 날기 위해, 위는 소화하기 위해, 신장은 소변을 처리하기 위해 설계되었다. 이러한 종류의 추론 방식을 목적론teleology이라고 한다. 목적인telos은 궁극적인 원인을 의미하며, 이러한 사고방식은 사물의 모습이나 기능에 초점을 맞춘다. 컵이나 신발을 생각해보자. 컵에는 마실 물을 담으려는 목적이 있고 신발에는 걸을 때 발을 보호하려는 목적이 있기 때문에, 즉 이 물건을 만든 사람이 특정한 목적을 의도했기 때문에 그런 모양으로 만들어졌다. 여기서는 동식물이 다양한 부위를 갖는 이유를 설명하기 위해 목적론적 추론을 활용했지만, 나중에 더 넓은 물리적 세계의 관점에서도 이 추론 방식을 살펴볼 것이다.

식물은 발아하고 동물은 태어나며, 모두 성장하다가 죽음에 이른다. 계절은 주기적으로 변한다. 모든 사물은 땅으로 떨어진다. 아리스토텔레스는 이러한 변화를 설명하고 싶어 했다. 여기에서 가능태potentiality와 현실태actuality라는 두 가지의 중요한 개념이 등장한다. 부모나 교사는 종종 아이들에게 가능성을 발휘하라고 말한다. 이는 시험에서 가능한 한 최고점을 받거나 달리기 시합에서 최대한 빨리 달리라는 뜻이다. 이것도 아리스토텔레스가 말하는 가능성이라고 할 수 있지만, 그는 사물에서 다른 가능성을 보았다. 아리스토텔레스의 관점에서 벽돌 더미는 집이 될 가능성이 있고 돌덩어리는 조각상이 될 가능성이 있다. 건축과 조각은 무생물을 일종의 가능성에서 완성품, 즉 '현실태'로 변형시킨다. 현실태는 가능태의 종착점으로, 가능태를 지닌 사물이 자신의 '자연 상태'를 찾을 때 생겨난다. 예를 들어 사과나무에서 사과가 떨어지듯 어떤 사물이 땅으로 떨어질 때, 아리스토텔레스는 그 사물이 땅에 있으려는 '자연 상태'를 추구한다고 생각했다. 사과에 갑자기 날개가 돋아나 날아갈 일은 없을 것이다. 사과뿐만 아니라 세상의 모든 사물은 땅에 있으려 하고 날아다니는 사과는 전혀 자연스럽지 않기 때문이다. 이 떨어진 사과의 상태는 계속 변할 수 있다. 아무도 주워서 먹지 않는다면 사과는 썩을 것이다. 이 또한 사과의 성장과 부패의 순환 과정에 있기 때문이다. 그러나 사과는 떨어진 그 자체로 일종의 현실태에 도달한 셈이다. 새조차도 하늘로 날아오른 후에는 땅으로 내려앉는다.

사물의 '자연 상태'에 해당하는 안식처가 단단한 땅이라면 달이나 태양, 행성, 별은 어떠할까? 이러한 천체는 나무에 매달린 사과나 절벽 어딘가에 튀어나온 바위처럼 위에 머물러 있지만, 절대 땅으로 떨어지지 않는다. 물론 다행이기는 하다. 아리스토텔레스의 해답은 간단했다. 달 아래의 세계는 항상 변화한다. 세계가 네 가지 요소, 즉 불, 공기, 흙, 물로 구성되어 있기 때문이었다. (여기에서 불은 뜨겁고 건조한 성질, 공기는 뜨겁고 습한 성질, 흙은 차갑고 건조한 성질, 물은 차갑고 습한 성질을 띤다.) 그러나 달 위의 세계는 다섯 번째이자 변하지 않는 요소인 '제5원소quintessence'로 이루어져 있다. 천체는 영원히 완벽한 원운동을 한다. 아리스토텔레스의 우주에서는 시간이 아니라 공간이 고정되어 있다. 태양과 달, 별은 지구 주위를 영원히 움직이며, 지구는 모든 천체 운동의 중심이다. 여기에는 재미있는 모순이 있는데, 중심에 고정된 지구에서만 우주에서 유일하게 변화나 퇴화가 일어날 수 있다는 점이다.

지구 주위를 도는 이 모든 운동은 애초에 어떻게 시작되었을까? 아리스토텔레스는 '원인'에 깊은 관심이 있었다. 그는 원인을 네 종류로 나누어 설명하는 방식을 개발했다. 질료인material cause,

형상인formal cause, 작용인efficient cause, 목적인final cause이 그것이며, 아리스토텔레스는 인간의 행동을 비롯해 세상에서 일어나는 일을 이런 원인으로 나누고 이해할 수 있다고 생각했다. 돌덩어리로 조각상을 만든다고 생각해보자. 돌 자체는 '질료인', 즉 구성 물질이다. 조각상을 만드는 사람은 조각상이 형태를 갖추도록 특정한 '형상인'을 따라 작업한다. '작용인'은 형태를 만들기 위해 돌을 깎는 행위이다. '목적인'은 개든 말이든 조각가가 염두에 둔 형태와 같이 전체 활동을 시작할 때 세우는 계획을 의미한다.

과학은 항상 원인을 다룬다. 과학자들은 무엇이 왜 발생하는지 알고 싶어 한다. 세포가 끝없이 분열하기 시작하여 암에 걸리는 원인은 무엇인가? 여름 내내 푸르던 잎이 가을에 갈색, 노란색, 빨간색으로 변하는 이유는 무엇인가? 왜 반죽에 이스트를 넣으면 부풀어 오르는가? 이러한 질문들은 다양한 '원인'의 관점에서 답을 찾을 수 있다. 해답은 간단한 경우도 있지만, 복잡한 경우도 있다. 대개 과학자들은 아리스토텔레스가 작용인이라고 분류한 것을 다루지만, 질료인이나 형상인도 중요하다. 목적인은 다른 문제를 제기한다. 오늘날 과학자들은 실험을 할 때 종교나 철학과 관련된 더 넓은 관점의 설명이나 목적인을 찾기보다 과정을 설명하는 데 만족한다.

그러나 기원전 4세기에 아리스토텔레스는 목적인이 전체 그림의 일부라고 생각했다. 그는 우주 전체를 바라보며 모든 운동 과정을 만들어낸 목적인이 반드시 존재한다고 생각했다. 이를 '부동의 동자unmoved mover'라고 불렀으며 기독교, 유대교, 이슬람교 같은 후대의 많은 종교에서는 이 힘을 신과 동일시했다. 이는 아리스토텔레스가 계속해서 위대한 사상가로 존경받은 이유 중 하나이다. 거의 2,000년 동안 과학을 지배하는 세계관을 창조한 것이다.

CHAPTER 6

황제의 주치의

갈레노스

갈레노스(129~210?)는 머리가 아주 비상했으며, 본인도 그렇게 말하는 데 거리낌이 없었다. 그는 끊임없이 무언가를 휘갈겨 썼고, 그 글은 자신의 의견과 자신이 이뤄낸 성과로 가득했다. 갈레노스의 글은 고대의 어떤 작가보다도 많이 남아 있는데, 이는 사람들이 매우 높이 평가했다는 사실을 증명한다. 지금까지 스무 권의 두꺼운 책이 남아 있고, 갈레노스는 실제로 그보다 많은 글을 썼다. 덕분에 어떤 고대 사상가보다도 갈레노스에 대한 정보가 더 많이 남아 있게 되었다. 어쩌면 갈레노스가 자신에 대해 글 쓰기를 좋아해서 다행인 셈이다.

갈레노스는 현재 튀르키예의 일부로 로마 제국의 변두리에 있었던 페르가몬에서 태어났다. 갈레노스의 아버지는 아들에게 헌신적인 부유한 건축가였으며, 덕분에 갈레노스는 철학과 수학을 비롯한 정통 교육을 그리스어로 받을 수 있었다. 아버지에게 아들이 의사가 되어야 한다는 욕심이 없었다면 어떻게 되었을까? 다행히 갈레노스는 의학을 공부하기 시작했다. 그는 아버지가 세상을 떠난 후 물려받은 막대한 유산으로 몇 년 동안 여행을 다니며 경험을 쌓았고, 이집트 알렉산드리아의 유명한 도서관과 박물관에서 시간을 보냈다.

그 후 페르가몬으로 돌아온 갈레노스는 검투사, 즉 부유한 시민들에게 유희를 제공하기 위해 경기장에서 서로 결투하거나 사자 같은 짐승과 대결하는 사람들을 위한 의사가 되었다. 가난한 사람들은 결투와 결투 사이에 임시로 치료를 받고 계속 경기장에 나서야 했기 때문에 이들을 치료하는 일은 중요했다. 갈레노스의 기록에 따르면 그는 엄청난 성공을 거두었다. 상처를 외과적으로 치료하면서 엄청난 경험을 쌓았고 부자들 사이에서도 상당한 명성을 얻어 160년경에는 로마 제국의 수도인 로마로 떠났다. 갈레노스는 해부학(인간과 동물의 신체 구조를 연구하는 학문)과 생리학(각 신체 구조의 기능을 연구하는 학문)에 관한 글을 쓰기 시작했다. 또한 황제 마르쿠스 아우렐리우스와 함께 군사작전을 수행했다. 황제는 『명상록Meditations』을 집필했으며, 두 사람은 오랜 전투 중에도 철학에 관해 토론했다. 마르쿠스 아우렐리우스는 갈레노스의 진가를 알아보았고, 갈레노스는 황제의 도움으로 혜택을 누렸다. 갈레노스에게는 중요한 환자가 끊임없이 찾아왔고 그의 기록이 사실이라면, 나을 수 있는 환자는 언제나 낫게 했다고 한다.

히포크라테스가 세상을 떠난 지 500년이 더 지났지만, 갈레노스는 히포크라테스를 의학적으로 존경했다. 그래서 히포크라테스의 유산을 완성하고 확장하려 했으며, 실제로 많은 방면에서 그 일을 해냈다. 갈레노스는 히포크라테스의 여러 저서에 해설을 달았고, 히포크라테스의 저서이야말로 자신의 견해와 가장 일치한다고 생각했다. 갈레노스가 히포크라테스에 대해 남긴 논평은 특히 그가 단어의 의미 변화를 잘 알아채는 전문 언어학자였기 때문에 여전히 가치가 높다. 가장 주목할 점은 갈레노스가 히포크라테스의 체액설을 훗날 1,000년이 넘게 활용된 형태로 다듬었다는 것이다. 정말 엄청난 영향력이지 않은가!

체액의 균형과 불균형은 갈레노스가 의료 행위에서 가장 중요시한 개념이었다. 히포크라테스처럼 갈레노스도 네 가지의 체액, 즉 혈액, 황담즙, 흑담즙, 점액이 특별한 방식으로 뜨겁거나 차갑고, 습하거나 건조하다고 믿었다. 질병을 치료하려면 '반대' 성질의 약을 같은 강도로 사용해야 했다. 예를 들어 3등급 정도의 뜨겁고 습한 질병은 3등급 정도의 차갑고 건조한 약으로 치료할 수 있었다. 다른 예로, 환자가 콧물을 흘리고 추위를 느끼면 몸을 건조하고 따뜻하게 할 수 있는 약이나 음식이 처방되었다. 체액의 균형을 맞추면 건강하고 '중립적'인 상태로 회복되었다. 이 모든 과정은 아주 논리적이고 간단해 보이지만, 실제로는 훨씬 더 복잡했다. 의사는 환자에 대한 정보를 계속 파악하고 치료법을 관리해야 했다. 갈레노스는 다른 의사들이 종종 잘못을 저지를 때면 언제나 즉시 지적하며 모두에게 자신의 진단과 치료법이 더

났다는 사실을 알리려 했다. 그는 상황 판단이 빠른 의사였으며 아주 인기가 높았고, 보건과 질병의 육체적 관점뿐만 아니라 정신적 관점에도 상당한 관심을 쏟았다. 한번은 잘생긴 남자 무용수가 마을에서 공연할 때마다 힘이 빠지고 예민해진 젊은 여인에게 '상사병'이라고 진단하기도 했다.

갈레노스는 환자의 맥박을 재는 방법을 생각해냈고, 이 방법은 여전히 사용되고 있다. 그는 혈액 순환에 대해 전혀 아는 바가 없었는데도 맥박의 빈도와 강도, 규칙성이 질병을 진단하는 데 얼마나 유용한지를 다룬 논문을 썼다.

갈레노스는 히포크라테스보다 해부학에 더 관심이 많았다. 동물의 사체를 해부했고, 기회가 있을 때마다 인간의 골격도 조사했다. 고대 사회에서는 인간의 신체 해부를 금기시했기 때문에 갈레노스도 직접 시도할 수는 없었지만, 고대의 몇몇 의사에게는 사형수가 아직 살아 있는 동안 신체를 살펴볼 수 있는 권한이 있었을 것으로 알려져 있다. 갈레노스는 돼지나 원숭이 같은 동물을 해부하거나, 부패하는 시신 또는 심각한 부상 때문에 피부와 근육, 뼈의 구조가 드러난 모습을 운 좋게 발견하여 살펴보면서 인간의 해부학적 구조를 학습했다. 현대의 과학자들도 동물을 활용해 연구하지만, 정보의 출처를 명확히 표시하는 데 주의를 기울인다. 하지만 갈레노스는 깜빡하고 정보의 출처를 언급하지 않은 경우가 많았기 때문에 혼란스러울 수 있다.

갈레노스에게 해부학은 그 자체로 중요한 주제였지만, 신체 기관이 실제로 무슨 일을 하는지 이해하는 데에도 기본이 되었다. 갈레노스의 가장 영향력 있는 논문 중 하나인 「신체부위의 기능에 관하여On the Uses of the Parts」에서는 '신체부위', 즉 신체기관의 구조와 인체에서 전반적으로 수행하는 기능을 살펴보았다. 우리처럼 갈레노스도 각 부위가 특정한 역할을 하고 있으며, 그렇지 않으면 존재할 이유가 없다고 생각했다. (갈레노스가 사람의 맹장을 본 적이 있는지 의문이다. 이 작은 소화기관은 아주 오래전에 인간이 식물을 소화하는 데 도움을 주었을 테지만, 이제 더는 어떤 기능도 하지 않는다.)

모든 신체 기능의 중심에는 그리스인이 '프네우마pneuma' 라고 부른 물질이 있었다. '프네우마'는 번역하기가 어렵다. '정신spirit'이라고 할 수도 있겠지만 '공기air'라는 의미도 있으며, 이 단어는 '폐렴pneumonia'과 같이 다양한 현대 의학 용어의 어원이 되었다. 갈레노스는 신체에 세 가지 종류의 프네우마가 있으며, 각각의 역할을 파악해야만 신체의 기능을 이해할 수 있다고 생각했다. 프네우마의 가장 기본적인 유형은 간이나 영양 섭취와 관련되어 있다. 갈레노스는 우리가 음식을 먹고 위장에서 소화하면 간이 혈액으로 바꾼 뒤 '자연의 기운'을 불어넣을 수 있다고 생각했다. 간에서 나온 혈액은 몸 전체에 뻗어 있는 정맥을 따라 흐르며 근육을 비롯한 다른 기관에 영양을 공급한다.

이 혈액 중 일부는 대정맥을 따라 심장으로 흘러 들어가 '생명의 기운'으로 정제된다. 이 과정에서 심장과 폐가 함께 작동하여, 일부 혈액은 심장의 오른편에서 나오는 폐동맥을 따라 폐로 흘러 들어간다. 거기에서 혈액은 폐에 영양을 공급하고 우리가 폐를 통해 들이마시는 공기와 뒤섞인다. 한편 심장의 일부 혈액은 심장의 중심부(중격)를 가로질러 오른쪽에서 왼쪽으로 흐른다. 갈레노스는 이 혈액에 생명의 기운이 주입되기 때문에 선홍색으로 변한다고 생각했다. (갈레노스는 동맥과 정맥의 혈액 색깔이 다르다는 사실을 인지하고 있었다.) 심장의 왼쪽에 있던 혈액은 몸을 덥히기 위해 좌심실에서 혈액을 가져오는 대동맥을 통해 빠져나간다. 갈레노스는 인간의 생명에서 혈액이 중요하다는 것을 알고 있었지만, 약 1,500년 후에 윌리엄 하비가 발견한 것처럼 혈액이 순환한다는 사실은 전혀 알지 못했다.

갈레노스의 이론에 따르면 심장에서 나온 일부 혈액은 뇌로도 가서 세 번째 프네우마인 '동물의 기운'과 뒤섞인다. 이는 가장 정제된 기운으로, 신경을 통해 흘러나와 우리가 근육을 사용해 움직이거나 감각을 사용해 외부 세계를 경험하게 할 뿐만 아니라 뇌에 특별한 기능을 부여했다.

이처럼 간, 심장, 뇌 같은 중요 기관과 각각 관련된 세 가지 기운을 다룬 갈레노스의 이론은 1,000년 이상 받아들여졌다. 이 이론의 목적은 주로 건강한 상태의 신체가 어떻게 작동하는지 설명하려는 데 있다는 점에 유의해야 한다. 갈레노스도 환자를 돌볼 때는 여전히 히포크라테스가 고안한 체액 이론을 따랐다.

갈레노스는 약물과 그 특성, 폐 같은 특수 기관의 질병, 위생, 건강 유지법, 몸과 마음의 관계 등 다른 대부분의 의학 분야에 관해서도 글을 남겼다. 갈레노스의 사고방식은 매우 정교했다. 사실 갈레노스는 의사가 철학자인 동시에 연구자, 즉 사상가인 동시에 실험가여야 한다고 생각했다. 또한 의학이 무엇보다도 합리적인 과학이어야 한다고 주장했으며, 신뢰할 만한 훌륭한 지식을 얻는 최고의 방법을 찾으려 노력했다. 자신을 역시 박식한 과학자라고 생각한 후대의 의사들도 방대한 경험을 바탕으로 한 실용적인 진단과 폭넓은 사고를 두루 갖춘 갈레노스의 이론을 좋아했다. 모든 역사를 통틀어 이렇게 오랫동안 영향력을 발휘한 서양 의사는 갈레노스뿐이었다.

갈레노스의 오랜 영향력에는 몇 가지의 이유가 있다. 먼저 갈레노스는 아리스토텔레스를 매우 높이 평가했고, 두 사람은 흔히 함께 언급되었다. 아리스토텔레스처럼 갈레노스도 심오한 사상가이자 세계를 열정적으로 조사하는 사람이었다. 둘 다 이 세상이 의도적으로 설계되었다고 생각했고, 그 설계자를 찬양했다. 갈레노스는 기독교인이 아니었지만, 유일신을 믿었기 때문에 초기 기독교 주석가들은 그를 기독교인으로 취급하기도 했다. 갈레노스의 자신감은 자신이 모든 것에 답할 수 있다는 데서 나왔다. 오랜 기간에 걸쳐 여러 권의 책을 쓰는 사람들이 대부분 그렇듯, 갈레노스도 항상 일관되지는 않았지만 언제나 자신의 주장에 확신을 가졌다. 그는 후대에 '신성한 갈레노스'로 불렸으며, 이는 스스로 자랑스러워했을 만한 별명이었다.

CHAPTER 7

이슬람 과학

갈레노스는 로마 제국의 쇠락을 목격하지 못했지만, 307년에 이르러 로마 제국은 둘로 나뉘었다. 새로운 황제 콘스탄티누스 1세(280~337)는 자신의 권좌를 동쪽에 있는 콘스탄티노플, 즉 오늘날 튀르키예의 이스탄불로 옮겼다. 이렇게 황제는 현재 중동이라고 부르는 지역인 제국의 동부에 더 가까이 머물게 되었다. 그 결과 그리스어와 라틴어 필사본에 적힌 지식이나 지혜와 더불어 그것을 연구할 수 있는 학자들까지 동쪽으로 이동하기 시작했다.

한편 중동에서는 위대한 예언자 무함마드(570~632)의 가르침을 따르는 새로운 종교가 등장했다. 이후 이슬람교는 중동과 북아프리카, 멀리는 스페인과 동아시아까지 위세를 떨쳤지만, 무함마드가 세상을 떠나고 200년 동안 주로 바그다드를 비롯한 몇몇 정착지에만 남게 되었다. 모든 이슬람 학자는 핵심 경전인 쿠란을 연구했다. 그러나 상당수는 455년 로마가 공격당한 뒤 이곳으로 옮겨진 문서에도 관심을 보였다. 바그다드에는 '지혜의 집House of Wisdom'이 설립되었고 이곳에서 야심 찬 젊은이들이 오래된 문서를 번역하고 연구할 수 있었다.

많은 고문서가 여전히 그리스어나 라틴어로 쓰여 있었지만, 일부는 중동의 언어로 번역되었다. 아리스토텔레스, 유클리드, 갈레노스를 비롯한 고대 그리스 사상가들의 저작물이 모두 번역되었다. 이후 원본이 사라지기도 했으니 다행인 셈이다. 이슬람 학자가 없었다면 우리가 지금 알고 있는 과학적 뿌리의 절반도 알지 못할 것이다. 더 나아가 1100년경 이후 유럽의 과학과 철학의 기초를 마련한 것도 이 번역본이었다.

이슬람 과학은 이슬람의 영토와 마찬가지로 동양과 서양에 걸쳐 있었다. 아리스토텔레스와 갈레노스는 유럽에서처럼 이슬람 국가에서도 칭송받았다. 아리스토텔레스는 이슬람 철학에 이름을 남겼으며 갈레노스도 의학적 이론과 실제의 대가로 여겨졌다. 한편 인도와 중국의 이론도 서양에 소개되었다. 여전히 손으로 베껴야 했고 실수도 빈번했지만, 중국에서 건너온 종이 덕분에 한결 쉽게 필사본을 만들 수 있었다. 인도에서는 1부터 9까지의 숫자, 0의 개념, 자릿수 등 수학자들이 개발한 모든 개념을 전해주었다. 유럽인들은 Ⅰ, Ⅱ, Ⅲ과 같은 로마 숫자로 계산했지만, 익숙한 숫자인데도 쓰기에 불편했다. 'Ⅳ×ⅩⅡ'라고 쓰는 것보다 '4×12'가 더 간단하지 않은가? 유럽인들은 이슬람의 저서를 라틴어로 번역하면서 이 숫자들을 '아라비아' 숫자라고 불렀다. 엄밀히 말하면 '인도-아라비아' 숫자가 옳지만, 말하기에 너무 길고 복잡했기 때문이다. '대수학algebra'이라는 단어는 사실 9세기에 아랍 수학자가 광범위하게 번역한 책 『알자브르al-jabr』에서 유래했다. 대수학에 대해서는 제14장에서 자세히 다룰 것이다.

이슬람 학자들은 중요한 발견과 관찰을 많이 남겼다. 알다시피 산을 오르거나 해발고도가 높은 나라에 가면 공기가 희박해서 호흡하기가 더 어려워진다. 그렇다면 얼마나 높이 올라가야 호흡이 불가능해질까? 다시 말해 호흡에 필요하며 지구를 둘러싸고 있는 공기의 띠인 대기권의 높이는 얼마나 될까? 이를 알아내기 위해 11세기에 이븐 무아드라는 학자는 영리한 방법을 찾아냈다. 무아드는 해가 져도 여전히 하늘이 밝은 현상인 황혼이 생기는 이유가 줄어드는 태양 빛이 대기 상공의 수증기에서 반사되기 때문이라고 생각했다. (많은 이슬람 학자가 이러한 빛의 작용에 관심을 가졌다.) 무아드는 저녁에 해가 얼마나 빨리 사라지는지를 관찰하면서 황혼 무렵의 태양이 지평선에서 19도 아래에 있다는 사실을 알아냈다. 여기에서 대기의 높이를 84킬로미터로 계산했으며, 이는 지금의 측정값인 100킬로미터에서 크게 벗어나지 않는다. 간단하지만 매우 인상적인 계산이었다.

어떤 이슬람 학자들은 빛이 거울에서 반사되거나 물을 통과하면서 발생하는 신기한 현상을 관찰했다. (물이 반쯤 채워진 유리컵에 연필을 넣으면 구부러져 보이지 않는가?) 대부분의 그리스 철학자는 눈에서 빛이 나와 사물에 도달했다가 반사되기 때문에 우리가 사물을 볼 수 있다고 생각했다. 반면 이슬람 과학자들은 우리가 보는 사물에서 온 빛을 눈이 받아들이고 뇌에서 해석한다는 더 현대적인 견해를 선호했다. 이들이 지적한 것처럼 그렇지 않고서야 어떻게 우리가 어둠 속에서 아무것도 볼 수 없겠는가?

중동의 많은 학자들은 실제로 어둠 속에서도 무언가를 보았다. 중동의 천문학자들은 별을 보았고, 이들이 작성한 천체의 도표와 목록은 서양 천문학자들이 작성한 것보다 뛰어났다. 이들도 여전히 지구가 우주의 중심이라고 생각했지만, 이슬람 천문학자 중 페르시아의 알투시와 시리아의 이븐 알샤티르는 300년 후 폴란드의 천문학자 코페르니쿠스에게 영감을 준 도표와 계산 결과를 남겼다.

사실 어떤 이슬람 과학보다도 유럽의 사상에 가장 큰 영향을 준 분야는 의학이었다. 히포크라테스와 갈레노스를 비롯한 여러 그리스 의사의 기록이 주로 번역되고 해석되었지만, 몇몇 이슬람 의사도 이름을 떨쳤다. 서양에 라제스(854?~925?)라고 알려진 페르시아의 의사는 의학 외에도 여러 분야에서 중요한 저서를 남겼다. 그는 환자를 사망에 이르게 하고, 살아남더라도 흉터를 남기는 끔찍한 질병이었던 천연두를 정확히 설명했다. 오늘날에도 어린아이와 일부 어른들이 걸리는 질병인 홍역을 천연두와 구별하기도 했다. 홍역에 걸려도 천연두처럼 발진이 생기고 열이 난다. 다행히 지금은 세계보건기구WHO가 주도한 예방접종 캠페인 덕분에 천연두는 지구상에서 사라졌다. 가장 마지막으로 발병한 사례는 1977년의 일이었다. 라제스가 알았다면 기뻐했을 것이다.

이븐 시나(980~1037)는 가장 영향력 있는 이슬람 의사였다. 그는 여느 저명한 이슬람 학자처럼 의학뿐만 아니라 철학, 수학, 물리학 등 다양한 분야에서 활약했다. 과학자로서 그는 빛에 대한 아리스토텔레스의 견해를 발전시켰고 여러 관점에서 갈레노스의 이론을 수정했다. 그가 쓴 『의학전범Canon of Medicine』은 라틴어로 번역된 최초의 아랍어 책 중 하나였고 거의 400년 동안 유럽의 의과대학에서 교재로 사용했다. 안타깝게도 오늘날에는 시대에 뒤떨어졌다는 이유로 일부 이슬람 국가에서만 사용하고 있다.

300년 넘게 가장 의미 있는 과학적·철학적 연구가 이슬람 국가에서 이루어졌다. 유럽이 잠들어 있는 동안 중동과 이슬람 지배하의 스페인은 활발히 움직였다. 그 중심지는 바그다드, 다마스쿠스, 카이로, 스페인의 코르도바였다. 이들 도시에는 공통점이 있었다. 연구를 중시하고 지원을 아끼지 않았으며, 모든 종교의 학자에게 관대한 현명한 통치자가 존재했다는 것이다. 따라서 기독교인과 유대인, 이슬람교도 모두 그러한 흐름에 기여했다. 모든 이슬람 통치자가 지식을 아무 출처에서나 얻어도 된다고 생각하지는 않았다. 어떤 통치자는 인간이 알아야 할 모든 것이 쿠란에 있다고 주장했다. 이러한 갈등은 오늘날까지도 계속된다. 세상을 이해하면 놀라운 일을 마주할 수 있기 때문에, 과학은 늘 새로운 것에 개방적인 문화에서 가장 강력한 힘을 발휘했다.

CHAPTER 8

암흑 밖으로

우리는 과학자가 새로운 사실을 발견하려고 노력하기를 바라고, 과학이 끊임없이 변화하기를 기대한다. 그러나 세상의 이치가 전부 알려졌다고 생각한다면 과학은 어떤 모습일까? 아마 다른 사람이 발견한 사실을 이해하기만 해도 최고의 과학자가 될 수 있을 것이다.

476년에 로마 제국이 멸망한 후 유럽에서는 이처럼 시대에 뒤처진 관점이 일반적이었다. 그때까지 기독교는 제국의 공식 종교였고(콘스탄티누스 1세는 기독교로 개종한 최초의 황제였다) 단 한 권의 책, 즉 성경만이 중요했다. 대단히 영향력 있는 초기 기독교 사상가인 성 아우구스티누스(354~430)는 다음과 같이 말했다. '진리는 인간이 모색하며 추측한 것보다 신이 계시한 것에 있다.' 따라서 진리를 '모색하는' 과학자가 설 자리는 없었다. 이미 고대인들이 과학과 의학에서 알아야 할 모든 내용을 발견했다고 생각했기 때문이다. 게다가 지옥을 피해 천국에 가는 데 집중하는 것이 훨씬 더 중요했다. 아리스토텔레스와 갈레노스의 이론만 공부해도 '과학자'가 될 수 있었다. 서기 500~1000년까지 500년 동안 그리스어와 라틴어로 쓰인 고전 시대의 책이 거의 남아 있지 않았기 때문에 공부하기조차 어려웠다. 글을 읽을 줄 아는 사람도 많지 않았다.

그런데 455년에 로마를 격파한 게르만족이 유용한 물건들을 들여왔다. 토가 대신 바지를 입게 된 것도 그즈음이었다(비록 여성은 한참 후에나 가능했지만). 보리나 호밀 같은 새로운 작물이 재배되었고, 올리브오일 대신 버터를 먹기 시작했다. 이 500년 동안의 '암흑기'에도 기술 혁신은 있었다. 농작물을 재배하고 땅을 경작하는 새로운 방법이 개발되었으며, 장인과 건축가는 교회와 성당을 지으면서 새로운 양식을 실험하고 무거운 석재나 목재의 무게를 분산하는 방법을 찾아냈다. 덕분에 훨씬 더 크고 웅장한 성당을 지을 수 있었고, 이 시기의 건축물을 보면 지금도 숨이 막힐 정도로 아름답다. 이는 '암흑기'라고 불리는 시대에도 빛이 전혀 없지는 않았다는 사실을 보여준다.

한편 서기 1000년에 접어들자 발견의 속도가 더 빨라졌다. 성 토마스 아퀴나스(1225?~1274)는 가장 위대한 중세 신학자였다. 아퀴나스는 아리스토텔레스를 대단히 존경했으며 기독교 사상에 아리스토텔레스의 과학과 철학을 결합했다. 그 결과 아리스토텔레스는 갈레노스, 프톨레마이오스, 유클리드와 더불어 중세의 사고방식을 형성했다. 이들의 글은 번역하고 편집하여 해설할 필요가 있었다. 원래 그런 일은 대부분 수도원에서 수행했지만, 점차 이 시기에 처음 도입되기 시작한 대학에서 맡기 시작했다.

그리스에도 학교는 있었다. 아리스토텔레스는 스승인 플라톤의 아카데미에서 공부했고 나중에는 자신의 학교를 세웠다. 바그다드에 있는 '지혜의 집'도 사람들이 모여 공부하는 장소였다. 그러나 유럽의 새로운 대학은 그런 학교들과 달랐고 대부분 오늘날까지 남아 있다. 상당수의 대학은 교회에서 설립했지만, 지역사회와 부유한 후원자들 덕분에 일부 마을과 도시에서도 자체적으로 대학을 세울 수 있었다. 교황은 이탈리아 남부에 여러 대학을 설립하도록 승인했다. 볼로냐 대학교(1180년경 설립)가 처음으로 문을 열었고 이후 100년 동안 파도바, 몽펠리에, 파리, 쾰른, 옥스퍼드, 케임브리지에 대학이 설립되었다. '대학university'이라는 명칭은 '전체whole'를 의미하는 라틴어에서 유래했으며, 대학에서는 인간의 지식 전체를 포괄해야 했다. 여기에는 보통 네 학교school 또는 '학부faculty'가 있었다. 당연히 신학(아퀴나스는 신학을 '과학의 여왕'이라고 불렀다)이 있었고 법학과 의학, 예술학이 있었다. 초기 의학부에서는 주로 갈레노스와 이븐 시나에 의존했다. 의대생들도 점성술을 공부했는데, 별이 인간에게 좋든 나쁘든 어떤 영향을 미칠 수 있다는 믿음이 널리 퍼져 있었기 때문이다. 우리가 매우 과학적이라고 생각하는 수학과 천문학은 일반적으로 예술학부에서 가르쳤다. 아리스토텔레스의 방대한 저서는 모든 학부에서 다루었다.

중세의 '과학자'는 흔히 의사이거나 성직자였으며, 대부분 새로 설립된 대학에서 근무했다. 의과대학에서는 의학박사나 의학학사 같은 학위를 수여했으며, 학위를 받은 의사들은 다른 방식으로 의술을 배운 외과의나 약제사(약사)와 구분되었다. 하지만 대학 교육을 받았다고 새로운 사실을 발견하는 데 더 관심이 많지는 않았다(여전히 갈레노스와 이븐 시나, 히포크라테스에 의존하려는 편이었다). 그러는 중에 1300년경부터 해부학 강사들은 학생들에게 장기를 보여주기 위해 신체를 해부하기 시작했으며, 알 수 없는 원인으로 사망한 왕족이나 일반인의 시신도 부검했다. 물론 이러한 교육을 받았다고 의사들이 질병, 특히 지역사회를 휩쓸고 지나가는 전염병을 더 잘 치료한 건 아니었다.

1340년대에 흑사병이라고 불리는 전염병이 처음으로 유럽에 번졌다. 이 전염병은 아시아에서 무역로를 따라 들어온 것으로 추정되며, 3년간 여러 차례 유행하면서 유럽 인구의 약 3분의 1을 사망케 했다. 그것도 모자라 10년 후에 다시 발병했고, 끔찍하게도 이후 400년 동안 주기적으로 발병했다. 어떤 지역에서는 흑사병 환자를 위한 특수 병원을 설립했으며(대학처럼 병원도 중세 시대가 남긴 선물이다), 일부 지역에는 보건위원회가 결성되었다. 또한 흑사병 이후 전염성이 있다고 여겨지는 질병에 걸렸을 경우 격리를 하기 시작했다. '격리quarantine'라는 단어는 숫자 40(베네치아어로 'quaranta')에서 유래했는데, 당시 병들거나 감염이 의심되는 사람은 40일간 격리해야 했기 때문이다. 이 기간에 회복되거나 질병의 증상이 없으면 격리에서 벗어날 수 있었다. 극작가 윌리엄 셰익스피어는 영국에 흑사병이 들이닥친 해인 1564년 스트랫퍼드어폰에이번에서 태어났는데, 전염병이 유행하여 극장이 문을 닫을 때마다 일이 끊겼다. 셰익스피어의 작품 「로미오와 줄리엣Romeo and Juliet」에서는 머큐시오가 서로 싸움을 일삼는 두 가문을 비난하며 '두 집안에 역병이 닥치기를!'이라고 외치는 장면이 나온다. 관객들은 이 말이 무슨 뜻인지 바로 이해했을 것이다. 의사들은 대부분 흑사병이 새로운 질병이거나, 적어도 갈레노스의 기록에 없는 질병이라고 생각했기 때문에 갈레노스의 지침 없이 대처해야 했다. 그래서 당시 다른 질병에 주로 쓰인 치료법인 사혈瀉血을 하거나, 환자가 구토 또는 땀을 흘리게 하는 약물을 사용했다. 결국 갈레노스도 모든 것을 알지는 못했다.

아리스토텔레스 또한 마찬가지였다. 물체가 공기 중에서 이동하는 이유를 설명한 아리스토텔레스의 개념은 옥스퍼드 대학교의 로저 베이컨(1214?~1294), 파리 대학교의 장 뷔리당(1295?~1358?)을 비롯한 다양한 사람들의 논의 대상이었다. 이는 '임페투스 문제impetus problem'라고 불렸으며 해결해야 할 과제였다. 예를 들어 활과 화살이 있다고 생각해보자. 화살은 활시위가 뒤로 당겨졌다가 재빨리 놓이면서 공중으로 밀려 날아간다. 즉 우리는 힘을 가해서 화살에 운동량을 부여한다(이 개념은 나중에 자세히 살펴보겠다). 베이컨과 뷔리당은 이 힘을 '임페투스'로 지칭하면서, 활시위를 뒤로 더 당길수록 화살이 더 멀리 날아간다는 사실을 아리스토텔레스가 제대로 설명하지 못했다고 생각했다. 아리스토텔레스는 땅이 '자연 상태'이기 때문에 사과가 땅에 떨어진다고 주장했다. 따라서 화살도 결국 땅에 떨어질 테지만, 그 뒤에 힘이 가해졌기 때문에 움직일 수 있었을 뿐이라고 설명했다. 그렇다면 화살이 시위를 떠날 때는 존재했던 힘이 왜 점점 닳아 없어지는 것처럼 보일까?

이와 비슷한 문제들 때문에 어떤 사람들은 아리스토텔레스도 모든 것을 설명하지는 못한다고 생각하게 되었다. 프랑스 파리, 루앙 등지에서 활동한 성직자 니콜 오렘(1320?~1382)은 밤낮의 변화에 다시 의문을 품었다. 오렘은 태양이 24시간마다 지구 주위를 도는 것이 아니라 지구 자체가 하루에 한 번씩 지구의 축을 중심으로 자전할 수도 있다고 생각했다. 그러나 지구가 우주의 중심에 있고 태양과 행성이 지구 주위를 돈다는 아리스토텔레스의 생각을 반박하지는 않았다. 대신 지구가 우주의 중심에서 팽이처럼 도는 동안 태양이나 행성이 그 주위를 매우 느리게 돌 수도 있다고 생각했다(태양이 지구 주위를 한 바퀴 도는 데 1년이 걸릴 수도 있다고 생각한 것이다!).

이러한 발상은 새로웠지만, 700년 전 사람들은 새로운 개념이 항상 바람직하다고는 생각하지 않았다. 대신 깔끔하게 정돈된 완벽한 체계를 선호했다. 그래서 많은 학자들은 아리스토텔레스와 다른 고대 대가들의 저서를 취합하여 거대한 완전체로 통합하면서 지금의 '백과사전'이라고 불릴 만한 책을 집필했다. '모든 것에는 각자의 자리가 있다'는 말은 이 시대의 신조와도 같았다. 그러나 각자의 자리를 찾으려고 노력하면서 어떤 사람들은 여전히 해결해야 할 수수께끼가 있다는 사실을 깨닫게 되었다.

CHAPTER 9

현자의 돌을 찾아서

코카콜라 캔을 금으로 바꿀 수 있다면 그렇게 하겠는가? 물론 누구라도 당연히 그러겠지만, 만약 모두에게 그런 능력이 있다면 금이 흔해지고 가치가 떨어져 별로 놀랍지 않을 것이다. 고대 그리스 신화에서 자신이 손대는 모든 것을 금으로 변하게 해달라는 소원을 이룬 미다스 왕을 보면, 그 선택이 그리 영리하지 않았음을 알 수 있다. 빵을 만지자마자 금으로 변해버려 아침 식사도 제대로 못하지 않았는가!

미다스 왕만 금이 특별하다고 생각한 건 아니었다. 감촉이 좋고 색깔이 아름다운데다 희귀하기 때문에 인간은 늘 금을 소중히 여겼으며, 왕이나 부자만 소유할 수 있었다. 철이나 납, 심지어 은같이 더 흔한 물질로 금을 만드는 방법을 알아낸다면 부와 명예는 따놓은 당상이었다.

이런 식으로 금을 연성하는 것은 연금술이라 불리는 초창기 과학의 목표 중 하나였다. 연금술alchemy이라는 단어에서 'al'을 빼면 화학chemistry을 의미하는 형태가 나오는데, 그럼에도 오늘날에는 마법이나 종교적 믿음과 비밀스러운 연관성이 있는 연금술을 과학으로 여기지 않는다. 그러나 과거의 연금술은 대단히 인정받는 기술이었다. 아이작 뉴턴(제16장 참조)은 여가 시간에 취미 삼아 연금술에 손을 댔고 수많은 저울과 이상하게 생긴 유리그릇, 장비들을 사들였다. 즉 화학 실험실을 만든 셈이었다.

여러분은 실험실에 가보았거나, 적어도 사진이나 영화에서 본 적이 있을 것이다. 실험실laboratory은 단순히 '노동labour'을 하거나 일하는 장소라는 뜻이다. 오래전 실험실은 연금술사가 일하는 곳이었다. 연금술의 역사는 오래되었으며 고대 이집트, 중국, 페르시아까지 거슬러 올라간다. 연금술사의 목표는 단순히 가치가 낮은 '기본' 금속을 금으로 바꾸려는 것만이 아니라 자연을 지배하고 주변 환경을 통제하는 힘을 발휘하려는 것이기도 했다. 연금술은 주문을 외우거나 반드시 정확한 순서로 일을 처리하는 등 마법을 쓰는 것처럼 보였다. 연금술사는 물질을 실험해보며 두 물질이 섞이거나 가열되면 어떤 일이 발생하는지 관찰했다. 특히 인燐이나 수은처럼 격렬한 반응을 일으키는 물질로 연구하는 것을 선호했다. 이런 연구는 위험할 수 있었지만, '현자의 돌'을 만드는 적절한 재료의 조합을 찾아냈을 때의 보상을 떠올리면 해볼 만한 시도였다. 이 '돌'(실제로는 특수 화학물질이다)은 납이나 주석을 금으로 바꿔주거나 인간이 영생을 누릴 수 있게 도와줄 것이었다. 『해리 포터』에 나오는 마법사의 돌처럼.

해리 포터의 모험은 흥미진진하지만, 가상의 세계에서 벌어지는 일이다. 실제 주술사와 연금술사들이 꿈꾸었던 힘은 평범한 개인의 삶뿐만 아니라 연금술사의 삶에서조차 발휘할 수 없었으며, 수많은 연금술사는 자신이 할 수 없는 일을 하는 척하는 사기꾼이었다. 한편 다른 연금술사들 중에는 모든 것이 가능해 보이는 세상에서 살았던 정직한 연구자도 많았다. 이들은 연구 과정에서 현대의 화학에 해당하는 지식을 많이 알아냈다. 예를 들어 혼합물을 가열하여 그때마다 추출되는 물질을 모으는 기술인 증류법을 터득했다. 브랜디나 진 같은 도수가 높은 술은 알코올을 농축하는 증류법으로 만들어진다. 이 증류주는 영어로 '스피리츠spirits'이며, 유령 또는 활발한 상태spirited를 의미한다. 단어의 어원은 '호흡'과 '정신'을 의미하는 라틴어 '스피리투스spiritus'에서 찾을 수 있으며 어느 정도는 연금술에서 유래한다.

과거에는 대부분의 사람들이 마법을 믿었다(지금도 믿는 사람들이 있다). 많은 유명 학자들도 자연의 비밀을 연구하여 마법의 힘을 밝히려 했다. 비범했던 한 학자는 자신에게 과학과 의학의 모든 관행을 바꿀 힘이 있다고 생각했다. 그의 이름은 아주 길고 복잡하다. 바로 '테오프라스투스 필리푸스 아우레올루스 봄바스투스 폰 호헨하임'으로, 빨리 발음해보면 왜 그가 자신의 이름을 현재 우리가 알고 있는 '파라셀수스'로 바꾸려 했는지 이해할 수 있을 것이다.

파라셀수스(1493?~1541)는 스위스 산악지대의 작은 마을 아인지델른에서 태어났다. 의사인 아버지는 파라셀수스에게 자연 세계와 광산업, 광물, 식물학, 의학을 가르쳤다. 파라셀수스는 로마가톨릭교도였지만 마르틴 루터와 종교개혁의 시대에 성장하면서 구교도뿐 아니라 신교도 쪽에서도 친구를 사귀고 지지자를 많이 확보할 수 있었다. 하지만 그를 적대시하는 사람도 많았다. 파라셀수스는 몇몇 권위 있는 성직자와 함께 공부했으며 언제나 신앙심이 깊었지만, 그것은 파라셀수스답게 독특하게도 화학을 기반으로 한 것이었다.

파라셀수스는 이탈리아에서 의학을 공부했지만 한곳에 정착하지 못한 채 늘 떠돌았다. 유럽 전역을 돌아다니면서 영국이나 북아프리카를 방문하기도 했다. 그는 외과의와 일반의로 일하면서 수많은 부자와 권력자를 치료했고 나름 성공했던 것으로 보인다. 그러나 돈이라곤 한 푼도 없어 보였고 행색은 늘 남루했다. 파라셀수스는 상류층보다 평범한 사람들과 술집에서 한잔하기를 좋아했는데, 적대자들은 그를 알코올중독자라고 비난했다.

파라셀수스의 공식적인 직업은 고국인 스위스 바젤에 있는 대학의 교수직뿐이었다. 그는 다른 모든 교수와 달리 라틴어가 아니라 독일어로 수업하기를 고집했고, 가장 먼저 한 일은 시장에서 갈레노스의 책을 불태우는 것이었다. 그에게는 갈레노스, 히포크라테스, 아리스토텔레스가 필요 없었다. 그는 처음부터 다시 시작하고 싶어 했다. 파라셀수스는 자신의 우주관이 옳다고 확신했으며, 이는 과거의 어떤 이론과도 달랐다.

책을 불태우고 얼마 지나지 않아 파라셀수스는 마을에서 쫓겨나 계속 떠돌아다녀야 했다. 어느 때는 한곳에 한 달이나 1년씩 머물렀지만, 언제나 정착하지 못하고 몇 가지 물건만 챙긴 채 다른 곳으로 떠날 준비를 했다. 챙긴 물건이라곤 아마도 자신의 원고와 화학 기구뿐이었을 것이다. 그는 보통 진흙투성이에 위험한 길을 따라 걷거나 말과 수레를 타고 천천히 떠돌았다. 그렇게 살면서 성과를 이뤄냈다는 것이 놀라울 따름이다. 파라셀수스는 실제로 많은 환자를 치료하면서 책을 여러 권 집필했고 주변 세상을 살피며 늘 화학 실험을 했다.

화학은 파라셀수스가 열정적으로 매달린 대상이었다. 파라셀수스는 진심으로 자신의 연구 방향을 잡는 데 고대 학자들의 연구가 필요하지 않다고 생각했다. 그는 공기, 흙, 불, 물과 같은 네 가지 원소에 신경 쓸 시간이 없었다. 대신 모든 것이 궁극적으로 세 가지 물질, 즉 소금, 황, 수은으로 나누어진다는 기본 '원리'를 생각해냈다. 소금은 물질에 형태나 단단한 성질을 부여했다. 황은 물질을 태울 수 있고, 수은은 물질을 기체와 액체 상태로 바꾸는 역할을 했다. 파라셀수스는 이 세 가지의 원리에 따라 실험실에서 얻은 결과를 해석했다. 산酸이 어떻게 물질을 녹이는지, 알코올이 어떻게 얼 수 있는지 궁금해했으며 물질을 태우고 남은 산물을 주의 깊게 조사했다. 많은 액체를 증류하고 남은 물질을 조사했을 뿐만 아니라 방출된 물질을 포집했다. 한마디로 파라셀수스는 연구실에서 많은 시간을 보내며 자연을 완벽히 이해하려고 애썼다.

파라셀수스는 자신의 화학 실험이 세계의 원리를 이해하는 데 도움이 될 것이며 화학으로 질병의 새로운 치료법을 발견할 수 있다고 생각했다. 과거의 의사들은 대부분 식물성 약재를 활용했고 파라셀수스 역시 자신의 의료 행위에서 약초 치료법을 쓰기도 했지만, 보통은 자신이 실험실에서 연구해 만들어낸 약을 환자에게 처방하고 싶어 했다. 수은은 그가 가장 좋아하는 재료였다. 실제로는 독성이 아주 강한 물질이지만, 파라셀수스는 수은을 피부병 연고로 사용했으며 유럽 전역에서 흔했던 질병에 가장 잘 듣는 치료제라고 믿었다. 이 질병은 대개 성적 접촉으로 전염되는 매독으로, 피부에 끔찍한 발진을 일으키고 코를 뭉그러뜨리며 환자를 사망에 이르게 했다. 매독은 파라셀수스가 태어날 무렵인 1490년대에 이탈리아에서 유행하여 수많은 사람의 목숨을 앗아갔다. 파라셀수스가 의사였을 당시 거의 모든 의사가 매독 환자를 치료한 적이 있을 정도로 매독은 널리 퍼져 있었다. (심지어 상당수의 의사도 매독에 걸려 고생했다.) 파라셀수스는 이 새로운 질병의 다양한 증상을 설명하고 그 치료법으로 수은을 추천하는 글을 썼다. 수은을 사용하면 치아가 빠지고 입에서 지독한 냄새가 났지만 발진이 사라졌기 때문에, 의사들은 발진을 일으키는 매독이나 다른 질병을 치료하기 위해 수년 동안 수은을 사용했다.

파라셀수스는 그 외에도 여러 질병을 조사했다. 광산에서 일하는 사람들이 겪는 부상과 질병, 특히 열악한 작업 환경과 장시간 노동으로 인한 폐 질환에 관련된 글을 남기기도 했다. 광부와 같은 하층민에 대한 관심은 평범한 사람들과 함께 보낸 파라셀수스의 삶을 반영했다.

히포크라테스, 갈레노스 등 파라셀수스 이전의 의사들은 질병이 신체 내의 불균형 때문에 발생한다고 생각했지만, 파라셀수스는 신체 외부의 힘에서 비롯한다고 생각했다. 파라셀수스가 '존재'나 '물질'이라는 의미의 라틴어 '엔스ens', 즉 '존재자'라고 일컬은 이 힘은 신체를 공격하여 질병에 걸리게 하며 의사가 질병의 정체를 파악할 단서로 볼 만한 일종의 변화를 만들어낸다. 이 존재자는 여드름일 수도 있고 종기나 신장결석일 수도 있다. 파라셀수스가 찾아낸 돌파구는 환자와 질병을 분리하는 것이었다. 이러한 사고방식은 오랜 시간이 지난 후 세균이 발견되었을 때 진가를 발휘했다.

파라셀수스는 자신이 마련한 토대에서 과학과 의학을 새롭게 시작하고 싶어 했다. 그리고 책을 읽기보다 직접 실험하고 관찰해야 한다고 주장했다. 그럼에도 자신이 쓴 책은 다른 사람들이 읽기를 바랐지만, 어떤 책은 파라셀수스 사후에야 출판되었다. 파라셀수스가 진심으로 하고 싶었던 말은 '갈레노스 말고 파라셀수스를 읽으라'는 것이었다. 파라셀수스의 세계는 마법적 힘으로 가득 차 있었으며 자신의 과학과 의학 지식으로 그 힘을 이해하고 활용할 수 있다고 믿었다. 이러한 연금술의 꿈은 단순히 일반 금속을 금으로 바꾸는 것이 아니었다. 파라셀수스는 더 나아가 자연의 마법적이고 신비로운 '모든' 힘을 자유자재로 다루고 싶어 했다.

파라셀수스의 생전에는 그를 따르는 사람이 소수였지만, 사후에는 많은 수로 늘어났다. 이들은 스스로를 파라셀수스주의자Paracelsian로 지칭했으며 파라셀수스를 따라 의학과 과학을 바꾸려고 끊임없이 노력했다. 또한 실험실에서 실험을 하며 의료 행위에 화학요법을 활용했다. 즉 파라셀수스처럼 자연의 마법을 활용하여 자연의 힘을 통제하려 했다.

이들은 언제나 비주류였다. 의사와 과학자 대부분은 고대부터 내려오는 유산을 선뜻 거부하지 못했다. 그럼에도 파라셀수스의 관점은 점점 더 퍼져나갔고, 사람들은 자기 자신의 힘으로 세상을 바라보기 시작했다. 파라셀수스가 세상을 떠난 지 2년 후인 1543년, 해부학과 천문학을 다룬 책이 각각 출판되었으며 두 권 모두 파라셀수스처럼 고대의 권위에 도전했다. 세계를 새로운 관점으로 바라보게 된 것이다.

CHAPTER 10

인체의 비밀을 벗기다

어떤 물건이 어떻게 만들어지는지 제대로 이해하고 싶다면 그 물건을 하나하나 분해해보는 것도 좋은 방법이다. 시계나 자동차 같은 물건을 다시 조립하는 방법까지 알고 있으면 더 많이 이해할 수 있다. 이해하고 싶은 대상이 인간이나 동물의 몸이라면 일단 사체가 필요하겠지만 해야 할 일은 같다.

앞서 살펴보았듯이 갈레노스는 인간을 해체, 즉 해부할 수 없었기 때문에 대신 많은 동물을 해부했다. 갈레노스는 돼지나 원숭이의 해부학적 구조가 인간과 거의 비슷하다고 생각했고, 이는 어떻게 보면 옳기도 했지만 잘못된 추측이기도 했다. 인체 해부는 1300년경에 의과대학에서 해부학을 가르치면서부터 종종 이루어졌다. 인체에서 갈레노스의 주장과 다른 점이 발견되었을 때 사람들은 갈레노스가 틀렸다기보다 그동안 인간이 변화했기 때문이라고 생각했다! 그러나 해부학자들은 더 자세히 관찰하면서 작은 차이점을 점점 더 많이 발견해냈다. 그 결과 인체에 알려지지 않은 비밀이 많다는 사실이 명백히 드러났다.

이 비밀을 밝혀낸 사람은 해부학자이자 의사로 알려진 안드레아스 베살리우스(1514~1564)였다. 베살리우스의 본명은 안드레아스 비틴크 판 베젤이었다. 베살리우스는 지금의 벨기에 브뤼셀에서 태어났으며 아버지는 신성로마제국 황제 카를 5세의 주치의였다. 영리했던 베살리우스는 예술을 공부하러 루뱅 대학교에 들어갔지만 의학으로 전공을 바꾸기로 결심했으며, 야심을 품고 최고의 스승들이 있는 파리로 유학을 떠났다. 파리의 학자들은 모두 갈레노스를 따랐고 베살리우스는 그곳에 머문 3년 동안 그들에게 깊은 인상을 남겼다. 그는 그리스어와 라틴어에 능통했고 해부학에도 강한 흥미를 보였다. 신성로마제국과 프랑스의 전쟁으로 베살리우스는 파리를 떠나야 했지만, 루뱅 대학교 의과대학 교수진에게 인체 해부를 다시 알려준 후 1537년 이탈리아 파도바 대학교에 있는 세계 최고의 의과대학으로 떠났다. 그곳에서 시험을 치러 최고 성적으로 합격했으며 바로 다음 날 외과 분야와 해부학 강의를 맡게 되었다. 파도바 대학교에서는 덕분에 이득을 보게 되었다. 베살리우스는 자신의 지식을 활용해 해부학을 가르쳤고 학생들은 베살리우스를 잘 따랐으며, 이듬해에는 인체 일부를 그린 베살리우스의 아름다운 해부도 책자가 연달아 출간되었다. 이 책자는 너무 훌륭해서 유럽 전역의 의사들이 자체적으로 사용하려고 그림을 베끼기 시작했으며, 이렇게 자신의 저작물이 도용되는 바람에 베살리우스는 골머리를 앓았다.

시신을 절개하는 건 그리 유쾌한 일이 아니다. 숨을 거두면 몸은 빠르게 부패하고 냄새가 나기 시작하며, 베살리우스 시대에는 그러한 부패를 막을 방법이 없었다. 따라서 냄새가 너무 지독해지기 전에 해부를 끝낼 수 있도록 순서대로 빠르게 진행해야 했다. 내장이 가장 먼저 썩기 때문에 배가 제일 먼저였다. 그다음에는 머리와 뇌, 심장, 폐, 흉강의 다른 장기로 이어졌다. 사지는 맨 마지막이었다. 가장 오래 보존되었기 때문이다. 모든 작업은 2~3일 안에 끝나야 했으며, 일반적으로 해부학은 추운 날씨로 부패가 느려져 의사들이 시간을 조금 더 쓸 수 있는 겨울에 가르쳤다.

1700년대에는 시신 보존 기술이 개발된 덕분에 사체의 모든 부분을 해부하고 조사하는 데 더 많은 시간을 할애할 수 있게 되었다. 내가 의대생이었을 때 시신을 해부하는 데는 8개월이 걸렸고 해부하는 날에는 옷과 손톱에서 시체 썩는 냄새가 아니라 방부제 냄새가 났다. 나는 한 노인의 시신을 조사했고, 몇 달 동안 그 시신이 친숙하게 느껴졌다. 뇌를 가장 마지막으로 해부한다는 점을 제외하면 우리의 작업 순서는 베살리우스 시대와 거의 같았다. 뇌는 워낙 복잡한 기관이기 때문에 다른 부분을 먼저 세심하게 절개하고 노출하는 편이 더 나았다. 그 노인은 자신의 몸을 과학에 기증했다. 그리고 나에게 정말 많은 것을 가르쳐주었다.

빠른 속도로 작업해야 하고 냄새도 심했지만, 베살리우스는 해부학에 엄청난 열정을 쏟아부었다. 베살리우스가 몇 구의 시신을 해부했는지는 알 수 없지만, 당시 누구보다도 인체의 각 부위를 많이 알고 있었던 것으로 보아 분명 상당히 많은 해부를 했을 것이다. 베살리우스가 파도바 대학교에서 교수직을 맡은 이후부터 1543년에 대작이 출간되기까지의 5년 반은 굉장히 바쁜 시기였다. 베살리우스의 책은 높이가 40센티미터에 무게가 2킬로그램에 이를 정도로 크고 두껍다. 가볍게 읽을거리로 주머니에 넣고 다닐 만한 책이 아니다. 이 책은 『인체의 구조에 관하여De humani corporis fabrica』이며 '구조에 관하여De fabrica'로 불리기도 하는데, 아름답고 복잡한 그림들이 실려 있었다. 베살리우스는 스위스 바젤에 가서 이 책의 본문 인쇄와 삽화 제작을 직접 감독했다.

우리는 어디에나 그림이 있는 세상에 살고 있다. 디지털카메라로 친구에게 손쉽게 사진을 보내며, 잡지나 신문의 페이지마다 사진이 실려 있다. 베살리우스가 살았던 시대에는 그렇지 않았다. 인쇄기는 발명된 지 100년이 채 되지 않았으며, 손으로 그린 그림은 그대로 세심하게 나무판에 새겨져야 했다. 그런 다음 고무도장처럼 나무판에 잉크를 묻혀 종이에 찍어내는 작업이 필요했다.

베살리우스의 책에 나오는 그림은 경이로웠다. 인체가 그토록 정확하고 상세하게 묘사된 적은 없었다. 표지조차 평범하지 않았다. 표지에는 수백 명의 사람들이 모인 가운데 공개적으로 여성의 시신을 해부하는 장면이 그려져 있다. 베살리우스는 한가운데에 있는 시신 옆에 서 있으며 유일하게 독자를 바라보고 있다. 나머지 사람들은 해부에 푹 빠져 있거나 서로 잡담을 나누고 있다. 그림의 왼쪽에는 원숭이가 있고 오른쪽에는 개가 있는데, 이는 갈레노스가 해부학 연구를 위해 동물을 이용했음을 암시한다. 이 책에서 베살리우스는 인체를 직접 해부한 경험을 바탕으로 인체 해부학을 다루었다. 당시 베살리우스가 서른 살도 채 되지 않은 청년이었다는 점을 고려하면 놀라울 정도로 대담한 시도였다.

그런데 베살리우스에게는 자신감을 가질 만한 이유가 충분했다. 자신이 누구보다도 인체를 자세히 관찰했다는 사실을 알고 있었기 때문이다. 그의 책에 실린 굉장한 그림 중에는 피부 가까이에 있는 근육을 해부하고 더 깊이 있는 근육까지 드러내어 인체의 앞뒤 근육을 보여주는 것이 있다. 이 '근육질 남성'들은 온갖 풍경을 배경으로 포즈를 취하고 있으며 건물, 나무, 바위, 언덕이 그림 속에서 잘 어우러져 있다. 그들 중 한 남성은 목이 매달려 있는데, 베살리우스가 종종 사형수를 해부했다는 사실을 유추해볼 수 있다. 실제로 베살리우스는 한 범죄자가 교수형에 처해진 후 새들에게 발라 먹혀 뼈만 남은 모습을 발견하자 그 뼈를 살펴보기 위해 몰래 하나씩 방으로 가져오기도 했다.

비록 이름이 정확히 알려져 있지는 않지만, 베살리우스에게는 함께 작업한 매우 숙련된 예술가가 있었다. 르네상스, 즉 '부흥기'라고 불리는 이 시기에 과학은 예술과 밀접하게 연결되어 있었다. 레오나르도 다 빈치(1452~1519)와 미켈란젤로(1475~1564)를 비롯한 많은 르네상스 예술가도 인체를 더 잘 묘사하기 위해 시신을 해부했다. 인체의 구조를 알고 싶어 한 사람들은 의사뿐만이 아니었다.

베살리우스는 해부학적인 신체의 구조에 매료되었지만, 시신은 살아 있는 사람처럼 생리적인 호흡, 소화, 운동 같은 기능을 수행하지 않는다. 그래서 베살리우스가 집필한 책의 여러 부분에서는 과거와 현재의 개념이 뒤섞여 있었다. 베살리우스는 종종 갈레노스가 어떤 기관이나 근육에 관해 잘못 설명한 부분을 지적하고 바로잡았다. 예를 들어 간에 관한 갈레노스의 설명은 다섯 개의 '엽葉'으로 뚜렷하게 나뉜 돼지의 간에 해당하는 내용이었다. 인간의 간에는 네 개의 엽이 있고 명확하게 구분되지도 않는다. 인간의 손과 발에 있는 여러 근육은 인간과 친척뻘인 원숭이나 유인원의 근육과 다르다. 혈액의 이동을 설명하는 갈레노스의 이론에서는 혈액이 심장의 오른쪽에서 왼쪽으로 이동해야 했다. 즉 심장에 있는 두 개의 커다란 방(심실) 사이의 벽에 있는 작은 구멍으로 혈액이 지나다닌다는 것이었다. 베살리우스는 인간의 심장을 여러 번 해부했지만, 그러한 구멍을 찾을 수 없었다. 이 결과는 수십 년 후 윌리엄 하비가 심장과 혈액의 흐름을 더 자세히 설명할 때 아주 중요한 단서가 되었다. 그러나 살아 있는 신체의 기능에 관해서는 베살리우스도 갈레노스의 이론을 받아들일 수밖에 없었다. 이러한 이유로 베살리우스의 글보다 그림이 더 가치 있다고 여겨지기도 했다. 이 그림은 곧바로 복제되어 유럽 전역에서 활용되었으며, 비록 돈을 벌지는 못했어도 베살리우스가 유명해지는 계기가 되었다.

베살리우스는 그 후 20년을 더 살았지만, 이 위대한 책이 그의 최고 업적이었다. 이후 약간의 수정을 거쳐 두 번째 판본을 만들기는 했지만, 초판이 출간된 직후 그는 황실 의사가 되기 위해 파도바 대학교를 떠났다. 그렇게 그는 부자나 권력자를 돌보며 시간을 보냈다. 아마 자신이 해야 할 말을 다 했다고 생각했기 때문이었을 것이다.

베살리우스는 사람들에게 기억될 만큼 충분히 말하고 행동했다. 『인체의 구조에 관하여』는 오늘날에도 여전히 인정받는 예술과 해부학, 인쇄술의 조합으로 역대 최고의 책 중 하나로 남아 있다. 이 책으로 베살리우스는 우리에게 두 가지의 변치 않는 선물을 남겼다. 첫째, 그는 다른 의사들에게 인체 구조에 관한 자신의 상세한 설명을 계속 이어가라고 조언했다. 후대의 해부학자들은 베살리우스가 놓친 신체의 다른 부분을 발견하거나 오류를 수정했다. 베살리우스가 처음으로 예술적 표현과 세심한 해부를 혼합하기 시작하면서 다른 사람들도 인체를 설명하는 책을 만들게 되었다. 베살리우스의 책은 글보다 그림이 중요한 첫 책이었지만 마지막 책은 아니었다. 의사들은 앞에 놓인 대상을 이해할 수 있어야 했고 배우는 데는 그림이 필수적이었다.

둘째, 베살리우스는 갈레노스에게 맞섰다. 파라셀수스처럼 무례하지는 않았지만, 우리가 갈레노스보다 더 많은 지식을 쌓을 수 있다는 사실을 묵묵히 보여주었다. 베살리우스는 지식이 세대에 걸쳐 성장할 수 있음을 증명했다. 그는 100년 이상 지속된 논쟁의 서막을 열었다. 질문은 간단했다. '우리는 고대인보다 더 많이 알 수 있는가?' 베살리우스 이전 1,000년 동안 이 질문에 대한 답은 '아니요'였다. 베살리우스 이후 이 답은 점차 바뀌어갔다. 사람들은 이렇게 생각하기 시작했다. '알아야 할 모든 것이 이미 밝혀졌다면 무엇 하러 귀찮은 일을 한단 말인가? 하지만 직접 들여다보면 아무도 보지 못한 무언가를 찾을 수도 있을 것이다.' 베살리우스는 의사와 과학자들이 이 귀찮은 일을 하도록 영감을 주었다.

CHAPTER 11

우주의 중심은 어디일까?

해는 매일 아침 동쪽에서 뜨고 저녁에는 서쪽으로 진다. 우리는 해가 천천히 움직이며 그 위치에 따라 그림자의 길이나 위치가 달라지는 것을 볼 수 있다. 정오에는 그림자가 발아래로 들어간다. 이보다 명백한 일은 없으며, 매일 일어나는 일이기 때문에 오늘 보지 못했더라도 내일을 기약할 수 있다.

물론 태양이 지구 주위를 돌지는 않는다. 알다시피 이렇게 명백해 보이는 현상이 사실이 아님을 증명하기는 굉장히 어렵다. 이렇게 표현해보자. 지구는 '우리' 우주의 중심이다. 우리가 딛고 서서 태양과 달, 별을 바라보는 곳이기 때문이다. 이렇게 지구는 우리의 중심이지만, '우주'의 중심은 아니다.

고대의 관측 천문학자들은 지구를 우주의 중심으로 여겼다.

아리스토텔레스를 기억하는가? 아리스토텔레스 이후 가장 영향력이 큰 그리스의 천문학자 프톨레마이오스는 밤마다, 계절마다, 해마다 별의 위치를 꼼꼼히 기록했다. 맑게 갠 밤에 별을 보는 것은 마법 같은 경험이며 별의 무리, 즉 '별자리'를 찾아볼 수 있다면 더욱 흥미로울 것이다. 구름이 없다면 북두칠성과 오리온자리의 벨트는 쉽게 눈에 띈다. 북두칠성으로 북극성을 찾을 수 있으며, 이 북극성 덕분에 선원들은 밤에도 올바른 방향으로 계속 항해할 수 있었다.

지구가 중심에 있고 천체가 완벽한 원운동을 한다는 우주 모형에는 문제가 있었다. 별을 예로 들어보자. 별은 밤마다 서서히 위치를 바꾼다. 태양이 적도 바로 위에 있어서 낮과 밤의 길이가 같아지는 춘분은 천문학자들에게, 사실 누구에게나 항상 중요한 날이었다. 춘분은 3월 20일 또는 21일에 돌아오며, 21일은 공식적으로 봄이 시작되는 날이다. 문제는 봄이 시작되는 날마다 별의 위치가 조금씩 달라진다는 것이며, 이는 별이 지구를 중심으로 완벽한 원운동을 하면 벌어질 수 없는 일이었다. 천문학자들은 이를 '분점分點의 세차歲差 운동'이라고 불렀으며, 이런 일이 발생하는 이유를 설명하기 위해 복잡한 계산을 해야 했다.

행성의 운동도 수수께끼였다. 단순히 밤하늘을 육안으로 바라보면 행성은 밝은 별 같다. 고대 천문학자들은 수성, 금성, 화성, 목성, 토성뿐만 아니라 태양과 달까지도 행성으로 취급하면서 총 일곱 개의 행성이 있다고 생각했다. 행성은 은하수를 이루는 '항성'보다 분명히 지구에 더 가깝다. 행성을 관찰하면 항성보다 더 많은 문제가 보였다. 행성이 지구 주위를 도는 것처럼 움직이지 않았기 때문이다. 일단 행성의 운동은 일정하지 않은 것 같았고 역행하는 것처럼 보이는 경우도 있었다. 이 문제를 해결하기 위해 천문학자들은 행성이 실제로는 지구를 중심으로 공전하는 것이 아니라고 생각했다. 이 행성의 공전 중심을 '동시심equant'이라고 불렀으며, 이 개념을 도입하고 여러 계산 과정을 거쳐 관측 천문학자들은 기존의 모형을 전부 버리지 않고도 밤하늘에서 관측한 현상을 설명할 수 있었다. 따라서 이들은 여전히 지구가 만물의 중심이며 다른 천체들이 지구 주위를 돈다고 가정했다.

만물의 중심에 지구 대신 태양을 놓고, 지구를 포함한 행성이 태양 주위를 돈다고 가정한다면 어떻게 될까? 지금은 이러한 관점이 너무 익숙해서 얼마나 놀라운 진전이었는지 체감하기 어렵다. 이러한 가정은 매일 보이는 현상과 맞지 않았고 아리스토텔레스의 가르침이나, 더 중요하게는 교회의 가르침에 어긋나는 주장이었다. 성경에서는 여호수아가 움직이는 태양을 멈춰달라고 신에게 빌었기 때문이다. 그런데 대담하게도 만물의 중심에 태양을 놓은 사람은 코페르니쿠스라는 폴란드 사제였다.

니콜라우스 코페르니쿠스(1473~1543)는 폴란드에서 태어나고 사망했지만, 이탈리아에서 법학과 의학을 공부했다. 아버지는 그가 열 살이 된 해에 세상을 떠났기 때문에 니콜라우스의 외삼촌이 이 어리고 영리한 소년의 교육을 맡아 폴란드의 크라쿠프 대학교에 보냈다. 외삼촌이 폴란드 프라우엔부르크의 주교가 되었을 때, 코페르니쿠스는 대성당에서 일자리를 얻게 되었다. 이곳에서 안정적인 수입을 얻은 덕분에 그는 이탈리아에서 공부할 수 있었고, 고국으로 돌아와서도 우주를 연구하는 열정을 이어갈 수 있었다. 코페르니쿠스는 천문 기기를 사용할 수 있는 지붕 없는 탑을 세웠다. 아직 망원경이 없는 시절이었기 때문에 그의 기기로는 다양한 천체와 지평선 사이의 각도를 측정하거나 달의 위상 정도만 관측할 수 있었다. 또한 코페르니쿠스는 태양이나 달, 행성이 다른 행성을 가로막아 우리 시야에서 부분적으로 또는 전체적으로 가려지는 식蝕 현상에 관심이 많았다.

코페르니쿠스가 언제 오늘날 '태양계 모형'이라고 불리는 자신의 우주 모형이 수천 년간 쌓인 관측 결과를 더 잘 설명한다고 주장했는지는 정확히 알려져 있지 않다. 하지만 1514년 코페르니쿠스는 짧은 원고를 작성한 후, 감히 출판할 엄두는 내지 못하고 믿을 만한 친구 몇 명에게 보여주었다. 그 원고에는 '지구의 중심이 우주의 중심은 아니다', '우리는 다른 행성처럼 태양 주위를 돌고 있다'라는 내용이 아주 분명히 적혀 있었다. 이 주장은 꽤 확고했으며 그 후 30년 동안 코페르니쿠스는 지구가 아니라 태양이 우주의 중심에 있다는 자신의 이론을 조용히 연구했다. 하늘을 직접 관찰하는 데 많은 시간을 할애하면서도 다른 천문학자들이 관측한 결과를 살펴보고, 태양을 중심으로 행성이 그 주위를 공전한다고 가정하여 기존의 이론이 갖고 있는 문제점을 해결하려고 최선을 다했다. 그 결과 식 현상이나 순행 또는 역행하는 행성의 움직임 같은 수수께끼가 풀렸다. 게다가 태양은 온기와 빛을 제공하는 등 인간의 삶에 매우 중요한 역할을 하기 때문에, 태양을 중심에 둔다는 관점은 태양 없이 지구상의 생명체가 존재할 수 없다는 사실을 인정한다는 의미였다.

코페르니쿠스의 모형은 또 다른 아주 중요한 결론에 도달했다. 바로 별이 아리스토텔레스 등 고대 사상가들이 생각한 것보다 지구에서 훨씬 더 멀리 떨어져 있다는 사실이었다. 아리스토텔레스의 이론에서 시간은 무한하지만 공간은 고정되어 있었다. 교회에서는 신이 만물을 창조한 수천 년 전으로 시간이 고정되어 있고 공간도 마찬가지라고 가르쳤다. 코페르니쿠스는 시간과 창조에 관한 교회의 관점을 받아들였지만, 자신의 관측 결과에서는 태양과 다른 별 사이의 거리보다 태양과 지구 사이의 거리가 훨씬 가깝다는 결론을 얻었다. 또한 태양과 행성 사이의 거리와, 지구와 달 사이의 거리도 대략적으로 계산했다. 우주는 사람들이 생각하는 것보다 훨씬 거대했다.

코페르니쿠스는 자신의 연구가 사람들에게 충격을 줄 것이라는 사실을 알고 있었지만, 나이가 들면서 이 연구를 발표하기로 마음먹었다. 그리고 1542년에 위대한 저서 『천체의 회전에 관하여De revolutionibus orbium coelestium』를 완성했다. 그러나 당시 코페르니쿠스는 늙고 병들어 있었기에 자신의 이론을 알고 있는 동료 사제인 레티쿠스에게 인쇄를 맡겼다. 레티쿠스가 일을 시작했지만, 그 후 독일에 있는 대학에서 일하게 되면서 작업은 또 다른 사제인 안드레아스 오시안더에게 넘어갔다. 오시안더는 코페르니쿠스의 이론이 위험하다고 생각하여 이 위대한 책에 자신의 서문을 추가했고 1543년에야 책을 인쇄했다. 이 책의 서문에서 오시안더는 코페르니쿠스의 이론이 실제로는 사실이 아니며 단순히 천문학자들이 오랫동안 지구 중심적 사고로 우주를 바라보면서 인식한 문제 중 일부를 해결할 수 있는 방법이라고 적었다. 자신의 의견을 밝힐 수는 있지만, 이는 매우 정직하지 못한 행동이었다. 마치 코페르니쿠스가 직접 쓴 것처럼 서문을 작성했기 때문이다. 아무도 서명하지 않았기 때문에 사람들은 서문이 코페르니쿠스의 생각이라고 여겼고, 그 무렵 코페르니쿠스는 병세가 악화되어 서문의 내용을 바로잡을 수 없었다. 결과적으로 거의 100년 동안 이 위대한 책을 읽은 독자들은 코페르니쿠스가 단지 매일 밤하늘에서 관찰한 현상을 설명하는 방법을 가볍게 다루었을 뿐 실제로 지구가 태양 주위를 돈다고 주장한 것은 아니라고 생각했다.

이 서문 때문에 사람들은 코페르니쿠스의 책에 담긴 혁명적 가치를 너무 쉽게 무시해버렸다. 그러나 많은 사람들이 이 책을 읽었으며, 코페르니쿠스 사후 수십 년 동안 그의 해석과 계산은 천문학에 영향을 미쳤다. 특히 두 명의 유명한 천문학자가 코페르니쿠스의 연구를 더욱 발전시켰다. 그중 한 명인 튀코 브라헤(1546~1601)는 우주가 너무나 넓어서 별이 아주 멀리 있다는 코페르니쿠스의 주장에 영감을 받았다. 1560년 브라헤는 일식을 관찰하면서 상상력을 자극받았으며 덴마크의 귀족 가문인 가족들은 그가 법학을 공부하길 바랐지만, 브라헤에게 만족감을 주는 일은 천체를 연구하는 것뿐이었다. 1572년 브라헤는 밤하늘에서 매우 밝게 빛나는 별을 발견했다. 그는 이 '새로운 별nova stella'에 관한 책을 집필했으며, 이 별을 통해 우주는 완벽하지 않고 변화한다는 사실을 확인할 수 있다고 주장했다. 그러고는 덴마크 해안 근처의 섬에 천문대를 공들여 짓고 최고급 장비를 갖추었다. (그때까지도 망원경은 발명되지 않았다!) 1577년 브라헤는 혜성의 경로를 관측하기 시작했다. 혜성은 일반적으로 나쁜 징조로 여겨졌지만, 브라헤에게 혜성의 경로는 천체가 천구상에서 자신의 위치에 고정되어 있지 않다는 증거일 뿐이었다. 혜성이 천구를 가로질렀기 때문이다.

브라헤는 덴마크의 천문대에서 별과 행성의 위치나 운동에 관해 중요한 발견을 많이 했지만, 1597년 체코의 프라하로 옮겨가 새로운 천문대를 세웠다. 그리고 3년 후 요하네스 케플러(1571~1630)를 조수로 삼았다. 브라헤는 태양이 만물의 중심에 있다는 코페르니쿠스의 모형을 결코 받아들이지 않았지만, 케플러는 다른 우주관을 갖고 있었고 1601년에 브라헤가 세상을 떠나면서 남긴 모든 기록과 원고를 물려받았다. 케플러는 브라헤의 기록을 충실히 따르며 출간될 저서를 일부 수정했지만, 케플러 역시 천문학을 완전히 새로운 방향으로 이끈 인물이었다.

케플러의 삶은 험난하고 혼란스러웠다. 아내와 어린 딸이 먼저 세상을 떠났고 어머니는 마녀로 몰려 재판을 받았다. 가톨릭교가 대부분의 권력을 누린 종교개혁 초기에 케플러는 매우 독실한 신교도였기 때문에 늘 행동을 조심해야 했다. 케플러는 우주의 질서에서 자신이 생각하는 신의 신비로운 창조를 확인할 수 있다고 믿었다. 그럼에도 천문학계에 길이 남은 그의 연구 결과는 빈틈이 없고 매우 정밀했다. 보통 이해하기 어려운 케플러의 글에는 현대에 '케플러의 법칙'으로 알려진 세 가지 개념이 자세히 제시되어 있다. 이 법칙은 매우 중요했다.

제1법칙과 제2법칙은 밀접하게 관련되어 있고 화성의 운동에 관한 브라헤의 꼼꼼한 관측 자료에서 비롯되었다. 케플러는 오랫동안 그 자료를 연구한 후 행성이 항상 같은 속도로 움직이지 않는다는 사실을 깨달았다. 행성은 태양에 가까울수록 더 빨리 움직이고 태양에서 멀어지면 느리게 움직인다. 케플러는 우주의 중심인 태양에서 행성까지 직선을 그었을 때 일정하게 유지되는 물리량은 행성의 속도가 아니라 행성이 움직일 때 만들어지는 호弧로 둘러싸인 면적이라는 사실을 발견했다. 이것이 제2법칙이고, 그에 따른 결과가 제1법칙이다. 즉 행성은 완벽한 원이 아니라 찌그러진 타원 궤도로 운동한다는 것이다. 그때까지 중력에 대한 개념은 없었지만, 케플러는 행성의 운동에 어떤 종류의 힘이 작용하고 있음을 알게 되었다. 또한 행성이 태양 주위를 도는 것처럼 어떤 천체가 중심점 주위를 공전할 때 자연스러운 경로는 타원임을 깨달았다. 케플러의 이 두 가지 법칙은 천체가 완벽한 원운동을 한다는 고대의 생각이 틀렸음을 보여주었다.

제3법칙은 더욱 실질적이었다. 케플러는 행성이 태양 주위를 완벽히 공전했을 때 걸리는 시간과 태양에서 떨어진 평균 거리 사이에 특별한 관계가 있음을 보여주었다. 이 법칙으로 천문학자들은 태양에서 행성까지의 거리를 계산하면서 태양계가 얼마나 큰지 알 수 있었지만, 우리와 별 사이의 거리에 비하면 또 얼마나 작은지도 가늠할 수 있었다. 운이 좋게도 비슷한 시기에 멀리까지 자세히 들여다보게 해주는 과학 기기인 망원경이 발명되었다. 이 망원경이 엄청난 위력을 발휘하게 만든 사람은 바로 가장 유명한 천문학자 갈릴레오 갈릴레이였다.

CHAPTER 12

사탑과 망원경

갈릴레오

세계에서 가장 이상한 건물 중 하나는 이탈리아의 도시 피사에 있는 대성당의 850년 된 종탑일 것이다. 이 탑은 '피사의 사탑'으로 알려져 있다. 그 앞에서 친구와 함께 쓰러져가는 탑을 잡아주는 척하며 사진을 찍는 재미는 쏠쏠하다. 이 탑에는 갈릴레오가 서로 다른 무게의 공 두 개를 떨어뜨려 어느 공이 먼저 떨어지는지 확인하는 실험을 했다는 일화도 전해진다. 갈릴레오가 실제로 이 탑에서 실험을 하지는 않았지만, 그 결과를 알 수 있을 만한 다른 실험을 했고 무게가 각각 4,500그램과 450그램인 공이 동시에 땅에 떨어진다는 사실을 발견했다. 태양이 지구 주위를 돌지 않는 것처럼, 이 실험 결과는 우리의 일상적인 경험과 반대되는 것처럼 보인다. 실제로 탑에서 깃털과 공을 떨어뜨리면 둘은 다른 속도로 떨어진다. 어떻게 무게가 다른 공이 동시에 땅에 떨어질까?

갈릴레오 갈릴레이(1564~1642)는 피사에서 태어났다. ('갈릴레이'가 성姓이지만 항상 '갈릴레오'로 불린다.) 아버지는 음악가였고, 갈릴레오는 인근의 피렌체에서 성장했다. 청년이 되어서는 피사로 돌아가 의학 공부를 시작했지만, 항상 수학에 더 관심이 많았으며 영리하고 재치 있다는 평판을 받으며 대학을 졸업했다. 그리고 1592년 파도바 대학교로 가서 수학과 오늘날 우리가 물리학이라고 부르는 과목을 가르쳤다. 우리가 앞으로 만나게 될 윌리엄 하비가 학생이었을 때 갈릴레오도 그곳에 있었지만, 안타깝게도 당시에 두 사람은 한 번도 만난 적이 없었다.

갈릴레오는 평생 논란을 불러일으켰다. 언제나 아리스토텔레스를 위시한 여러 고대 학자의 물리학이나 천문학과 같이 널리 받아들여지는 고대의 이론을 반박하는 것처럼 보였기 때문이다. 갈릴레오는 독실한 가톨릭교도였지만, 종교는 도덕과 믿음을 다루는 반면 과학은 관찰할 수 있는 물리적 세계를 다룬다고 여겼다. 갈릴레오의 말대로 성경에서는 천국의 모습을 알려준다기보다 천국에 가는 방법을 알려준다. 이러한 성향 때문에 갈릴레오는 가톨릭교회와 갈등을 빚었다. 가톨릭교회는 교회의 사상이나 권위에 감히 반기를 드는 사람들에게서 스스로를 강력하게 변호했다. 또한 인쇄기 덕분에 점점 늘어나는 책을 검열하기 시작했고 교회에서 용납할 수 없는 책을 '금서 목록'에 올렸다. 왕자, 주교, 추기경, 심지어 교황까지 고위직의 지지자가 많았던 갈릴레오는 성직자들의 지지를 받았지만, 그 외 사람들은 수백 년간 이어진 자신의 가르침을 뒤엎는 갈릴레오의 이론을 받아들이려 하지 않았다.

갈릴레오의 초기 연구에서는 움직이는 물체와 관련된 힘을 다루었다. 애초부터 갈릴레오는 스스로 사물을 관찰하며, 가능하면 그 결과를 수학적으로 표현하고자 하는 사람이었다. 갈릴레오의 유명한 실험 중 하나는 경사면 아래로 공을 조심스럽게 굴려 특정 거리에 도달할 때까지 걸리는 시간을 측정하는 것이었다. 알다시피 공은 경사면을 따라 내려가면서 점점 속도가 빨라진다(이를 '가속한다'고 표현한다). 갈릴레오는 공의 속도와 공이 움직이기 시작한 후 경과한 시간 사이에 특별한 관계가 있음을 알게 되었다. 거리는 경과한 시간의 제곱('3×3'처럼 자신을 곱한 값)과 관련되어 있었다. 즉 갈릴레오는 2초가 지나면 공이 네 배 더 빠르게 굴러간다는 사실을 발견했다. (시간의 제곱이라는 개념은 후대 과학자들의 연구에서도 등장하므로 주목하기 바란다. 아무래도 자연은 제곱을 좋아하는 것 같다.)

이 실험을 비롯한 여러 실험에서 갈릴레오는 매우 현대적인 과학자 같은 면모를 보여주었다. 자신이 실제로 측정한 값이 항상 정확히 똑같을 수는 없다는 점을 알고 있었기 때문이다. 어쩌다 중요한 순간에 눈을 깜빡이기도 하고 관찰 결과를 기록할 때 시간이 걸리기도 하며 장비가 완벽하지 않을 수도 있었다. 그러나 그것이 현실 세계의 관찰이며, 갈릴레오는 모든 것이 항상 완벽하고 정확한 추상적인 세계가 아니라 우리가 관찰한 그대로의 세계에 가장 관심이 많았다.

종교 단체가 관리하는 대학에서는 여전히 아리스토텔레스

가 영향력을 미치고 있었지만, 움직이는 물체에 관한 갈릴레오의 초기 연구는 아리스토텔레스를 비롯해 그 이후 수백 명의 사상가와 비교했을 때 세계를 얼마나 다르게 인식하는지를 보여주었다. 1609년 갈릴레오는 고대의 사고방식에 훨씬 더 심각한 의문점을 제시하게 해준 새로운 기기를 알게 되었다. '전화기telephone'가 '멀리까지 말한다'는 의미이고 '현미경microscope'이 '작은 것을 본다'는 의미이듯, 이 기기는 '멀리까지 본다'는 의미로 '망원경telescope'이라고 불렸다. 망원경과 현미경 모두 과학사에서 아주 중요한 역할을 했다.

최초로 제작한 망원경은 배율이 아주 낮았는데도 갈릴레오는 스스로 깊은 감명을 받았다. 그리고 두 개의 렌즈를 결합하여 빠르게 개선했고 오늘날 일반적인 쌍안경과 비슷한 약 열다섯 배의 배율을 얻을 수 있었다. 그리 높지 않은 배율인 것 같아도 당시에는 획기적이었다. 망원경을 활용하면 육안으로 확인하기 한참 전에 바다에서 들어오는 배를 발견할 수 있었다. 더욱 중요한 점은 갈릴레오가 망원경을 하늘로 돌려 놀라운 사실을 발견했다는 것이다.

갈릴레오는 망원경으로 달을 관측하면서 달이 완벽하고 매끄러운 구球가 아니라는 사실을 알게 되었다. 달에는 언덕과 분화구가 있었다. 그리고 망원경을 행성 쪽으로 돌려 그 운동을 더 자세히 관찰했고 지구에 달이 있는 것처럼 목성에도 '위성'이 있다는 사실을 발견했다. 다른 행성인 토성에는 위성과 달리 두 개의 커다란 방울이 보였는데, 지금은 그것을 '고리'라고 부른다. 갈릴레오는 금성과 화성의 운동을 훨씬 더 명확하게 관찰할 수 있었고, 이들 행성의 운동 방향과 속도가 규칙적이고 예측할 수 있는 방식으로 변화한다는 사실을 알아냈다. 태양에는 매일 규칙적인 패턴으로 조금씩 움직이는 검은 영역이 있었다. (갈릴레오는 눈을 보호하기 위해 필수적인, 간접적으로 태양을 보는 방법을 알아냈다.) 갈릴레오는 망원경을 이용해 맑은 밤하늘에서 육안으로 보면 어렴풋이 흐릿하게 빛나는 멋진 은하수가 실제로는 지구에서 아주 멀리 떨어진 수없이 많은 낱별로 이루어져 있다는 사실을 밝혀냈다.

이외에도 갈릴레오는 중요한 관측을 많이 수행했다. 그의 관측 결과는 『별의 전령Starry Messenger』(1610년)*이라는 책에 실렸고 파문을 일으켰다. 이 책에서 밝힌 내용은 일반적으로 통용된 우주의 개념에 의문을 제기했다. 어떤 사람들은 갈릴레오의 이론이 처음 보는 '원통'으로 만들어낸 속임수라고 생각했다. 육안으로 보이지 않으면 실재하지 않을 수도 있다고 여겼기 때문이다. 갈릴레오는 자신의 망원경으로 관측한 현상이 사실이라고 사람들을 설득해야 했다.

더욱 받아들이기 어렵고 위험하기까지 했던 점은 갈릴레오의 관측 결과가 달이 지구를 공전한다든지, 지구나 행성이 태양을 공전한다는 코페르니쿠스의 이론을 뒷받침한다는 것이었다. 당시 코페르니쿠스의 책은 출간된 지 거의 70년이 지났고 가톨릭

* 라틴어로는 'Sidereus Nuncius'이고 한국어판은 '갈릴레오가 들려주는 별 이야기'라는 제목으로 출간되었지만, 여기서는 원문대로 옮긴다.

교도뿐만 아니라 신교도까지 따르는 사람이 많았다. 가톨릭교회의 공식적인 입장은 코페르니쿠스의 이론이 행성의 운동을 설명하는 데 유용하지만, 문자 그대로 진실은 아니라는 것이었다. 만약 사실이라면 너무나 많은 성경 구절이 이해되지 않아 다시 해석되어야 했다.

그러나 갈릴레오는 자신의 천문학적 발견을 널리 알리고 싶어 했다. 1615년 그는 자신이 연구한 내용을 가르칠 수 있도록 교회의 허가를 받기 위해 로마로 향했다. 많은 사람들이, 심지어 교황까지도 갈릴레오의 편이었지만, 여전히 코페르니쿠스의 체계에 관해 글을 쓰거나 가르치는 것은 금지되었다. 갈릴레오는 나이가 들어 건강이 좋지 않았지만 자신의 뜻을 굽히지 않고 1624년과 1630년에 다시 로마로 가서 상황을 살폈다. 그리고 코페르니쿠스 체계를 하나의 가능성으로만 제시하면 안전할 것이라고 확신했다. 갈릴레오의 천문학 저서 『두 가지 주요 세계관에 관한 대화Dialogue on the Two Chief World Systems』는 세 사람의 대화로 구성되어 있다. 아리스토텔레스와 코페르니쿠스를 대표하는 두 사람이 있고, 나머지 한 명은 진행자 역할을 한다. 이런 방식으로 갈릴레오는 어느 것이 옳은지 그른지 말할 필요 없이 과거의 우주관과 새로운 우주관의 장단점을 논의할 수 있었다.

이 책은 농담으로 가득한데, 갈릴레오가 쓴 대부분의 저서처럼 그의 모국어인 이탈리아어로 쓰였다. (당시까지도 유럽 전역의 학자들은 여전히 라틴어로 책을 썼다.) 처음부터 갈릴레오가 어느 편인지는 꽤 분명했다. 우선 아리스토텔레스를 대변하는 인물의 이름은 심플리치오Simplicio였다. 사실 고대에 그렇게 불린 아리스토텔레스 저서의 해설자가 있었지만, 영어에서처럼 이탈리아어에서도 '얼간이simpleton'와 발음이 비슷하다는 사실에서 볼 수 있듯 이 인물은 총명하지 않다. 가장 좋은 대사와 주장은 코페르니쿠스를 대변하는 인물인 살비아티Salviati('현명한', '안전한'을 의미하는 이름)에게 돌아간다.

갈릴레오는 자신의 책에 대해 교회의 공식적인 승인을 얻으려고 매우 열심히 노력했다. 책 출간을 관리하는 로마의 검열관은 갈릴레오의 편이었지만, 문제가 생길 수 있다고 염려하여 결정을 미루었다. 갈릴레오는 피렌체에서 계속 책을 인쇄했다. 로마의 고위 성직자들은 이 책을 읽고 불만을 품어 늙은 갈릴레오를 로마로 소환했다. 코페르니쿠스의 체계를 가르치지 못하도록 한 금지령이 다시 주목받았고 1633년, 3개월에 걸친 '재판' 이후 갈릴레오는 자신의 책이 오류투성이이며 자만심의 산물이라고 인정해야 했다. 갈릴레오가 서명한 진술서에는 지구가 움직이지 않으며 우주의 중심이라는 내용이 포함되어 있었다. 그러나 유죄 판결을 받은 직후 갈릴레오가 '그래도 지구는 돈다Eppur si muove'라고 중얼거렸다는 이야기가 전해 내려온다. 크게 말했든 아니든 그렇게 생각한 것은 틀림없다. 교회에서 우주의 본질에 대한 갈릴레오의 믿음까지 바꿀 수는 없었기 때문이다.

교회에는 갈릴레오를 감옥에 가두고 고문까지 할 권력이 있었지만, 배심원단에서는 갈릴레오가 매우 특별한 사람임을 인정하며 가택연금에 처했다. 시에나에서의 첫 '가택연금'은 그다지 엄격하지 않아서 갈릴레오는 여러 저녁 모임에 참석하여 분위기를 주도하곤 했다. 그래서 교회는 피렌체 외곽의 집으로 돌아가라는 명령을 내리고 방문객을 철저히 감시했다. 그로부터 얼마 지나지 않아 딸(수녀)이 세상을 떠났고 갈릴레오는 말년을 쓸쓸히 보냈다. 그러면서도 낙하하는 물체와 주변에서 매일 볼 수 있는 종류의 운동을 만들어내는 힘에 관한 문제를 계속 연구했다. 갈릴레오의 위대한 저서 『새로운 두 과학Two New Sciences』(1638년)은 현대 물리학의 기초를 보여준다. 갈릴레오는 낙하하는 물체의 가속도에 다시 주목하면서 훗날 아이작 뉴턴의 중력에 관한 유명한 연구를 예견하기라도 한 듯 수학을 활용해 가속도를 측정할 수 있음을 보여주었다. 또한 포탄처럼 공중으로 발사된 물체의 경로에 관해 새로운 사고방식을 제시하면서 물체가 떨어지는 위치를 예측하는 방법을 제시했다. 이러한 연구를 통해 특정 방식으로 움직이는 무언가에 영향을 미치는 '힘'이라는 개념이 물리학 연구에서 그 존재를 인정받았다.

흔히 '이유 없는 반항'이라는 말이 있지만, 갈릴레오의 행동은 '이유 있는 반항'이었다. 갈릴레오는 세계의 작동 원리를 설명할 수 있는 지식으로서의 과학을 위해 투쟁했다. 갈릴레오의 '반항적'인 생각 중 일부는 틀리기도 했고 현상을 완벽하게 설명하지 못해서 후대에 받아들여지지 않은 것도 있다. 그러나 원래 과학은 그렇게 작동하며 어떠한 과학 영역도 모든 정답을 담고 있는 완성된 책이 아니다. 현대 과학자라면 마땅히 알아야 할 그런 사실을 갈릴레오도 알고 있었다.

CHAPTER 13

돌고 돌아

하비

순환을 의미하는 단어 'cycle'과 'circulation'은 모두 '원 circle'을 의미하는 라틴어에서 유래했다. 순환한다는 것은 무언가가 계속 움직이다가 스스로 알아차리지 못하더라도 결국에는 출발점으로 돌아오는 현상을 말한다. 자연에 완벽한 원은 많지 않지만, 순환은 많다. 지구는 태양 주위를 돈다. 물은 땅에서 증발했다가 비가 되어 내리는 방식으로 순환한다. 많은 새들이 매년 먼 거리를 이동했다가 같은 장소로 돌아와 번식하고 다시 한 해에 걸친 주기를 시작한다. 실제로 탄생, 성장, 죽음이라는 자연스러운 과정 전체와 바로 다음 세대에서 이 주기가 반복되는 과정은 일종의 순환이다.

또한 우리 몸 안에서도 많은 순환이 일어난다. 매우 중요한 순환 중 하나에는 심장과 혈액이 연관되어 있다. 우리가 사는 동안 혈액 한 방울은 시간당 50회 정도 몸을 순환한다. 물론 이 수치는 우리가 무엇을 하느냐에 따라 달라진다. 달리기를 하면 심장이 더 빨리 뛰어 순환하는 시간이 단축된다. 잠이 들면 심장이 더 천천히 뛰어 혈액 한 방울이 심장으로 돌아오는 시간이 더 오래 걸린다. 오늘날에는 이 모든 내용을 학교에서 가르치지만, 원래부터 당연한 사실은 아니었다. 혈액이 순환한다는 사실을 발견한 사람은 윌리엄 하비(1578~1657)라는 영국 의사였다.

하비의 아버지는 상인으로 성공한 농부였고 하비의 여섯 형제 중 다섯 명이 가업을 물려받았다. 그러나 윌리엄 하비는 의사가 되기로 결심했고 1600년에 케임브리지 대학교에서 의학 공부를 마친 후, 베살리우스가 몇 년 전까지 일하고 갈릴레오가 여전히 천문학과 물리학을 연구하는 파도바 대학교로 떠났다.

파도바 대학교에서 하비에게 의학을 가르친 스승 중에는 아쿠아펜덴테 가문의 파브리치우스(1537~1619)가 있었다. 파브리치우스는 아리스토텔레스가 오래전에 시작한 연구의 전통을 이어가고 있었고, 이는 하비에게 영향을 주었다. 이 두 사람은 아리스토텔레스에게서 두 가지의 중요한 가르침을 받아들였다. 첫째, 인간을 포함한 모든 생명체의 장기는 각각 수행해야 할 기능에 맞는 형태와 구조를 갖고 있다. 예를 들어 뼈와 근육은 우리가 뛰거나 물건을 집을 수 있도록 결합되어 있고, 별다른 문제가 발생하지 않는 한 우리는 장기들이 설계된 목적대로 기능한다는 사실을 인지조차 못한다. 또한 아리스토텔레스는 창조주가 쓸모없는 부분을 설계했을 리가 없기 때문에 동식물의 모든 기관에 특정한 목적이나 기능이 있다고 믿었다. 우리가 앞을 볼 수 있도록 눈이 만들어졌듯 위, 간, 폐, 심장 등과 같은 신체의 다른 부분도 마찬가지다. 각 기관은 고유한 기능을 수행하기 위해 특별한 구조를 갖추고 있다. 신체를 이해하는 이러한 접근법은 '살아 있는 해부학'이라고 불렸으며, 특히 그 작동 '원리'를 알아내는 데 도움이 되었다. 뼈는 단단하고 모양을 유지해야 우리가 걷거나 뛸 때 몸을 지탱할 수 있다는 사실은 의사들에게 명백해 보였다. 근육이 부드럽고 탄성이 있는 것은 수축과 이완을 해야 몸을 편하게 움직이기 때문이다. 그러나 심장 자체와, 심장과 혈액 및 혈관의 관계는 같은 논리로 이해하기가 그리 쉽지 않았다. 물론 지금은 하비 덕분에 심장도 그러한 사고방식에 들어맞는다고 이야기할 수 있게 되었다.

둘째, 아리스토텔레스는 알 속에 있는 자그마한 병아리에서 생명의 첫 징후인 작은 심장이 뛰는 모습을 관찰한 후, 심장과 혈액이 생명체에서 핵심 역할을 한다고 주장했다. 하비는 아리스토텔레스를 따라 심장이 생명체의 핵심이라고 확신했다. 그리고 심장과 순환은 하비의 의학 경력에서 중심축이 되었다.

하비의 스승인 파브리치우스도 하비에게 많은 영향을 준 발견을 했다. 큰 정맥 중 상당수에 판막이 존재한다는 것이었다. 이 판막은 항상 혈액이 한 방향, 즉 심장 쪽으로만 흐를 수 있도록 놓여 있다. 파브리치우스는 판막의 기능이 다리에 혈액이 고이지 못하게 하거나 뇌에서 너무 세게 흘러내리지 않도록 막는 것이라고 생각했다. 하비는 파도바 대학교에서 학업을 마친 후 영국으로 돌아가 이 모든 가르침을 활용했다.

하비는 승승장구하며 경력을 쌓았다. 런던에서 의사로 일하기 시작했고 성 바르톨로뮤 병원에서 근무했으며 해부학과 생리학 강의 요청을 받았다. 또한 제임스 1세와 그의 아들 찰스 1세의 주치의가 되었다. 청교도라는 개신교 세력이 왕을 몰아낸 시기에 찰스 1세와 친분이 있다는 사실은 하비에게 도움이 되지 않았다. 한번은 하비의 집이 공격받고 불에 탔으며 그 안에는 출판하려는 원고들도 있었다. 하비는 호흡과 근육, 수정란에서 동물이 형성되는 과정 등 많은 것을 연구했기 때문에 이 사건은 과학계에 큰 손실이었다. 찰스 1세는 심지어 자신이 소유한 동물을 하비가 실험에 활용하도록 허락해주었다.

하비는 항상 혈액에 관심이 많았다. 그리고 혈액이 살아 있음을 의미하는 필수적인 요소라고 생각했다. 하비 역시 알을 깨보았고 생명의 첫 징후로 규칙적으로 고동치는 작은 핏방울을 보았다. 자궁 내 수정란에서 아직 발달하고 있는 배아 상태일 때 관찰한 다른 동물에서도 마찬가지였다. 오랫동안 혈액과 연관된 심장도 하비에게 흥미로운 대상이었다. 심장이 뛰지 않으면 사람이나 동물이 죽는다는 사실은 누구나 알고 있었다. 따라서 생명이 시작될 때는 혈액이 필수적이지만, 생명이 끝나는 순간은 심장이 멈출 때였다.

대부분 심장은 우리가 인지하지 못하는 상태로 뛰고 있다. 그러나 실제로 심장 박동을 느낄 때도 있다. 예를 들어 긴장하거나 겁을 먹을 때, 운동할 때 우리는 심장이 쿵쾅대며 가슴을 때리는 듯한 느낌을 받는다. 하비는 심장의 '움직임', 즉 심장이 박동할 때마다 실제로 무슨 일이 일어나는지 이해하고 싶었다. 심장은 박동할 때마다 수축하고 이완한다. 즉 수축기와 이완기를 거친다. 하비는 심장이 뛰는 모습을 관찰하기 위해 살아 있는 동물, 특히 뱀 같은 변온동물(스스로 체온을 조절하지 못하는 동물)을 많이 해부했다. 그런 동물의 심장은 인간의 심장보다 훨씬 느리게 뛰기 때문에 심장 박동을 더 쉽게 관찰할 수 있었다. 하비는 심장 내부의 판막이 열리고 닫히는 과정을 심장이 박동할 때마다 주기적으로 확인했다. 수축하는 동안 심실 사이의 판막이 닫히고 심장과 혈관을 연결하는 판막이 열렸다. 반대로 심장이 이완하면 내부 판막이 열리고 심장과 혈관(폐동맥과 대동맥) 사이에 놓인 판막이 닫혔다. 하비는 이 판막이 자신의 스승 파브리치우스가 발견한 정맥의 판막과 같은 역할을 하여 혈액을 일정한 방향으로 흐르게 한다고 생각했다.

하비는 다른 사람들에게 자신의 생각을 증명하기 위해 여러 실험을 했다. 그중 하나는 매우 간단했다. 하비는 지혈대라고 불리는 붕대로 팔을 꽉 조였다. 지혈대를 세게 조이면 혈액이 팔로 전혀 들어가지 못해서 손이 매우 창백해진다. 조금 느슨하게 풀면 혈액이 들어가기는 하지만, 심장으로 돌아가지 못하고 손이 아주 붉어진다. 이러한 현상은 혈액이 일정한 압력으로 팔에 들어가다가 꽉 조이는 지혈대 때문에 그 흐름이 완전히 막힌다는 사실을 보여준다. 지혈대를 느슨하게 풀면 혈액은 동맥을 통해 들어갈 수는 있어도 정맥을 통해 다시 나올 수는 없다.

하비는 수많은 심장을 살펴보고 곰곰이 생각하면서 심장의 기능을 이해하는 데 엄청난 발전을 가져왔다. 그는 몸 전체에 분포한 혈액보다 더 많은 혈액이 매우 짧은 시간에 심장을 통과한다는 사실을 알아냈다. 심장이 박동할 때마다 새로운 혈액을 퍼올릴 만큼 충분한 양의 혈액을 생산할 수도 없고, 인체에 그 많은 혈액이 존재할 수도 없었다. 따라서 혈액은 심장이 박동할 때마다 심장에서 나와 동맥을 통해 정맥으로 이동한 다음 심장으로 돌아와 새로운 '순환'주기를 시작해야 했다.

'말하자면 나는 개인적으로 혈액이 순환한다고 생각하기 시작했다.' 1628년 하비는 자신의 짧은 저서 『심장의 운동에 관하여De motu cordis』에서 이 문장을 라틴어로 작성했다. 심장의 수축과 이완에 관한 글을 쓰기 시작했고, 결국 심장의 운동이 어떤 기능을 수행하는지 발견한 것처럼 보였다. 하비는 혈액이 심장의 우심실에서 폐로, 좌심실에서 가장 큰 동맥인 대동맥으로 들어간다는 사실을 알아냈다. 그리고 대동맥에서 나온 혈액은 대동맥에서 갈라지는 더 작은 동맥으로 들어간 다음 정맥으로 이동하며, 올바른 방향으로 흐르게 하는 판막을 거쳐 가장 큰 정맥인 '대정맥'을 통해 우심실로 되돌아간다.

베살리우스처럼 하비도 항상 단순히 다른 사람이 쓴 책에서 배우기보다 자신이 직접 조사하여 신체의 구조와 기능을 알아내고 싶어 했다. 그러나 베살리우스와 달리 대부분 인간의 시신이 아니라 살아 있는 동물을 연구했다. 하비는 2,000년간 이어져온 의학 지식에 이의를 제기할 생각은 없었지만, 자신의 발견이 심장과 혈액에 관한 갈레노스의 이론이 틀렸음을 보여주기 때문에 논란의 여지가 있다는 사실을 알고 있었다. 그러면서 자신의 이론이 너무 극단적이라고 생각하는 일부 사람들, 대부분은 갈레노스를 따르는 사람들의 비판에서 자신의 생각을 변호했다. 하지만 하비의 이론에는 한 가지 중요한 문제가 있었다. 하비는 혈액이 심장으로 돌아가기 위해 어떻게 가장 작은 동맥에서 가장 작은 정맥까지 도달하는지에 답하지 못했다.

이 수수께끼의 해답을 내놓은 사람은 하비가 세상을 떠날 즈음에 현미경이라는 새로운 기구를 능숙하게 활용한 하비의 이탈리아 출신 제자 마르첼로 말피기(1628~1694)였다. 현미경은 1590년대부터 존재했지만, 말피기가 살았던 시대에 이르러서야 제대로 활용되었다. 말피기는 폐와 신장을 비롯한 여러 기관의 정교한 구조를 누구보다도 자세히 들여다볼 수 있었으며, 가장 작은 동맥과 정맥을 연결하는 얇은 경로인 모세혈관을 발견했다. 그렇게 하비의 '순환'은 완성되었다.

하비는 획기적인 연구를 통해 세심한 실험으로 무슨 발견을 할 수 있는지 보여주었고, 하비의 이론이 널리 받아들여지면서 사람들은 하비를 생물학과 의학 실험의 창시자로 인정하게 되었다. 덕분에 다른 사람들도 호흡할 때 폐에서 무슨 일이 일어나는지, 음식을 소화할 때 위장에서 무슨 일이 일어나는지 등 신체의 기능을 직접 찾고 조사하기 시작했다. 하비도 과거의 베살리우스와 갈릴레오처럼 과학적 지식이 누적될 수 있음을 보여주었고, 우리가 1,000년 전이나 불과 50년 전에 살았던 명석한 사람들보다 자연을 더 많이 이해할 수 있다는 사실을 알려주었다.

CHAPTER 14

아는 것이 힘이다

베이컨과 데카르트

코페르니쿠스부터 갈릴레오까지 100년 동안 과학은 세상을 완전히 바꿔놓았다. 이제 지구는 우주의 중심에 있지 않으며 해부학, 생리학, 화학, 물리학 분야에서의 새로운 발견은 고대인이 모든 것을 알지는 못했다는 사실을 보여주었다. 세상에는 여전히 발견해야 할 것이 많았다.

사람들은 또한 과학 자체에 대해 생각하기 시작했다. 과학을 연구하는 최고의 방법은 무엇일까? 새로운 발견이 정확한지 어떻게 확신할 수 있을까? 과학을 활용해 어떻게 인간의 안위, 건강, 행복을 개선할 수 있을까? 이렇게 과학에 대해 깊이 생각한 두 사람을 꼽자면, 한 명은 영국의 변호사이자 정치가였고 다른 한 명은 프랑스의 철학자였다.

여기서 영국인은 바로 프랜시스 베이컨(1561~1626)이었다. 그의 아버지 니콜라스 베이컨은 자수성가하여 엘리자베스 1세 시대에 고위 공무원이 된 인물이었다. 니콜라스는 교육의 중요성을 잘 알았기 때문에 아들을 케임브리지 대학교에 보냈다. 프랜시스 역시 엘리자베스 1세뿐만 아니라 여왕이 세상을 떠난 후 제임스 1세까지 보필했다. 프랜시스는 영국법 전문가로 여러 중요한 재판에 참여했으며, 대법관이 된 후에는 당시 법조계에서 매우 중요한 인물이 되었다. 더 나아가 의회 의원으로 활동하기도 했다.

베이컨은 과학에도 열정적이었다. 화학 실험을 하거나 동식물에서 날씨와 자기장에 이르기까지 호기심을 불러일으키는 모든 종류의 자연 현상을 관찰하는 데 많은 시간을 보냈다. 베이컨의 어떤 발견보다 더 중요한 것은 바로 과학을 하는 이유와 가치, 방식에 대한 명쾌하고 설득력 있는 주장이었다. 베이컨은 과학을 중요하게 여겨야 한다고 강조했다. 그는 '아는 것이 힘이다'라는 유명한 말을 남겼고, 과학이야말로 지식을 얻을 수 있는 최고의 방법이라고 주장했다. 그래서 베이컨은 엘리자베스 1세와 제임스 1세에게 정부 자금으로 실험실을 짓고 과학자들이 연구할 수 있는 장소를 마련해야 한다고 조언했다. 또한 과학자들이 공동체나 학술원을 만들어 각자의 생각과 관찰 결과를 교환할 수 있어야 한다고 생각했다. 베이컨에 따르면 과학은 자연을 이해하는 수단일 뿐만 아니라 그러한 이해를 바탕으로 자연을 통제하는 수단이었다.

베이컨은 과학이 발전할 수 있는 최고의 방법을 다음과 같이 명확하게 제시했다. 과학자들은 남들이 이해하기 쉬운 정확한 단어를 사용해야 한다. 그리고 이미 알고 있다고 생각하는 사실을 증명하기보다는 열린 마음으로 조사해야 한다. 무엇보다도 연구 결과에 확신을 갖도록 실험과 관찰을 반복해야 한다. 이것이 바로 '귀납적' 추론 방식이다. 예를 들어 반복해서 화학물질의 무게를 재고 물질을 혼합하면서 화학자는 그 과정에 올바른 확신을 얻게 된다. 점점 더 많은 관찰 결과를 수집하거나 귀납적 추론을 계속할수록 과학자는 앞으로 일어날 일을 더 확신하게 될 것이다. 이러한 귀납적 추론 방식을 활용하여 결과를 일반화할 수 있으며, 자연의 작동 원리를 지배하는 법칙을 발견할 수 있다. 베이컨의 생각은 여러 세대에 걸쳐 과학자들에게 영감을 주었고 오늘날까지도 여전히 유효하다.

프랑스인인 르네 데카르트(1596~1650)도 방식은 달랐지만 과학자들에게 많은 영향을 주었다. 그는 하비와 갈릴레오의 연구를 깊이 탐구했다. 데카르트는 갈릴레오처럼 가톨릭교도였지만, 자연을 연구하는 데 종교가 관여해서는 안 된다고 굳게 믿었다. 또한 하비처럼 사람과 동물의 몸을 조사했고 각 부위가 어떻게 갈레노스의 가르침보다 훨씬 더 다양한 방식으로 작동하는지 설명했다. 사실 데카르트는 하비나 갈릴레오에서 더 나아가 완전히 새로운 토대 위에 과학과 철학을 확립하려고 노력했다. 오늘날에는 비록 철학자로 더 잘 알려져 있지만, 데카르트는 베이컨보다 훨씬 더 열심히 활동한 과학자였다.

데카르트는 프랑스 투렌 지방의 라에라는 도시에서 태어났다. 이 영리한 소년은 프랑스 와인으로 유명한 루아르 지역의 명문 학교인 라플레슈에 진학했다. 이 학교에서 그는 갈릴레오가 망원경으로 발견한 사실과 코페르니쿠스의 태양중심설, 최신 수학을 배웠다. 그리고 푸아티에 대학교에서 법학을 전공한 후 놀라운 선택을 했다. 바로 개신교 군대에 자원한 것이다. 데카르트가 성인이 된 후 유럽에서는 '30년 전쟁'이 계속되었고, 데카르트는 약 9년간 참전했다. 실제로 전투를 치른 적은 없었지만, 포탄이 떨어지는 위치를 알아내는 등 실용 수학과 관련된 그의 지식은 군대에 도움이 되었다. 이 기간에 데카르트는 개신교와 가톨릭교 군대 모두에 몸담았으며 중요한 정치적·군사적 사건이 벌어지는 곳마다 현장에 머문 것처럼 보인다. 우리는 데카르트가 무슨 일을 했는지, 어떻게 그렇게 많은 여행 경비를 모았는지 알 수 없다. 첩자였을 가능성도 있다. 그랬다면 데카르트는 아마 자신이 늘 충직하게 믿은 가톨릭교 편이었을 것이다.

군인이 되고 얼마 지나지 않은 1619년 11월 10일, 데카르트는 난롯불이 켜진 따뜻한 방에서 반쯤 잠이 들었다가 두 가지 결론에 도달했다. 그중 첫 번째는 진정한 지식에 이르려면 모든 것을 스스로 이루어야 한다는 것이었다. 아리스토텔레스를 비롯한 다른 권위자들의 가르침은 진정한 지식에 이르는 길이 아니었다. 데카르트는 처음부터 다시 시작해야 했다. 두 번째 결론은 처음부터 다시 시작하려면 모든 것을 의심해야 한다는 것이었다! 그날 밤 데카르트는 이 개념을 발전시키는 토대가 된 듯한 세 가지의 꿈을 꾸었다. 당시에는 이 내용을 책으로 쓰지 않은 채 군 생활을 시작했다. 그러나 이 결정적인 날이 계기가 되어 데카르트는 사람들이 확신을 갖고 과학적 지식을 얻을 수 있는 법칙을 제시하며 우주와 우주 안의 모든 것을 설명하기 시작했다.

모든 것을 의심한다는 것은 어떤 것도 당연시하지 않고 확신할 수 있는 내용만 조금씩 받아들이면서 나아간다는 의미이다. 그렇다면 무엇을 확신할 수 있을까? 처음에는 '데카르트가 과학이나 철학 연구를 계획하고 있다'는 한 가지뿐이다. 데카르트는 특정 지식을 얻는 방법을 생각하고 있었지만, 더 간단하게 말하자면 '생각'을 하고 있었다. 그는 라틴어로 'Cogito, ergo sum', 즉 '나는 생각한다, 고로 존재한다'라고 적었다. '나'는 생각을 하고 있기 때문에 존재한다는 것이다.

이 간단한 문장은 데카르트의 출발점이 되었다. 여기까지는 괜찮다고 할 수 있지만, 그다음 단계는 무엇일까? 데카르트에게 이 진술은 즉각적이고 엄청난 영향을 미쳤다. 나는 생각하기 때문에 존재하지만, 육체가 없더라도 생각은 할 수 있을 것이다. 하지만 육체가 있어도 생각할 수 없다면 나는 그 사실을 인지할 수 없다. 따라서 육체와 생각을 담당하는 영역(마음이나 영혼)은 반드시 분리되고 구별되어야 한다. 바로 이것이 우주가 완전히 다른 두 종류의 존재, 즉 '물질'(육체뿐 아니라 의자, 돌, 행성, 개, 고양이 등)과 '정신'(인간의 영혼이나 마음)으로 이루어져 있다는 개념인 '이원론'의 기초였다. 따라서 데카르트는 우리가 존재한다는 사실을 아는 방식인 우리의 정신이 우주에서 매우 특별한 위치를 차지한다고 주장했다.

데카르트 이전과 한참 이후의 사람들도 인간이 특별한 종류의 동물임을 알고 있었다. 인간에게는 읽고 쓰는 능력, 세상의 복잡한 특성을 이해하는 능력, 제트기나 원자폭탄을 만드는 능력처럼 어떤 동물도 갖지 못한 능력이 있다. 이 특별함은 정신과 육체를 분리한 데카르트의 이원론에서 특이한 요소가 아니었다. 놀라운 발전은 세상의 나머지 부분인 물질적 요소에서 이루어졌다. 데카르트는 정신과 물질이 세상을 구성하는 요소이며, 물질은 과학의 대상이라고 언급했다. 이는 우리가 기능하는 방식 중 정신을 담당하지 않는 부분, 즉 물리적인 부분을 단순한 물리적 용어로 설명할 수 있다는 의미이다. 그러면 정신적 능력이 없는 모든 동식물도 완벽히 제 역할을 하는 물질로 환원할 수 있다. 나무와 꽃, 물고기와 코끼리는 그저 복잡한 기계에 불과하다. 데카르트에 따르면 이들은 완전히 이해할 수 있는 물질이다.

데카르트는 '자동기계automata'를 알고 있었으며, 이것은 움직이기도 하고 특정 작업을 수행하기 위해 만들어진 살아 있는 듯한 기계적 형상을 의미한다. 현대에는 로봇이라고 부르기도 한다. 예를 들어 17세기 도시에 놓인 시계탑에는 작은 기계인형이 설치된 경우가 많았는데, 보통은 사람 형상이며 정각에 나와 징을 쳤다. 자동기계는 데카르트가 살았던 시대에 유행처럼 번졌다(일부는 지금도 작동하고 있다). 인간이 이렇게 사람과 동물을 본떠 스스로 움직이는 섬세한 형상을 만들 수 있었기 때문에, 사람들은 솜씨 좋은 기계공이 한 단계 더 나아가 움직일 뿐만 아니라 먹거나 짖는 개도 만들 수 있을지 궁금해했다. 데카르트는 그러한 장난감을 만들고 싶은 생각이 전혀 없었지만, 그가 생각하기에 동식물은 실제 감정이 없고 주변에서 일어나는 일에 반응하는 능력만 있는 극도로 복잡한 자동기계에 불과했다. 그것은 과학자들이 기계적·화학적 원리로 이해할 수 있는 물질이었다. 데카르트는 심장의 '기계적' 작용과 혈액 순환에 대해 쓴 윌리엄 하비의 책을 읽고 자신이 만든 체계의 증거라고 믿었다. (혈액이 심장에 도달했을 때 무슨 일이 일어나는지, 왜 혈액이 순환하는지에 대한 데카르트의 설명은 현재 찾아볼 수 없다.) 데카르트는 이런 생각이 건강과 질병을 상당 부분 설명할 수 있을 뿐만 아니라 궁극적으로 영원히는 아니더라도 아주 오랫동안 생존하는 방법에 관한 지식을 인간에게 제공할 수 있다는 희망을 품었다.

데카르트는 우주가 두 가지의 별개 요소인 물질과 정신으로 이루어져 있다는 것을 만족스럽게 증명했지만, 인간의 정신과 육체가 실제로 연결되는 방식에 대해서는 혼란스러워했다. 물질은 실체가 있고 공간을 차지하지만 정신은 어디에도 존재하지 않고 물질적 근거가 전혀 없다면, 이 둘을 어떻게 연결할 수 있을까? 히포크라테스 시대 이후로 사고력을 뇌와 연관 짓는 것은 일반적이었다. 머리를 타격하면 기절할 수 있으며, 많은 의료인은 뇌의 부상이나 질병이 정신적 기능을 변화시킨다는 사실을 목격했다. 한때 데카르트는 인간의 영혼이 뇌의 한가운데에 있는 어떤 분비샘에 존재한다고 생각하는 것처럼 보였지만, 자신이 내세운 논리에 따르면 물질과 정신은 절대 상호 작용할 수 없었다. 후대 사람들은 인간을 설명하는 이 모형을 '기계 속의 유령'이라고 불렀으며,

이는 기계와 같은 육체가 모종의 이유로 유령과 같은 정신 또는 영혼에 좌우된다는 의미였다. 그렇다면 이제 문제는 개, 침팬지, 말 같은 수많은 동물이 그들만의 '유령' 없이도 어떻게 다양한 인간의 정신적 능력을 보여주는지 설명하는 것이었다. 개와 고양이는 두려움이나 분노를 드러내며, 고양이는 제멋대로지만 적어도 개는 주인에게 애정을 표현하는 것처럼 보인다.

데카르트의 호기심은 다른 여러 방면에까지 이르렀다. 『세계론Le Monde』이라는 책을 쓴 사람이니 놀랄 일도 아니다. 데카르트는 지구와 태양의 관계에 대한 코페르니쿠스의 이론을 받아들였지만, 교회의 권위를 거스르지 않도록 갈릴레오보다 더 조심스럽게 자신의 이론을 제시했다. 또한 갈릴레오가 관심을 가졌던 운동이나 낙하하는 물체 등에 대한 글을 썼다. 안타깝게도 당시에 데카르트를 따르는 사람들이 있기는 했지만, 우주의 작동 원리에 대한 데카르트의 생각은 갈릴레오나 아이작 뉴턴 같은 거장과 견줄 정도가 아니었고 오늘날 데카르트의 물리학을 기억하는 사람은 거의 없다.

데카르트가 물리학계에서는 뛰어난 인물들에게 밀렸지만, 우리는 대수학이나 기하학 문제를 풀 때마다 알게 모르게 데카르트의 발자취를 따르고 있다. 데카르트는 대수학 문제에서 아는 항은 'a, b, c'로, 모르는 항은 'x, y, z'로 표현하는 획기적인 생각을 했다. 따라서 '$x=a+b^2$' 같은 방정식을 쓸 때마다 우리는 데카르트가 시작한 관행을 따르는 셈이다. 또한 가로축과 세로축이 있는 평면에 그래프를 그릴 때에도 데카르트가 개발한 개념을 활용하고 있다. 데카르트는 다양한 대수학이나 기하학 문제를 직접 풀이했으며, 세계를 주제로 다룬 책과 함께 발표했다.

데카르트는 육체와 정신, 물질세계와 정신세계를 완벽하게 분리하여 물질세계가 과학에 얼마나 중요한지 강조했다. 천문학, 물리학, 화학은 물질을 다룬다. 생물학도 마찬가지이며, 데카르트의 동물기계론이 다소 억지스러워 보일지라도 생물학자와 의사들은 여전히 동식물이 물질적 관점에서 어떻게 기능하는지 이해하기 위해 노력하고 있다. 안타깝게도 의학이 수명을 연장하는 방법을 곧 찾아낼 것이라는 데카르트의 생각은 시대를 조금 앞서갔다. 데카르트는 꽤 건강했지만, 스웨덴 여왕의 초대를 받아 세계에 대한 자신의 철학과 지식을 가르치러 떠난 후부터 건강이 나빠지기 시작했다. 여왕은 데카르트에게 매일 아침 일찍 수업을 해달라고 요구했다. 데카르트는 추위를 몹시 싫어했는데, 결국 스웨덴에서 맞이한 첫 번째 겨울을 넘기지 못했다. 감염병에 걸린 데카르트는 쉰네 번째 생일을 7주 앞둔 1650년 2월에 세상을 떠났다. 자신이 적어도 100년은 살 수 있을 것이라고 믿은 사람에게는 슬픈 결말이었다.

베이컨과 데카르트는 과학에 대해 아주 높은 이상을 품고 있었다. 과학을 어떻게 발전시킬지에 대한 생각은 달랐지만, 둘 다 과학이 발전해야 한다는 데는 열정적이었다. 베이컨의 관점에서 과학은 국가가 자금을 지원하는 공유 기업과 같았다. 데카르트는 혼자 힘으로 문제를 해결하는 데 만족했다. 두 사람 모두 다른 사람들이 자신의 생각을 받아들여 발전시키길 바랐다. 또한 과학이 평범한 일상을 뛰어넘는 특별한 활동이라고 생각했다. 그도 그럴 것이, 과학 덕분에 지식이 축적되고 자연을 이해하는 능력이 향상되기 때문이다. 그러한 이해를 통해 개인의 삶과 공공의 이익도 향상시킬 수 있다.

CHAPTER 15

새로운 화학

화학 실험 용품을 갖고 있다면 리트머스 종이를 이미 접해보았을 것이다. 이 작고 가느다란 특수 종이는 용액이 산성인지 염기성인지를 알려준다. 물에 식초를 조금 섞어 산성으로 만든 후 파란색 리트머스 종이를 담그면 빨갛게 변한다. 물에 표백제를 섞으면 염기성으로 변하고 빨간색 리트머스 종이가 파란색으로 변한다. 다음에 리트머스 종이를 사용할 기회가 있다면 300년도 더 전에 이 종이를 발명한 로버트 보일(1627~1691)을 떠올려보기 바란다.

보일은 아일랜드의 대귀족 가문에서 태어났다. 그는 막내아들이었고 돈 걱정을 할 필요가 전혀 없었다. 여느 부자와 달리 보일은 자기 재산을 내어주는 데 관대했고 많은 재산을 자선단체에 기부했다. 또한 성경을 아메리카 인디언 언어로 번역하는 기금도 냈다. 종교와 과학은 보일의 삶에서 똑같이 큰 비중을 차지했다.

보일은 영국의 명문 학교인 이튼스쿨에서 몇 년을 보낸 후 유럽을 여행하며 여러 명의 개인 교사에게서 교육을 받았다. 그러다 내전이 한창인 영국으로 돌아갔다. 보일의 가족 중 일부는 찰스 1세의 편이었고, 일부는 왕권을 타도하고 공화국을 세우려는 의회 편에 섰다. 보일의 누나는 동생을 설득해 의회파에 합류하게 했고, 이때 보일은 누나의 소개로 사회·정치·과학 분야의 열정적 개혁가인 새뮤얼 하트립을 만났다. 프랜시스 베이컨처럼 하트립도 과학에 인간의 삶을 발전시키는 힘이 있다고 믿었으며, 농학과 의학을 공부하면 그러한 발전을 이룩할 수 있다고 젊은 보일을 설득했다. 이에 보일은 먼저 의학에 입문하여 다양한 질병의 치료법을 찾았고, 평생 화학에 매료되었다.

어떤 종교인들은 자신의 믿음이 약해질까봐 자신이나 자녀를 새로운 사상에 노출하기를 꺼렸다. 로버트 보일은 그런 부류가 아니었다. 보일의 종교적 신념은 흔들리지 않았기 때문에 다방면에 걸친 자신의 과학적 관심사와 관련된 것이라면 무엇이든 읽었다. 보일이 젊었던 시절에 데카르트와 갈릴레오는 논란이 많은 인물이었지만, 보일은 갈릴레오가 세상을 떠난 해인 1642년 피렌체에서 갈릴레오의 『별의 전령』을 읽는 등 두 학자의 이론을 면밀히 공부했고 그들의 통찰력을 자신의 연구에 적용했다. 또한 고대의 원자론자들(제3장 참조)에도 관심이 있었지만, 우주가 '원자와 허공'으로만 이루어져 있다는 원자론자들의 주장을 완전히 확신하지는 못했다. 하지만 보일도 우주에 물질의 기본 단위가 존재한다고 생각했으며 그것을 '입자corpuscles'라고 불렀지만, 무신론적인 고대 그리스의 원자론과 연관 짓지 않고도 자신만의 이론을 확립할 수 있었다.

마찬가지로 보일은 아리스토텔레스의 공기, 흙, 불, 물의 4원소설에도 만족하지 못했으며 실험으로 틀렸다는 사실을 보여주었다. 갓 자른 나무를 태울 때 나오는 연기는 공기가 아니었다. 불에 타는 나무 끝에서 흘러나오는 액체도 평범한 물이 아니었다. 무엇을 태우느냐에 따라 불길이 달라지니, 그 또한 순수한 불이 아니고 남은 재도 흙이 아니었다. 이 간단한 실험 결과를 주의 깊게 분석한 보일은 나무처럼 흔한 물질이 공기, 흙, 불, 물로 이루어지지 않았음을 증명할 수 있었다. 또한 금과 같은 물질은 더 이상 분해할 수 없다고 생각했다. 열을 가하면 금은 녹아 흐르지만, 나무가 탈 때처럼 변하지 않는다. 온도가 내려가면 금은 원래 형태로 되돌아간다. 보일은 나무 탁자와 나무 의자, 모직 드레스와 모자같이 일상생활에서 볼 수 있는 사물이 다양한 요소로 이루어져 있음을 깨달았다. 그러나 그리스의 4대 원소나 파라셀수스의 3원소로 환원할 수 없었다. 어떤 사람들은 보일이 현대적인 화학 원소 개념을 정의했다고 생각한다. '다른 물질로 만들어지거나 서로를 바꾸어도 만들 수 없는 것'이 원소라는 그의 설명을 보면 확실히 그 개념에 근접했다고 할 수 있다. 그러나 보일은 여기에서 더 나아가지 못했고 자신의 화학 실험에 활용하지도 않았다.

대신 보일이 생각한 물질의 단위인 '입자'는 그의 실험 목적에 잘 들어맞았다. 보일은 동료가 있든 없든 개인 실험실에서 몇 시간 동안 지치지 않고 실험했으며, 그 내용을 아주 상세하게 기록했다. 보일이 과학사에서 중요한 이유는 이렇게 세부적인 부분에 관심을 가졌기 때문이기도 하다. 보일과 그의 동료들은 과학이 개방적이고 대중적이기를 바랐고 자신들이 얻은 지식을 다른 사람들도 사용할 수 있기를 바랐다. 파라셀수스가 그랬던 것처럼 이제 자연의 중요한 비밀을 발견했다고 주장하는 것만으로는 충분하지 않았다. 과학자는 그 비밀을 직접 설명하거나 글로 남겨서 다른 사람들에게 보여줄 수 있어야 했다.

과학이 개방적이어야 한다는 주장은 보일이 활동한 과학 단체의 지침 중 하나였다. 첫 번째 단체는 보일이 1650년대에 머물렀던 옥스퍼드의 비공식 모임이었다. 이 모임의 구성원 대부분은 런던으로 이주하면서 다른 모임에 합류했고, 1662년에 지금까지도 세계 최고의 과학 학회 중 하나인 런던 왕립학회를 설립했다. 이들은 반세기 전에 프랜시스 베이컨이 했던 조언을 따르고 있었다. 보일은 지식 증진을 목표로 삼은 이 모임의 핵심 인사였다. '펠로우Fellow'라고 불린 왕립학회의 회원들은 이 모임에서 밝혀지고 논의되는 새로운 지식이 유용하게 쓰여야 한다고 처음부터 생각했다.

보일이 가장 좋아한 동료는 보일보다 몇 살 어리지만 이름은 같은 로버트 훅(1635~1703)이었다. 훅은 보일보다 훨씬 더 똑똑했지만, 보일과 달리 가난한 집안 출신이었다. 그래서 스스로 기지를 발휘해 자립해야 했다. 훅은 왕립학회에 고용되어 모임 때마다 실험을 수행했다. 그러면서 발명하고 모든 종류의 과학 장비를 다루는 데 아주 능숙해졌다. 훅은 많은 실험을 설계했다. 예를 들어 소리의 속도를 측정하거나 개끼리 수혈할 때 어떤 일이 벌어지는지 조사했다. 어떤 경우에는 새로운 피를 받은 개가 더 활력 있어 보였고, 학회에서는 인간을 대상으로 실험하라고 조언해주었다. 이에 양의 피를 인간에게 수혈했지만 별다른 변화가 없었다. 파리에서는 수혈한 사람이 사망하는 바람에 실험이 중단되었다. 왕립학회의 주간 모임에서 훅이 맡은 임무는 회원들을 즐겁게 해주거나 흥미를 불러일으키기 위해 위험하지 않은 두세 가지의 실험을 준비하는 것이었다.

훅은 현미경을 잘 다룬 초기 '학자savant' 중 한 명이었다. (여기에서 'savant'는 문자 그대로 '아는 사람'을 의미하며 오늘날 과학자라고 부르는 사람을 지칭하는 데 흔히 사용되는 용어였다.) 훅은 현미경을 활용해 육안으로 볼 수 없는 새로운 세계를 드러냈고 현미경 없이는 절대 볼 수 없는 동식물과 여러 물질의 구조를 알아냈다. 왕립학회 회원들은 모임에서 현미경을 들여다보길 좋아했으며, 훅 외에도 네덜란드의 유명한 초기 현미경 전문가인 안토니 판 레이우엔훅(1632~1723)과도 자주 교류했다. 레이우엔훅은 옷감을 파는 상인이었지만, 사물을 200배 이상 확대할 수 있는 아주 작은 렌즈를 갈고 닦으며 여가 시간을 보냈다. 또한 무언가를 관찰할 때마다 새로운 렌즈를 만들어야 했고 평생 동안 수백 개의 렌즈를 가공했다. 레이우엔훅은 렌즈를 금속 테두리에 끼워 작은 물체를 관찰했다. 그렇게 연못의 물에서는 작은 유기체를 발견했고 치아를 긁은 표본에서는 박테리아를 비롯해 놀라운 것들을 발견했다. 훅 역시 자신의 현미경으로 자연에 더 가까이 다가갈 수 있다고 믿었고, 런던에 흑사병이 유행한 해인 1665년에 발표한 훅의 저서 『마이크로그라피아Micrographia』에 실린 삽화는 사람들의 이목을 끌었다. 그 삽화들은 파리나 이 같은 곤충을 크게 확대한 것이었기 때문에 대부분 기묘해 보였지만 꽤 유명해졌다. 또한 이 책에는 훅이 현미경으로 관찰한 여러 물질의 구조와 기능에 대한 추측도 많았다. 훅은 와인병을 막는 데 사용되는 코르크나무를 얇게 자른 단면을 보여주었다. 그리고 거기에서 본 작고 네모난 구조를 '세포cell'라고 불렀다. 사실 지금 우리가 생각하는 세포와는 달랐지만, 명칭은 그대로 남았다.

보일과 훅은 똑같은 기계 장치를 좋아했다. 바로 직접 제작한 공기펌프였다. 훅과 보일의 공기펌프는 우리가 자전거 바퀴나 축구공에 공기를 주입할 때 사용하는 펌프와 같은 방식으로 작동했다. 중심에 커다란 공간이 있고 위쪽에는 열 수 있는 부품이 딱 맞게 붙어 있었으며, 바닥에도 구멍이 있어 밸브를 통해 기체를 빨아들이거나 배출할 수 있었다. 별달리 흥미로워 보이지 않을 수도 있지만, 이 장치는 당시 과학에서 풀리지 않은 수수께끼인 '공기조차 없는 완전한 공간인 진공을 만들 수 있는지'에 관한 문제를 해결하는 데 큰 역할을 했다. 데카르트는 진공을 만들 수 없다고 주장했다. ('자연은 진공을 혐오한다'는 문장이 그러한 생각을 대변했다.) 그러나 보일의 주장처럼 물질이 궁극적으로 서로 다른 형태의 개별 입자로 이루어져 있다면, 입자 사이에는 공간이 존재해야 한다. 보일에 따르면 물과 같은 물질이 가열되고 증발하여 기체로 변해도 여전히 같은 입자가 존재하지만, 기체는 액체보다 더 많은 공간을 차지한다. 액체를 가열하여 기체로 바꾸는 실험을 거듭한 끝에 보일은 공기펌프 안에서 모든 기체가 거의 동일하게 반응한다는 사실을 확인했다. 보일과 훅은 오늘날 '보일의 법칙'으로 알려진 결론에 도달했다. 일정한 온도에서 기체가 차지하는 부피는 기체가 받는 압력과 특별한 수학적 관계이다. 즉 부피는 주변의 압력에 직접적인 영향을 받는다. 그래서 기체가 차지할 수 있는 공간을 줄여서 압력을 높이면 가용할 수 있는 공간만큼 기체의 부피는 줄어든다. (여기에서 온도를 높이면 기체가 팽창하고 새로운 압력이 작용하지만, 기본 원리는 같다.) 이 보일의 법칙은 훗날 증기기관의 발전에 큰 역할을 하게 되므로, 뒤에서 증기기관을 살펴볼 때까지 보일을 기억하길 바란다.

보일과 훅은 공기펌프를 사용하여 여러 기체의 특성을 조사했고, 그중에는 우리가 들이마시는 '공기'도 있었다. 알다시피 공기는 고대의 원소 중 하나였지만, 17세기에는 우리를 둘러싸서 생명을 유지하게 하는 공기가 단순한 물질이 아니라는 사실이 분명해졌다. 공기는 우리가 숨을 쉴 때 폐로 들어오기 때문에 분명히 호흡과 관련되어 있다. 그러나 그 외에 또 무슨 일을 할까? 보일과 훅은 나무 조각이나 숯이 연소할 때 무슨 일이 일어나는지에 개인적으로 관심이 많았고 함께 살펴보기도 했다. 또한 왜 혈액이 폐로 들어가기 전에는 검붉은색이다가 나올 때는 선홍색으로 변하는지도 궁금해했다. 훅은 이 두 가지의 문제를 연결하여 폐에서 일어나는 일은 특별한 종류의 연소이며 '공기'는 호흡과 연소에 모두 관여하는 물질이라고 주장했다. 훅은 여기까지만 추론했지만, 이후 100년이 넘는 기간 동안 과학자들은 실험을 반복하고 발전시키면서 호흡과 연소 중에 발생하는 현상뿐만 아니라 '공기'의 구성과 본질을 둘러싼 문제에 관심을 가졌다.

로버트 훅이 관심을 갖지 않은 과학 분야는 거의 없었다. 훅은 여러 용수철로 작동하는 시계를 발명하여 시간 측정을 크게 개선했고, 화석의 기원을 찾으려 했으며, 빛의 특성을 연구했다. 또한 앞에서 언급했고 다음 장에서 더 자세히 살펴볼 운동과 힘의 물리학 문제에서 훌륭한 답을 제시했다. 훅은 아이작 뉴턴과 같은 시기에 그러한 주제를 연구하고 있었다. 앞으로 보게 되겠지만, 모두가 아이작 뉴턴 경은 들어보았어도 훅은 잘 모르는데 그것은 뉴턴 때문이기도 했다.

CHAPTER 16

올라간 것은 반드시 떨어진다

뉴턴

누구든 아이작 뉴턴만큼 명석한 사람을 만난 적이 있을까? 나는 만난 적이 없다. 그래도 아마 뉴턴만큼 기분 나쁜 사람은 만나보았을 것이다. 뉴턴은 사람을 대부분 싫어했고 걸핏하면 짜증을 냈으며 거의 모든 사람이 자신을 해코지한다고 생각했다. 또한 비밀이 많고 자만심이 강했으며 식사하는 것도 종종 잊어버렸다. 그렇게 뉴턴은 매우 비호감이었지만 머리는 비상했고, 비록 뉴턴의 생각과 글을 이해하기는 상당히 어렵지만 오늘날까지 주목받는 것은 바로 그의 천재성 때문이다.

아이작 뉴턴(1642~1727)은 어린 시절에 무슨 일을 겪었더라도 괴팍했겠지만, 실제로도 꽤 불행했다. 아버지는 뉴턴이 태어나기도 전에 세상을 떠났고, 아들이 오래 살지 못할 것이라고 생각한 어머니는 재혼한 후 새로운 가정을 꾸리면서 뉴턴을 친정에 맡겼다. 뉴턴은 새아버지와 할아버지를 몹시 싫어했고 어머니나 할머니도 별로 좋아하지 않았다. 사실상 그는 어린 시절부터 사람을 싫어했다. 어렸을 때도, 나이가 들었을 때도 혼자 있고 싶어 했다. 그러나 뉴턴이 매우 똑똑했다는 점은 분명했고, 집 근처에 있는 링컨셔 그랜섬의 중등학교를 다녔다. 그는 라틴어를 잘했고(뉴턴은 영어와 라틴어를 같은 수준으로 구사했다) 학교에서 시계 같은 기계 장치의 모형과 해시계를 만들면서 대부분의 시간을 보냈다.

뉴턴은 또한 1661년 케임브리지의 트리니티 칼리지에 진학하면서 자신이 좋아하는 일을 했다. 그는 아리스토텔레스와 플라톤 같은 고대 거장들의 글을 읽어야 했다. 그런 책을 조금 읽기는 했지만(뉴턴은 모든 것을 꼼꼼히 기록했기 때문에 지금도 그가 무슨 책을 읽었는지 알 수 있다) 뉴턴은 데카르트, 보일 등 새로운 과학을 대표하는 최신 학자들의 글을 더 좋아했다. 물론 책도 좋아했지만, 뉴턴은 문제를 직접 해결하고 싶어 했다. 그래서 새로운 실험을 많이 고안했는데, 그중에서도 수학에서 두각을 나타냈다. 뉴턴의 천재성은 우주를 이해하기 위해 수학을 활용한 데서 드러났다.

뉴턴은 몇 년 사이에 믿을 수 없을 정도로 많은 개념을 고안해냈다. 아인슈타인(제32장 참조)을 제외하면 어떤 과학자도 그렇게 짧은 기간에 그토록 많은 성과를 낸 적이 없었다. 뉴턴에게 가장 놀라운 해는 1665년과 1666년이었다. 당시 영국을 휩쓴 전염병으로 케임브리지 대학교가 휴교하고 학생들을 집으로 돌려보내는 바람에 뉴턴은 링컨셔의 울즈소프에 있는 어머니의 집에서 잠시 지내게 되었다. 이때 뉴턴은 어머니의 집 정원에 있는 나무에서 잘 익은 사과가 떨어지는 것을 보았다. 전해 내려오는 이야기에서만큼 극적이지는 않았지만, 뉴턴은 이 일로 여전히 설명이 필요한 문제였던 '사물이 땅에 떨어지는 이유'를 생각하게 되었다.

당시 뉴턴은 여러 과학 문제를 해결하느라 바빴다. 예를 들어 수학을 보자. 갈릴레오와 데카르트를 비롯한 많은 자연철학자, 즉 과학자들은 수학을 하나의 과목으로 발전시키는 데 큰 진전을 이루었고, 훨씬 더 중요하게는 수학을 활용하여 관찰과 실험 결과를 이해했다. 뉴턴은 훨씬 더 대단한 수학자였으며 자신의 과학 실험에 수학을 활용하는 능력이 탁월했다. 물체의 운동이나 만유인력 같은 개념을 설명하려면 대수학과 기하학만으로는 충분하지 않았다. 아주 작은 단위의 시간과 이동 거리를 고려할 수 있어야 했다. 실제로 극소량을 계산해야 했던 것이다. 총에서 발사된 총알이나 나무에서 떨어지는 사과, 태양 주위를 도는 행성을 연구할 때, 우리는 생각할 수 있는 가장 짧은 시간 동안 이동하는 거리에 초점을 맞춰야 한다. 뉴턴 이전의 많은 자연철학자는 그러한 문제를 인지하고 다양한 해결책을 생각했다. 그런데 뉴턴은 불과 20대에 자신만의 수학적 도구를 개발해냈다. 그 방법은 변화를 의미하는 '유동flux'이라는 단어에서 따온 '유율법fluxions'이라고 불렸다. 뉴턴의 유율법에서는 오늘날 미적분학이라고 불리는 수학 분야에서 여전히 수행하고 있는 종류의 계산을 다루었다. 1666년 10월, 자기만족을 위해 작성한 논문을 완성했을 당시 뉴턴은 유럽에서 가장 뛰어난 수학자였지만, 본인을 제외하고는 아무도 그 사실을 알지 못했다. 뉴턴은 자신의 수학적 발견을 곧바로 발표하지 않고 혼자 활용하면서 지인들에게만 그 방법과 결과를 공유했다.

뉴턴은 수학 외에도 빛을 연구하기 시작했다. 고대부터 태양광은 순수한 백색이며 균질(동일한 요소로 고루 이루어져 있는 상태)하다고 여겨졌다. 색은 이처럼 본질적으로 순수한 빛이 변해서 나타난다고 여겨졌다. 뉴턴은 빛에 대한 데카르트의 연구를 공부했으며 그의 실험을 따라 해보았다. 또한 렌즈뿐 아니라 유리로 된 도구인 프리즘을 활용하여 빛을 분해했다. 어두운 방에서 아주 얇은 빛줄기를 프리즘에 통과시켜 약 7미터 떨어진 벽에 비추는 실험이 유명하다. 데카르트를 비롯한 여러 사람이 생각한 것처럼 빛이 균질하다면, 벽에 투영된 빛은 앞서 통과한 구멍 같은 모양의 백색 원을 그려야 했다. 그러나 빛은 여러 색으로 구성된 넓은 띠의 형태로 나타났다. 그렇게 나타난 띠가 정확히 무지개는 아니었지만, 뉴턴은 어떻게 그런 형태가 나오는지 설명하고자 했다.

이 전염병의 시대에 뉴턴은 역학, 즉 움직이는 물체를 지배하는 법칙도 연구하고 있었다. 앞서 우리는 갈릴레오와 케플러, 데카르트 등이 포탄이 발사될 때나 지구가 태양 주위를 돌 때 일어나는 일을 설명하고 수학적으로 풀어내기 위해 어떻게 생각을 발전시켰는지 살펴보았다. 로버트 훅도 이 문제에 관심이 있었다. 뉴턴은 이들 학자의 책을 읽으면서 한 걸음 더 나아갔다. 뉴턴은 훅에게 쓴 편지에서 다음과 같이 언급했다. '내가 더 멀리 보았다면 이는 거인들의 어깨 위에 올라서 있었기 때문입니다.' 부모님의 어깨 위에 올라본 기억이 있는가? 갑자기 키가 두세 배 커지면서 혼자서는 볼 수 없었던 것들이 드러난다. 바로 그것이 뉴턴이 추구한 바였다. 뉴턴의 멋진 비유는 과학자 한 명과 각 세대의 과학자들이 이전 세대의 통찰력에서 어떻게 도움을 얻는지 잘 보여준다. 이것이 과학의 본질이다.

그러나 뉴턴 자신도 거인이었고 본인도 그 사실을 알고 있었다. 문제는 다른 사람들이 자신을 인정하지 않는다고 생각할 때 발생했다. 로버트 훅과 뉴턴 사이의 불화는 뉴턴이 왕립학회에 자신의 첫 논문을 제출했을 때 시작되었다. 학회에서는 오늘날의 믿을 만한 과학 학술지에서도 여전히 하는 일, 즉 논문을 다른 전문가에게 보내 의견을 듣는 과정을 거쳤다. 이는 '동료 검토'라고 불리며, 이 과정은 과학자들이 자부심을 느끼는 개방성을 보여준다. 왕립학회에서는 역시 빛을 연구한 훅에게 뉴턴의 논문을 검토하게 했다. 뉴턴은 훅의 논평을 전혀 달가워하지 않았으며, 심지어 왕립학회에서 탈퇴하려는 마음까지 먹었다. 학회에서는 뉴턴의 탈퇴서를 받았지만 조용히 넘어갔다.

1660년대에 창조적 에너지를 엄청나게 쏟아낸 후, 뉴턴은 연금술이나 신학 같은 분야로 관심을 돌렸다. 늘 그랬듯이 뉴턴은 자신이 읽은 책과 수행한 실험에 대해 자세히 기록했으며, 뉴턴의 생각을 이해하려는 사람들은 아직도 그 기록을 참고한다. 당시 뉴턴은 자신의 생각과 연구, 특히 영국 교회의 교리와 다른 종교적 견해에는 침묵을 지켰다. 케임브리지 대학교에서는 학생들에게 교회의 믿음을 따르라고 요구했기 때문이다. 뉴턴 자신과 과학계에는 다행스럽게도 대학 내에는 뉴턴을 강력하게 지지하는 사람들이 있었고, 덕분에 트리니티 칼리지의 선임 연구직을 맡을 수 있었다. 나중에는 교회의 모든 교리를 믿는다고 맹세하지 않고도 루커스 수학 석좌교수에 선임되었고 20년 넘게 직책을 유지했다. 하지만 안타깝게도 가르치는 데는 소질이 없어서 학생들은 뉴턴이 말하는 내용을 이해하지 못했다. 수강생이 한 명도 없을 때도 있었다. 뉴턴은 항상 비밀리에 연구하는 연금술과 신학이 아니라 빛이나 운동같이 고상한 주제만 다루었다. 오히려 연금술이나 신학을 가르쳤다면 학생들이 더 관심을 가졌을지도 모른다!

1680년대 중반에 이르자 뉴턴의 수학과 물리학, 천문학 연구가 점차 알려지기 시작했다. 뉴턴은 많은 논문을 쓰면서 그중 몇 편을 발표했지만, 오로지 자신이나 후대 사람들을 위한 과학 연구라고 말하곤 했다. 1684년, 천문학자 에드먼드 핼리는 케임브리지에 있는 뉴턴을 방문했다. (이 에드먼드 핼리의 이름을 붙인 핼리 혜성이 2061년에 지구로 돌아올 테니 기억하길 바란다.) 핼리와 훅은 지구가 태양 주위를 공전하듯 한 천체가 다른 천체 주위를 공전하는 경로의 형태를 논의하고 있었다. 이들은 현재 '역제곱 법칙'이라고 불리는 규칙에 따라 작용하는 중력이 천체의 경로에 어떤 영향을 주는지 궁금해했다. 중력은 이 법칙을 따르는 몇 가지의 물리량 중 하나에 불과하다. 여기에서 중력은 두 물체 간 거리의 제곱만큼 감소하며, 그 결과 두 물체가 가까워질수록 같은 비율로 증가한다. 끌어당기는 힘은 양쪽 모두에 작용하지만, 두 물체의 질량도 중요하다. 지구와 사과처럼 한 물체의 질량이 다른 물체보다 월등히 작으면 질량이 큰 쪽에서 끌어당기는 힘이 압도적으로 크다. 제12장에서는 갈릴레오가 낙하하는 물체를 연구할 때 어떻게 '제곱' 함수를 사용했는지 살펴보았다. 앞으로도 그러한 제곱 형태를 많이 보게 될 것이다. 자연은 시간이든 가속도든 끌어당기는 힘이든, 무언가 제곱 형태로 일어나기를 좋아하는 것처럼 보이기 때문이다. 제곱(예를 들어 3×3=9, 즉 3^2)으로 나타낼 때 자연은 아마 흡족해할 것이다.

핼리가 방문하자 뉴턴은 신학과 연금술 연구를 제쳐두고 위대한 저서를 집필하기 시작했다. 이 책은 비록 읽고 이해하기가 쉽지 않지만, 과학사에서 굉장히 중요한 책 중 하나가 되었다. 오늘날에는 『프린키피아Principia』로 알려져 있지만, 원래 제목(뉴턴은 라틴어로 책을 집필했다)은 'Philosophiae naturalis principia mathematica'로 '자연철학의 수학적 원리'라는 의미이다(알다시피 '자연철학'은 과학의 옛 명칭이다). 이 책에서 뉴턴은 자신의 새로운 수학을 적용하는 방법을 자세히 적었고 장황한 설명보다는 숫자로 물리적 현상의 여러 측면을 설명했다. 뉴턴이 살아 있는 동안 이 책을 쉽게 이해한 사람은 소수에 불과했지만, 우주를 이해하고 설명하는 새로운 방식만큼은 훨씬 더 널리 인정받았다.

뉴턴의 세계관과 우주관의 여러 측면에는 『프린키피아』에 실린 유명한 세 가지의 운동 법칙이 들어 있다. 그중 첫 번째 법칙에 따르면 모든 물체는 다른 힘이 작용하지 않는 한 정지 상태를 유지하거나 일정한 속도로 직선운동을 한다. 산비탈에 있는 바위는 바람이나 비, 인간이 밀지 않는 한 영원히 그 자리에 있을 것이며, 어떤 방해('마찰')가 없다면 물체는 영원히 직선으로 움직일 것이다.

두 번째 법칙은 물체가 이미 운동하고 있다면 힘이 물체의 속도나 방향을 바꿀 수 있다는 것이다. 얼마나 많이 변화하는지는 힘의 세기에 달려 있으며, 운동 방향은 새로 가해진 힘의 방향으로 직선을 따라 변화한다. 그래서 떨어지는 풍선을 옆으로 치면 옆으로 움직이고 위에서 치면 더 빨리 떨어지는 것이다.

세 번째 운동 법칙에 따르면 모든 작용에는 언제나 크기는 똑같지만 방향은 반대인 반작용이 존재한다. 즉 두 물체가 서로에게 주는 힘의 크기는 같지만 방향은 반대라는 뜻이다. 풍선을 치면 손에서 멀어지지만, 풍선도 손에 힘을 가한다(손에도 느껴질 것이다). 큰 바위를 치면, 바위는 움직이지 않지만 손이 뒤로 튕겨 아플 수 있다. 가벼운 물체가 무거운 물체에 영향을 주는 것이 그 반대보다 더 어렵기 때문이다. (앞서 보았듯이 만유인력도 마찬가지로 작용한다.)

이 세 가지 법칙은 초기 자연철학자들이 풀지 못한 문제를 단번에 해결했다. 뉴턴 덕분에 행성의 움직임부터 화살의 궤적에 이르기까지 많은 현상을 설명할 수 있었다. 이 운동 법칙은 우주 전체를 용수철과 지렛대의 움직임으로 시각을 가리키는 시계처럼 규칙적이면서도 거대한 기계로 바라볼 수 있게 해주었다. 뉴턴의 『프린키피아』는 엄청난 힘과 천재성을 지닌 저서로 인정받았다. 그리고 이 괴팍한 외톨이를 유명 인사로 바꿔놓았다. 뉴턴은 정부에서 주화를 만들고 국가의 통화 공급을 규제하는 조폐국에서 높은 보수를 받으며 국장으로 근무하게 되었다. 그는 위조범을 추적하고 국가의 통화 공급을 감독하는 이 새로운 일에 열정적으로 뛰어들었다. 그리고 당시에 런던으로 이사해야 했기 때문에 케임브리지의 인맥을 모두 정리하고 인생의 마지막 30년 동안 수도에서 지내며 왕립학회의 회장이 되었다.

뉴턴은 런던에서 지내는 동안 『프린키피아』 출간 이후 제기된 다양한 비판에 대한 답변뿐만 아니라 추가로 수행한 연구를 덧붙이면서 대대적으로 책을 수정했다. 과학자들에게는 흔한 일이다. 로버트 훅이 세상을 떠나고 얼마 지나지 않아 뉴턴은 자신의 두 번째 과학 저서로 『광학Opticks』(1704년)이라는 빛에 관한 연구서를 내놓았다. 뉴턴과 훅은 둘 중 누가 먼저 연구했는지, 빛이 무엇이며 어떤 특성이 있는지에 대한 실험 결과를 어떻게 해석할지 등 많은 언쟁을 벌였다. 뉴턴은 거의 40년 전에 이 책의 많은 부분을 완성했지만, 훅이 살아 있는 동안에는 출판하기를 꺼렸다. 『프린키피아』처럼 『광학』도 매우 중요했다. 우리는 앞으로 다른 과학자들이 뉴턴의 어깨 위에 오르는 과정을 살펴보면서 이 책의 결론을 몇 가지 마주하게 될 것이다.

뉴턴은 기사 작위를 받은 최초의 과학자로, 아이작 뉴턴 경이 되었다. 그는 권력을 누렸지만 행복하지 않았다. 뉴턴은 좋은 사람으로 여겨지지 않았지만 위대한 인물이었고, 지금까지의 어떤 과학자보다도 창의적이었으며 우주를 이해하는 데 엄청나게 기여한 것으로 유명하다. 뉴턴의 『프린키피아』는 케플러, 갈릴레오,

데카르트 등 많은 학자들이 아주 열심히 연구한 천문학과 물리학의 정점이었다. 이 책에서 뉴턴은 하늘과 땅을 하나로 통합했다. 뉴턴의 법칙은 우주 전체에 적용되기 때문이었다. 그리고 행성의 운동 방식과 물체가 땅으로 떨어지는 과정을 수학적·물리학적으로 설명했다. 뉴턴은 20세기 들어 아인슈타인 같은 사람들이 우주에 더 많은 비밀이 있다는 사실을 보여주기 전까지 과학자들이 활용한 물리학의 기초를 수립했다.

CHAPTER 17

밝은 불꽃

번갯불이 정확히 무엇이고 왜 천둥소리가 뒤따르는지 궁금해한 적이 있는가? 격렬해 보이는 천둥과 번개는 높은 하늘에서 발생하며 그 원인을 알고 있더라도 매우 인상적이다. 번개가 항상 땅으로 내려오는 것처럼, 18세기 초의 과학자들은 이 현상뿐 아니라 훨씬 더 가까이에서 접할 수 있는 전기에 대해 골똘히 생각하기 시작했다.

오늘날 자기magnetism라고 알려진 개념도 또 하나의 수수께끼였다. 고대 그리스인들은 호박(노란색을 띠는 보석 같은 돌)을 아주 세게 문지르면 주변의 작은 물체를 끌어당긴다는 사실을 알고 있었다. 이 힘의 원인은 이해하기 어려웠는데, 철이 함유된 물체를 끌어당기는 돌인 자철석에 내재된 힘과는 달라 보였다. 길잡이별, 특히 북극성이 길을 알려주는 별인 것처럼 자철석도 여행자를 안내했다. 자철석은 자유롭게 흔들릴 수 있도록 매달려 있으면 항상 자극magnetic pole을 가리키는 특수 광물이었다. 이 자철석으로 바늘에 자성을 띠게 할 수 있었고, 16세기 중반 코페르니쿠스 시대의 선원들은 조잡한 형태의 나침반을 사용했는데 바늘이 움직이면서 항상 북쪽을 가리켰기 때문에 방향을 제대로 찾을 수 있었다. 윌리엄 길버트라는 영국 의사가 1600년에 이러한 현상에 관한 글을 쓰면서 '자기'라는 단어가 등장했다. 전기와 자기 모두 재미있는 효과를 낼 수 있었고, 장난칠 때 쓰는 도구였을 뿐만 아니라 과학 강의에서도 인기 있는 주제였다.

머지않아 사람들은 유리구를 한 지점에서 회전시키고 문지르면서 훨씬 더 강력한 효과를 얻었다. 유리구에서 빛이 번쩍였고, 심지어 불꽃 튀는 소리가 들렸다. 이 장치는 레이던병Leyden Jar이라고 불리는 도구의 기초가 되었다. '레이던'은 1745년경 한 대학교수가 이 병을 발명한 곳인 네덜란드 마을의 이름에서 따왔는데, 반쯤 물로 채워져 있고 전선으로 발전 기계에 연결되었다. 이 연결부는 신비한 힘이 병에 담긴 물로 들어가 저장될 수 있게 해주었기 때문에 '도체conductor'라고 불렸다. ('conduct'에는 '인도하다'라는 뜻이 있다.) 실험 조수는 병의 옆면과 도체를 만지고 나서 강한 충격을 받아 기절할 뻔했다. 이 실험을 기록한 보고서는 세상을 떠들썩하게 했고 레이던병은 큰 인기를 끌었다. 한번은 열 명의 수도사가 손을 맞잡은 상태에서 한쪽 끝에 선 사람이 병과 도체를 만지자 모두 동시에 충격을 받았다. 이 전기 충격은 사람에서 사람으로 전달될 수 있는 것처럼 보였다.

정확히 무슨 일이 일어난 것일까? 이제 이 문제는 장난을 넘어서 과학적으로도 크게 주목받기 시작했다. 많은 이론이 떠돌았지만, 이 주제를 제대로 정리한 사람은 벤저민 프랭클린(1706~1790)이었다. 아마 벤저민 프랭클린은 미국이 대영제국에서 독립을 쟁취한 시기에 독립선언문(1776년)을 작성하는 데 도움을 준 미국의 초창기 애국자로 알려져 있을 것이다. 그는 재치 있고 인기 있는 사람으로 '시간은 돈이다', '이 세상에 죽음과 세금 외에 확실한 것은 없다'와 같이 소박한 지혜가 담긴 명언을 많이 남겼다. 흔들의자에 앉거나 이중초점 안경을 낀 사람을 본다면 프랭클린을 생각해주기 바란다. 둘 다 프랭클린의 발명품이기 때문이다.

보통 독학으로 공부했지만, 프랭클린은 과학을 비롯한 다방면의 지식이 풍부했다. 그는 프랑스, 영국, 미국을 자유롭게 왕래했고 프랑스에 머물 때는 가장 널리 알려진 번개 실험을 수행했다. 1740년대부터 1750년대의 많은 사람들처럼 프랭클린은 레이던병과 그 병이 무엇을 보여줄 수 있는지 궁금해했다. 그리고 레이던병을 관찰한 끝에 생각보다 훨씬 더 많은 정보를 알아냈다. 먼저 건전지의 양 끝에 '+'와 '-'라고 쓰인 것처럼 사물이 양전하 또는 음전하를 띤다는 사실을 깨달았다. 프랭클린에 따르면 레이던병의 연결선과 병 안의 물은 양전하를 띠었지만 병의 표면은 음전하를 띠었다. 양극과 음극은 세기가 같아서 서로 상쇄되었다. 더 많은 실험을 한 결과, 프랭클린은 병의 실제 힘이 유리에 있다고 확신했고 두 개의 납 조각 사이에 유리 조각을 넣어 일종의 전지를 개발했다(전지를 뜻하는 'battery'라는 단어도 프랭클린이 만들었다). 장치를 전원에 연결하면 이 '전지'에서 전기가 흘러나왔다. 안타깝게도 프랭클린은 이 발견에서 더 나아가지 못했다.

지구상의 기계가 생성하는 불꽃과 하늘에서 보이는 불꽃, 즉 번개의 관계를 프랭클린이 최초로 고민한 건 아니었다. 그러나 이 둘의 관계를 이해하기 위해 레이던병에서 알게 된 바를 적용한 사람은 프랭클린이 처음이었다. 프랭클린은 영리한(하지만 위험한) 실험을 고안했다. 그는 레이던병처럼 대기 중의 전기도 구름의 가장자리에 모일 것이라고 생각했다. 폭풍우가 칠 때 두 개의 구름이 하늘을 가로질러 충돌하면 전기가 방출되어 번개가 칠 것이다. 프랭클린은 폭풍우가 몰아칠 때 연을 날려 자신의 주장이 옳음을 보여줄 수 있었다. 연을 날리는 사람은 연줄을 잡을 때 밀랍으로 만든 손잡이를 써서 제대로 절연되어 있어야 하고, 잡은 줄의 끝은 땅에 끌리도록 하여 '접지' 상태여야 했다. 이러한 예방 조치가 없으면 전기 충격으로 사망할 수 있는데, 안타깝게도 실제로 한 실험자는 프랭클린의 지시를 따르지 않아서 사망했다. 이 실험으로 프랭클린은 번개의 전기가 레이던병의 전기와 같다고 확신할 수 있었다.

처음에는 중력이었고 이제는 전기였다. 하늘과 땅에 있는 것들이 점점 더 가까워지고 있었다.

프랭클린의 전기 연구는 즉각적이고 실질적인 결과를 낳았다. 프랭클린은 끝이 뾰족한 금속 막대가 땅으로 전기를 흘려보낸다는 사실을 보여주었다. 따라서 금속 막대를 건물 꼭대기에 놓고 절연된 전도체를 땅에 연결하면, 건물에서 멀리 떨어진 곳에서 번개가 전도되어 벼락을 맞아도 불이 붙지 않을 것이었다. 집이 나무로 지어졌거나 지붕이 짚으로 만들어졌다면 번개는 심각한 문제였다. 현재 '피뢰침'이라고 불리는 도구는 그러한 원리로 작동하며, 지금도 세탁기나 냉장고 같은 전자 제품에서 과도한 전하를 내보내는 전기 플러그의 절연된 전선을 가리킬 때 '접지'라는 단어를 사용한다. 프랭클린은 자신의 집에 피뢰침을 설치했고, 많은 사람들이 따라 했다. 이렇게 전기를 이해하자 유의미한 결과를 얻을 수 있었다.

전기는 18세기의 과학 연구에서 가장 흥미로운 분야였으며, '전기학자'라고 불린 많은 사람들이 오늘날 우리가 알고 있는 지식에 기여했다. 그중 특히 세 명이 후대에 이름을 남겼다. 먼저 루이지 갈바니(1737~1798)는 전기 장치를 손보거나 동물 다루기를 좋아하는 의사였다. 갈바니는 볼로냐 대학교에서 해부학과 산과학(출산을 다루는 의학)을 가르쳤고, 생리학 연구에도 관심이 많았다. 그는 근육과 신경의 관계를 조사하다가 개구리의 근육에 붙어 있는 신경을 전원에 연결하면 근육이 수축한다는 사실을 발견했다. 그리고 추가 연구를 진행한 후, 전류를 생성하고 방출하는 레이던 병에 근육을 비유했다. 갈바니에 따르면 전기는 동물을 구성하는 중요한 부분이었다. 실제로 '동물 전기'는 동물이 기능하는 데 필수적인 요소처럼 보였다. 그 말은 옳았다.

물체 표면에 축적된 전기가 흘러나올 때 발생하는 정전기 충격은 오늘날에도 '갈바닉 쇼크galvanic shock'라고 한다. 과학자와 전기학자들은 갈바노미터galvanometer, 즉 검류계를 사용하여 전류를 측정한다. 갈바니의 동물 전기 개념은 이탈리아 북부 도시 코모 출신인 알레산드로 볼타(1757~1827)에게서 특히 많은 비판을 받았다. 볼타는 물리학에 발을 담근 의사들을 얕보면서 동물 전기는 존재하지 않는다고 주장했다. 갈바니의 실험 해석에 대해 볼타와 갈바니는 공개적인 토론을 했다. 볼타는 갈바니의 평판을 떨어뜨리기 위해 수많은 연구를 수행하면서, 전기를 생성한다고 증명된 전기뱀장어를 조사했다. 하지만 이런 동물조차도 갈바니의 '동물 전기' 개념을 뒷받침하지 못한다고 믿었다. 그보다 더 중요한 사실은 볼타가 아연과 은을 층층이 쌓으면서 그 사이에 젖은 종이를 끼워 넣으면 모든 층을 관통하는 연속적인 전류를 생성할 수 있음을 발견했다는 것이다. 볼타는 자신이 '더미pile'라고 이름 붙인 발명품에 관한 내용을 런던 왕립학회에 보냈다. 이 발명품도 레이던병처럼 영국과 프랑스에서 큰 반향을 불러일으켰다.

당시 프랑스는 이탈리아 북부를 정복하느라 분주했고, 프랑스 황제 나폴레옹 보나파르트는 실험 연구에서 안정적인 전류를 제공할 수 있는 발명품을 개발한 이 이탈리아 물리학자에게 훈장을 수여했다. 볼타의 '전기더미'는 19세기 초 화학 분야에서 필수적인 역할을 했다. 이는 프랭클린이 개발한 '전지'의 실용적인 형태로, 오늘날 생필품이 되었다. 우리가 볼타를 기억하는 이유는 그의 이름에서 전력을 측정하는 한 가지 단위인 '볼트'라는 단어가 나왔기 때문이다. 다음에 건전지를 교체할 때 포장지를 한번

확인해보기 바란다.

훌륭한 전기학자이자 매우 뛰어난 수학자인 앙드레 마리 앙페르(1775~1836)의 이름도 전기를 측정하는 단위에 사용되었다. 그의 이름에서 '암페어ampere'라는 단어가 나왔다. 앙페르는 아버지가 단두대에서 처형된 프랑스 혁명을 겪고 그 여파로 트라우마를 안고 살았다. 앙페르의 삶 역시 불행했다. 사랑하는 아내가 셋째 아이를 낳은 후 세상을 떠났고, 두 번째 결혼은 매우 불행하여 이혼으로 끝이 났다. 그의 아이들도 상황이 좋지 않았고, 앙페르는 끊임없이 돈 걱정에 시달렸다. 이러한 혼돈 속에서 그는 수학과 화학, 무엇보다도 본인이 '전기역학'이라고 지칭한 분야에서 몇 가지의 근본적인 사실을 알아냈다. 이 복잡한 분야에서는 전기와 자기를 통합했다. 비록 복잡했지만, 앙페르가 수행한 단순하고 명쾌한 실험에서는 자기가 실제로 전류와 같음을 보여주었다. 이 연구는 패러데이와 맥스웰의 연구를 뒷받침했기 때문에 나중에 전자기학의 중요 인물들을 다룰 때 더 자세히 살펴볼 것이다. 후대의 과학자들은 앙페르의 이론을 자세히 살펴보면 틀린 점이 많다는 사실을 밝혀냈지만, 앙페르는 많은 전자기학 연구의 출발점을 제공했다. 때로는 과학도 틀릴 수 있음을 받아들일 필요가 있다.

앙페르가 세상을 떠날 때까지 전기를 자유자재로 사용하는 데는 오랜 시간이 걸렸다. 프랭클린의 연구는 단순했지만 중요했고, 더욱 정교한 장비를 사용하면서 실험실에서 연구한 갈바니와 볼타, 앙페르와 비교하면 전문적이지 않았지만 독창적이었다. 결과적으로 갈바니는 볼타와의 대결에서 승리했다. 근육과 신경이 상호 작용할 때 전기가 중요한 역할을 한다는 사실이 밝혀졌기 때문이다.

CHAPTER 18

우주라는 태엽 장치

1776년 미국 독립 혁명(미국 독립 전쟁), 1789년 프랑스 혁명, 1917년 러시아 혁명은 순식간에 새로운 형태의 정부와 사회질서를 가져왔다. 또한 '뉴턴 혁명'이 있었다. 뉴턴 혁명은 들어본 사람이 거의 없고 그 효과가 나타나는 데도 수십 년이 걸렸지만 엄청난 영향을 미쳤다. 뉴턴 혁명은 우리가 살고 있는 세계를 설명해주었다.

1727년 뉴턴은 세상을 떠났지만, 18세기에도 여전히 뛰어난 인물로 남아 있었다. 사람들은 모두 자신의 분야에서 '뉴턴'이 되고 싶어 했다. 애덤 스미스는 경제학계의 뉴턴이 되고 싶어 했고, 누군가는 윌리엄 컬런을 의학계의 뉴턴이라고 불렀다. 제러미 벤담은 사회·정치 개혁의 뉴턴이 되려고 애썼다. 뉴턴의 만유인력이 여러 계절과 여러 해에 걸쳐 우주의 규칙적이고 장엄한 흐름을 유지하는 것처럼 보였듯이, 이들 학자도 모두 자신의 분야를 하나로 묶을 일반 법칙이나 원리를 찾으려 했다. 시인 알렉산더 포프는 다음과 같은 농담을 남겼다. '자연과 자연의 법칙은 어둠에 가려져 있었다. / 신께서 뉴턴이 있으라! 하시니 온 세상이 밝아졌다.'

영국인인 포프는 아마도 팔이 안으로 굽었을 것이다. 뉴턴은 살아 있는 동안 프랑스, 독일, 이탈리아에서도 상당히 유명했지만, 그 외에도 주목할 만한 각국의 과학적 전통이 있었다. 프랑스에서는 우주에 관한 데카르트의 기계적 관점이 여전히 위세를 떨치고 있었다. 독일에서는 누가 미적분학을 발명했는지에 대한 논쟁이 벌어졌고, G. W. 라이프니츠(1646~1716)의 지지자들은 이 수학적 도구를 개발하는 데 뉴턴보다 라이프니츠의 역할이 더 컸다고 주장했다. 그러나 영국에는 기꺼이 '뉴턴 신봉자'로 자처하며 수학, 물리학, 천문학, 광학 분야에서 남긴 뉴턴의 뛰어난 통찰력을 따르는 추종자가 많았다.

뉴턴의 실험적인 광학과 운동 법칙은 점차 유럽의 사상에도 영향을 미쳤다. 뉴턴은 뜻밖의 지지자 덕분에 명성을 떨쳤는데, 그 인물은 바로 시인이자 소설가, 문인인 볼테르(1694~1778)였다. 볼테르의 작품 속에서 가장 유명하고 사랑스러운 주인공은 모험 이야기에 등장하는 캉디드였다. 캉디드는 잘못될 가능성이 있는 일은 모조리 잘못되고야 마는 고통의 굴레에 빠져 있지만, '신이 창조한 세계는 가장 좋은 세계임에 틀림없다'는 자신의 철학을 고수한다. 그래서 자신에게 아무리 지독한 일이 일어나더라도 '이 가장 좋은 세계'에서 일어날 수 있는 가장 좋은 일이라고 확신하며 쾌활함을 유지한다. (끔찍한 모험이 끝난 뒤, 캉디드는 집에 머물면서 정원이나 가꾸어야겠다고 마음먹는다. 현실적으로 꽤 괜찮은 결심처럼 보인다.)

『캉디드』는 미적분학 발명 논쟁에서 뉴턴과 경쟁한 라이프니츠의 철학을 은근히 풍자했다. 볼테르는 뉴턴을 열렬히 지지했으며, 사실 영국의 모든 것을 좋아했다. 그는 영국에서 몇 년간 지내면서 언론과 사상의 자유에 깊은 감명을 받았다. (볼테르는 가톨릭교회와 프랑스 국왕을 비판한 죄로 고국에서 가택연금을 당했기 때문에 언론의 자유가 얼마나 중요한지 잘 알고 있었다.) 또한 영국을 떠난 뒤에는 일반인을 위해 프랑스어로 뉴턴의 이론을 번역했다. 볼테르의 책은 유럽에서 많이 읽혔고, 모두가 뉴턴의 수학과 물리학으로 행성과 별의 움직임, 매일 일어나는 밀물과 썰물의 변화, 총알의 궤적, 그리고 당연하게도 땅에 떨어지는 사과까지 어떻게 이해할 수 있는지 토론했다.

뉴턴의 유명한 저서 『프린키피아』에서 제시한 수학적·과학적 도구가 실제로 잘 작동했기 때문에 그의 명성은 점점 더 높아졌다. 그러한 도구를 활용하여 수학자와 과학자, 천문학자들은 뉴턴이 간단히 언급하고 넘어간 수많은 문제를 연구할 수 있었다. 어떤 연구도 절대 마지막이 될 수 없으며 뉴턴의 경우도 마찬가지였다. 많은 사람들이 뉴턴이라는 거인의 어깨 위에 올라설 수 있어서 기뻐했다. 그리고 대부분 더 멀리 내다보는 데 도움이 되었다.

세 가지의 사례, 즉 밀물과 썰물의 원인, 지구의 모양, 태양계 행성의 수와 궤도를 살펴보자.

바다에는 밀물과 썰물이 있다. 밀물은 바다가 '안쪽'으로 들어와 모래밭에 지은 성을 쓸어가는 때이고, 썰물은 바다가 '바깥쪽'으로 멀어져 수영을 하려면 훨씬 더 많이 걸어야 하는 때를 의미한다. 밀물과 썰물은 규칙적이고 매일의 패턴이 있으며, 밀물 때 배를 항구에 대야 하는 선원들에게는 그 정보가 매우 중요했다. 아리스토텔레스는 밀물과 썰물이 달과 관련되어 있다고 생각했다. 지구가 실제로 움직인다는 믿음이 널리 퍼지자 밀물과 썰물은 양동이의 물을 앞뒤로 기울여 만들 수 있는 물결과 비교되기도 했다. 뉴턴에게는 만유인력이 해결의 열쇠였다. 뉴턴은 달이 지구와 가장 가까울 때 달의 '인력'이 가장 크다고 주장했다. (지구가 태양 주위를 도는 것처럼 달도 지구 주위를 타원 궤도로 공전하기 때문에, 지구와 달의 거리는 규칙적으로 변한다.) 달의 인력은 바닷물을 달 쪽으로 끌어당긴다. 지구가 자전함에 따라 바다의 특정 영역이 달과 가까워지거나 멀어지기 때문에, 인력이 증가하고 감소하면서 우리가 볼 수 있듯이 규칙적으로 해수면이 상승하고 하강한다. 그렇게 밀물과 썰물이 생긴다. 밀물과 썰물이 만유인력의 작용을 보여준다는 뉴턴의 생각은 옳았다.

후대의 뉴턴 신봉자들은 뉴턴의 계산을 개선했다. 스위스의 의사 다니엘 베르누이(1700~1782)는 1740년에 밀물과 썰물을 더 자세히 분석했다. 베르누이는 의학보다 수학, 물리학, 항법에 더 관심이 많았고 기타를 칠 때 현이 어떻게 진동하는지, 할아버지의 시계에서 추가 어떻게 흔들리는지 설명하기도 했다. 또한 배의 설계를 개선했다. 바젤의 의과대학에서 베르누이는 뉴턴 역학을 활용하여 팔다리를 움직이기 위해 근육이 어떻게 수축하고 짧아지는지 등 여러 현상을 살펴보았다. 밀물과 썰물 연구는 파리 과학아카데미가 제시한 질문에 대한 답변이었으며, 학회에서 으레 그러듯이 최고의 답변에 상을 수여했다. 베르누이는 여러 사람과 공동 수상했다. 그들은 밀물과 썰물이 움직이는 이유를 설명하는 데 도움을 주었고, 그 설명에는 태양의 만유인력 효과도 포함되어 있었다. 지구와 달처럼 두 물체가 서로 끌어당기는 상황에서의 수학적 계산은 비교적 간단하다. 그러나 실제로는 태양과 행성, 기타 질량이 있는 물체들이 상황을 복잡하게 만드는 바람에 계산이 훨씬 더 어려워진다.

파리 과학아카데미는 뉴턴 이론에서 중요한 문제인 '지구는 구형인가?'라는 질문에도 관여했다. 물론 지구는 탁구공처럼 완벽하게 매끄럽지 않다. 산이나 계곡이 있기 때문이다. 하지만 기본적으로 구형일까? 뉴턴은 적도에서의 중력이 북유럽에서의 중력과 약간 다르다는 것을 보여주면서 지구는 구형이 아니라고 답했다. 이는 진자를 활용한 실험에서 나온 결론이었다. 진자의 흔들림은 지구 중력의 영향을 받는다. 중력이 강할수록 진자가 더 빨리 움직이기 때문에 왕복하는 주기가 더 짧아진다. 선원들은 진자가 정확히 1초 동안 얼마나 크게 흔들리는지 측정했고, 그 폭은 적도에서 약간 짧았다. 뉴턴은 그 차이를 보고 적도에서 지구 중심까지의 거리가 조금 더 길다는 사실을 알게 되었다. 지구가 완벽한 구형이라면 중심에서 표면까지의 거리는 어디에서나 같을 것이다. 결과적으로 뉴턴은 지구가 위아래로 눌린 것처럼 극 부분이 납작하고 적도 부분이 약간 부풀어 있다고 주장했다. 그 원인은 지구가 막 형성되어 유체 상태에서 식어갈 때 남북의 축을 따라 자전했기 때문이라고 생각했다. 그러면서 뉴턴은 지구가 6,000년 이상 오래되었다고 했지만, 자신이 생각하는 지구의 나이를 정확히 언급한 적은 없다.

1730년대에 뉴턴의 연구가 프랑스에 알려졌을 때, 많은 프랑스 과학자들은 지구가 불완전한 모양이라는 사실을 믿으려 하지 않았다. 간단한 사실을 확인하기에 값비싼 방식이긴 했지만, 프랑스 국왕 루이 15세는 북극권 부근의 라플란드와 적도 부근의 페루로 각각 원정대를 보냈다. 원정대의 임무는 이 두 곳에서 위도 1도에 해당하는 정확한 길이를 측정하는 것이었다. 위도는 지구의 남북 축을 따라 측정한 값으로, 적도는 0도이고 북극은 +90도, 남극은 −90도이다. (지구를 한 바퀴 돌면 360도가 된다.) 세계지도에서 좌우로 그려진 위도선을 확인할 수 있다. 지구가 완벽한 구형이라면 어느 위도에서나 1도의 길이는 같을 것이었다. 라플란드 원정대가 (가까운 거리였기 때문에) 먼저 돌아왔고 페루 원정대는 9년이 지나서야 돌아왔다. 라플란드에서의 위도 1도는 페루에서의 위도 1도보다 길었고, 이는 뉴턴의 모형이 예측한 바와 정확히 일치했다. 이 결과 덕분에 유럽 대륙에서 뉴턴의 명성은 더욱 높아졌다.

유럽 전역의 천문학자들은 별과 행성을 관측하여 매일 밤 또는 매년 어디에서 보일지를 예측했다. 점점 더 많이 관측하고 천체의 운동을 더 정확히 수학적으로 분석하면서 그러한 예측은 훨씬 더 정밀해졌다. 망원경이 더 커지면 천문학자들은 우주를 더 멀리 볼 수 있고 새로운 별이나 심지어 은하계까지도 발견할 수 있다. 그러한 관측자 중 매우 중요한 인물은 독일에서 영국으로 망명한 윌리엄 허셜(1738~1822)이었다. 허셜은 음악가였지만, 하늘을 관찰하는 데도 관심이 많았다. 1781년의 어느 날 허셜은 별이 아닌 새로운 천체를 발견했다. 처음에는 혜성이라고 생각했고 자신이 살고 있는 바스 지역의 한 단체에 그 사실을 보고했다. 허셜의 관측 결과는 사람들의 관심을 끌었고, 새로운 행성을 발견했음이 곧 분명해졌다. 그 행성은 천왕성으로, 그리스 신화에 나오는 인물의 이름을 따서 '우라노스Uranus'라고 불리게 되었다.

이 발견으로 허셜의 삶은 완전히 바뀌었고 본격적으로 천문학에 뛰어들게 되었다. 역시 독일 가문 출신이었던 조지 3세는 허셜의 연구에 관심을 보였다. 조지 3세는 허셜이 세계에서 가장 큰 망원경을 만들 수 있도록 지원했고, 왕실의 성이 있는 윈저 인근에 거처를 마련해주었다. 허셜은 하늘을 관측하는 데 모든 신경을 쏟았고 윈저로 거처를 옮겼을 때 단 하루도 관측을 빼먹지 않도록 계획을 세웠다. 허셜은 모든 연구에서 숙련된 천문학자인 여동생 캐럴라인(1750~1848)의 도움을 받았다. 허셜의 아들 존(1792~1871)도 아버지의 연구를 이어받았고 가업으로 삼았다.

윌리엄 허셜은 별과 행성 등 여러 천체를 관측했을 뿐만 아니라 자신이 관측한 대상에 대해서도 깊이 생각했다. 허셜은 당시 최고의 망원경을 갖고 있었기 때문에 더 멀리 볼 수 있었다. 그래서 이전보다 훨씬 더 방대하고 정확한 별 목록을 작성했다. 우리은하가 우주에서 유일하지 않음을 깨달았으며 하늘에서 하얗고 흐릿한 얼룩처럼 보이는 '성운'에 대해 오랫동안 고민했다. 어떤 성운은 맑은 밤에 육안으로도 보이지만, 허셜의 망원경으로는 얼룩진 영역이 더 많이 보였다. 우리은하에서 멀리 떨어진 곳을 바라보면 흐릿한데, 천문학자들은 성운이 별의 무리일 것이라고 단순하게 생각했다. 그러나 허셜이 밝혀낸 바에 따르면 일부 성운은 그러할지도 모르지만 어떤 성운은 깊은 우주에서 소용돌이치는 거대한 가스구름일 수도 있었다. 또한 허셜은 서로 가까이 있는 (우주의 규모를 생각하면 가까운 정도다) 한 쌍의 별인 '이중성'을 살펴보고 이 별들의 운동을 만유인력으로 설명할 수 있음을 보여주었다. 뉴턴의 만유인력은 머나먼 우주까지 영향력을 미치고 있었다.

뉴턴의 만유인력 법칙과 운동 법칙은 힘, 가속도(속도의 증가량), 관성(계속 직선으로 운동하는 경향성)에 대한 수학적 분석과 함께 18세기 자연철학자들의 지침이 되었다. 그러한 원리를 누구보다도 많이 보여준 사람은 프랑스 학자 피에르 시몽 드 라플라스(1749~1827)였다. 라플라스는 제20장에서 살펴볼 라부아지에와 함께 연구했지만 불운했던 친구와 달리 프랑스 혁명을 무사히 지나갔다. 나폴레옹의 신임을 얻은 그는 반세기 동안 프랑스 과학을 앞장서 이끌었다. 라플라스는 뉴턴의 운동 법칙과 자신의 수학적 도구를 활용하여 천체를 이해할 수 있고 행성과 별, 혜성, 소행성의 운동을 정확히 예측할 수 있음을 보여주었다. 또한 태양과 행성으로 이루어진 태양계가 수백만 년 전에 엄청난 폭발 속에서 어떻게 탄생했는지에 대한 이론을 정립했다. 이 이론에서 태양은 뜨거운 기체 덩어리를 방출하고, 그것이 점차 냉각되어 행성이나 행성의 위성을 형성한다. 라플라스는 이 이론을 '성운설'이라 불렀고 이를 증명하려고 매우 복잡한 수학적 계산을 제시했다. 라플라스는 현재 빅뱅(제39장 참조)이라 불리는 현상의 한 형태를 묘사했지만, 오늘날 물리학자들은 라플라스가 파악한 것보다 더 많은 사실을 알고 있다.

라플라스는 뉴턴의 운동 법칙이 미치는 영향력에 깊은 감명을 받아, 주어진 시점에 우주에 있는 모든 입자의 위치를 알 수만 있다면 시간이 다할 때까지 우주 전체의 흐름을 예측할 수 있다고 믿었다. 그러나 이는 불가능한 일이었다. 라플라스가 말하고자 한 바는 우주 전체가 물질 법칙과 운동 법칙을 따라 정확한 시각을 가리키는 아주 잘 만들어진 시계처럼 작동한다는 것이었다. 라플라스의 태엽 장치 같은 우주관은 이후 100년 동안 과학자들에게 영향을 미쳤다.

CHAPTER 19

세계의 질서

지구는 놀라울 만큼 다양한 동식물의 터전이다. 여전히 우리는 얼마나 많은 곤충이나 바다 생물이 존재하는지 정확히 알지 못한다. 우려스럽게도 인류 때문에 동식물의 수는 줄어들고 있다. 거의 매일 대왕판다나 인도호랑이 같은 '멸종 위기종'이 뉴스에 등장한다. 환경을 걱정하는 개인에게 '멸종 위기종'이라는 단어에서 중요한 부분은 '멸종 위기'이지만, 과학자들에게 그만큼 중요한 단어는 '종'이다. 대왕판다가 회색곰과 같은 종류의 동물이 아니라거나 들고양이가 우리가 쓰다듬는 집고양이와 다르다는 사실을 어떻게 알 수 있을까?

성경의 창세기에 나오는 아담은 에덴동산에서 동식물의 이름 짓는 일을 맡았다. 모든 인간 사회에는 주변 생태계를 체계화하는 방식이 있다. 재배하는 식물이든 채집하는 식물이든, 타고 다니는 동물이든 고기나 가죽, 우유를 제공하는 동물이든, 모든 언어에는 동식물의 이름이 있다.

17세기와 18세기에 유럽의 탐험가들은 북미와 남미, 아프리카, 아시아, 오스트레일리아와 뉴질랜드, 전 세계의 바다에 있는 섬과 같은 이국적인 지역에서 다양한 종류의 새로운 동식물을 들여오기 시작했다. 그중 다수는 유럽에서 흔한 동식물과 놀라울 정도로 달랐지만, 자세히 조사해보면 별로 다르지 않았다. 예를 들어 인도와 아프리카에서 발견된 코끼리는 너무 비슷해서 똑같은 이름을 붙여도 될 정도였다. 하지만 약간의 차이도 있었다. 그렇게 사소한 차이와 자연의 풍부한 다양성을 어떻게 설명해야 할까?

이 질문에 대해서는 고대부터 내려오는 기본적인 두 가지의 답이 있었다. 첫 번째는 자연이 원래 풍요롭기 때문에 세계의 외딴 지역에서 수많은 종류의 새로운 동식물이 발견되어도 별로 놀랍지 않다는 것이었다. 새로운 발견은 단순히 제5장에서 살펴본 박물학자들의 '존재의 대사슬Great Chain of Being'이라는 개념의 공백을 채우는 것으로 여겨졌다. 존재의 사슬을 믿는 사람들은 신이 전지전능해서 존재할 수 있는 모든 생명체를 창조했다고 주장했다. 이들은 물고기처럼 생겼지만 육지 동물처럼 호흡하고 새끼를 낳는 고래나 돌고래, 날개가 있고 날 수 있는 새처럼 보이지만 알을 낳지 않는 박쥐 등 서로 다른 특징이 뒤섞인 동물을 발견해도 놀라지 않았다. 왜냐하면 동식물의 흥미로운 모든 측면을 '존재의 사슬'의 일부로 설명할 수 있다고 생각했기 때문이다. 새로운 화석을 발견했을 때 언급되는 '잃어버린 고리missing link'라는 개념은 이 사슬에서도 오래전부터 존재했다.

두 번째 답은 신이 원래 각 종류의 동식물을 창조했으며 우리가 주변에서 볼 수 있는 자연의 풍부한 다양성은 이들이 세대를 거쳐 자손을 낳은 결과라는 것이었다. 떡갈나무는 도토리에서 묘목이 나오고, 고양이는 새끼를 낳으며 그 고양이가 커서 더 많은 새끼를 낳는다. 그리고 각 세대 또는 수백수천 세대를 지나면서 나무와 고양이는 한층 다양해진다. 즉 각각의 동식물은 여전히 원래의 모습을 간직하고 있지만, 자연의 풍부한 다양성은 시간이 지나면서 발생하는 변화 때문에 나타난다고 이해할 수 있다. 원래의 동식물을 모두 배치하면 신의 계획이 '생명의 나무tree of life'로 드러날 것이다.

18세기에 두 명의 박물학자가 이러한 문제를 연구하는 데 중요한 역할을 했으며, 서로 다른 접근법을 보여주었다. 첫 번째는 프랑스 귀족 뷔퐁 백작(1707~1788)이었다. 부유했던 조르주 루이 르클레르 드 뷔퐁 백작은 평생을 과학에 헌신했다. 1년 중 일부는 자신의 영지에서, 나머지 기간은 파리에서 지내며 오늘날의 동물원이나 야생동물 공원과 흡사한 국왕의 정원을 관리했다. 뷔퐁 백작은 처음에 뉴턴과 그의 물리학, 수학을 매우 흠모했지만 인생의 대부분을 자연 세계 연구에 바쳤다. 그의 목표는 지구와 지구상의 모든 동식물을 설명하는 것이었다. 이 자세한 연구는 모두 『자연사Histoire naturelle』라고 불리는 127권의 방대한 저서에 담겼다. 당시 '역사history'라는 말은 '묘사description'를 의미하기도 했는데, 이 책에서 뷔퐁은 자신이 발견한 모든 동물(식물도 일부 포함되었다)을 묘사했다.

뷔퐁은 신체 구조, 운동 방식, 식성, 번식 방법, 활용 방법 등 자신이 발견한 동물에 대해 거의 모든 설명을 남겼다. 자연환경의 동물을 최대한 관찰하는 것은 놀라울 만큼 현대적인 시도였다. 뷔퐁은 수많은 포유류, 조류, 어류, 파충류를 조사하여 한 권씩 차례로 기록했다. 이 방대한 저서는 1749년부터 약 40년에 걸쳐 출간되었으며 독자들은 매번 새로운 책이 나오기를 간절히 기다렸다. 이 책은 여러 유럽 국가의 언어로 번역되었다.

뷔퐁은 자신이 조사한 동물의 모든 특성에 빠져들었다. '자연은 개체만으로 안다'라는 뷔퐁의 유명한 말은 자연에는 질서가 없고 수많은 동식물 개체만 존재한다는 의미였다. 자신의 목적을 위해 자연을 분류하려고 한 것은 인간뿐이었다. 존재의 대사슬에서 자연은 동식물로 가득하지만, 뷔퐁은 한 번에 하나의 생명체만 연구할 수 있다고 주장했다.

뷔퐁의 최대 경쟁자는 스웨덴의 의사이자 박물학자인 칼 폰 린네(1707~1778)였다. 그는 의학을 배웠지만, 식물에 더 관심이 많았다. 그는 스웨덴 북부에 있는 웁살라 대학교에서 교수 생활을 하며 일생의 대부분을 보냈다. 그곳에서 식물원을 관리했고, 전 세계에 많은 제자를 보내 동식물을 수집하도록 했다. 제자들 중 몇몇은 여행 도중에 사망했지만, 린네를 지지하는 사람들은 지구상에 존재하는 모든 생물에 정확한 이름을 붙이겠다는 원대한 목표를 위해 끊임없이 노력했다. 그렇게 이름을 붙이기 위해 생물의 본질적인 특성을 정의하면서 분류했다. 그러면서 생물을 '자연의 질서' 속에 놓을 수 있었다. 린네는 아직 20대인 1735년에 『자연의 체계Systema Naturae』라는 짧은 책을 출간했다. 이 책은 기본적으로 알려진 모든 종의 동식물을 속genus별로 분류한 긴 목록이었다. 린네는 평생 동안 열두 번의 개정판을 냈는데, 특히 제자들이 아메리카, 아시아, 아프리카 대륙을 비롯해 세계 곳곳에서 더 많은 종류의 동식물을 발견할 때마다 그 목록을 늘려나갔다.

고대 그리스 시대부터 박물학자들은 세상에 존재하는 생물을 '자연 발생적' 기준으로 분류할 수 있는지 궁금해했다. 만물에는 신이 내린 영원한 관계가 존재할까? 그렇다면 그 관계를 어떻게 찾아낼 수 있을까? 기독교 시대에 가장 흔한 가정은 아담이 이름을 붙일 수 있도록 신이 '태초에' 모든 종의 동식물을 창조했으며, 지금 우리가 보는 생태계는 시간과 우연의 산물이라는 것이었다.

린네는 그러한 견해에 동의하면서도 동식물이 창조된 이후로 얼마나 많이 변화했는지 깨달았다. 때문에 '자연 발생적' 분류가 매우 어려워졌다. 그래서 가장 먼저 세상의 만물을 배열하고 분류하는 간단한 규칙이 있어야 한다고 생각했다. 그런 다음에 식별할 수 있는 간단한 이름표를 부여하고자 했다. 이것은 린네의 평생 과업이었다. 린네는 자신을 두 번째 아담으로 여기며 만물에 정확한 이름을 붙였다. 동물학자나 식물학자들이 스스로 어떤 종류의 동식물을 이야기하는지 정확히 알지 못한다면, '개'나 '백합' 같은 특정 종에 관해 논의할 수 있겠는가? 린네는 자연에 분류함이 존재하며 모든 것을 올바른 함에 넣은 후에야 과학이 가능하다고 생각했다.

린네는 광물, 질병, 동식물 등 거의 모든 것을 분류했다. 동물을 분류하면서 그는 대담한 결정을 내렸다. 바로 자신의 분류 체계에 인간을 포함한 것이다. 사실 린네는 인간에게 우리가 여전히 사용하는 생물학적 이름인 '호모 사피엔스'를 부여했으며, 이는 문자 그대로 '슬기로운 사람'이라는 뜻이었다. 린네 이전의 많은 박물학자는 흔히 '자연계'라고 불리는 세계에만 틀어박혀 있었기 때문에 자신의 분류 체계에서 인간을 배제했다. 목사의 아들인 린네는 신앙심이 깊었다. 그러나 그가 지적했듯이, 인간이 개나 원숭이 같은 동물이 아니라는 생물학적 이유는 없기 때문에 자연 체계에 포함되어야 했다.

분류를 뜻하는 과학적 용어인 '분류학taxonomy'에서 린네에게 가장 중요한 두 개의 범주는 '속genus'과 '종species'이었다. 지금도 그렇지만 린네는 속과 종을 명명할 때 각각 대문자와 소문자를 사용했다. 예를 들어 호모 사피엔스는 'Homo sapiens'로 표기했다. 속은 종보다 더 많은 기본적인 특성을 공유하는 동식물의 무리였다. 예를 들어 고양이속Felis에는 집고양이Felis catus와 들고양이Felis silvestris를 포함하여 여러 종이 있다. (당시에는 모두 학교에서 라틴어를 배웠기 때문에 린네가 붙인 이름을 이해하기 쉬웠을 것이다. 라틴어 'felis'는 '고양이'를 의미했고 'catus'는 '귀엽다', 'silvestris'는 '숲에 있다'는 뜻이다.)

린네는 생명체 사이에 서로 다른 수준의 공통점이나 차이점이 있다는 사실을 알아차렸다. 그가 세운 거대한 체계의 정점에는 식물, 동물, 광물이라는 세 개의 '계kingdom'가 있었다. 계 아래에는 척추동물(당나귀, 도마뱀처럼 척수가 있는 동물) 같은 '강class'이 있고, 강 안에는 포유류(새끼에게 젖을 먹이는 생물) 같은 '목order'이 있었다. 한 단계 더 아래에는 '속'이, 그다음에는 '종'이 있었다. 종 아래에는 '변종variety'이 존재했다. 인간 종 내에서의 변종은 '인종'이라 불린다. 물론 인간과 동식물 개체마다 키, 성별, 머리카락과 눈의 색깔, 목소리 음색 같은 고유한 특성이 있다. 그러나 우리는 개인을 그렇게 분류하기보다 우리가 분류할 수 있는 집단에 넣는다. 후대의 과학자들은 린네가 만든 체계에 '과family', '아과sub-family', '족tribe' 같은 새로운 분류를 추가했다. 이제 사자와 호랑이, 집고양이는 모두 '고양잇과'에 속한다.

모든 동식물 개체의 총합이 생태계를 구성하며, 이는 기본 범주, 즉 개체만이 확실하다는 뷔퐁의 주장과 일맥상통했다.

린네에게 정말로 중요한 단계는 종이었다. 린네는 꽃의 암수 부분을 기준으로 각 식물의 종을 식별하는 간단한 방식을 고안했다. 덕분에 아마추어 식물학자들은 숲과 들판을 돌아다니며 관찰한 식물을 분류할 수 있었다. 이 암수 구분법은 식물에 국한되었지만, 일부 사람들을 혼란에 빠뜨렸고 에로틱한 시가 생겨나기도 했다. 하지만 가장 중요한 사실은 린네의 식물 분류가 잘 작동했다는 것이다. 이는 식물학에 진정한 발전을 가져다주었다. 린네가 세상을 떠난 후, 영국의 부호가 린네의 주요 식물 수집품을 사들여 런던 린네학회를 설립했다. 200년 넘게 지난 지금도 이 학회는 활발히 활동하고 있다.

우리는 여전히 린네가 동식물을 식별하기 위해 도입한 많은 이름을 사용하고 있다. 그중 하나는 인간을 포함하는 '영장목primate'이다. 여기에는 인간뿐 아니라 유인원, 원숭이, 여우원숭이 등 인간과 많은 특징을 공유하는 동물들이 포함되어 있다. 린네는 한 종이 다른 종으로 진화할 수 있다고 생각하지 않았다. 신이 동식물의 각 종을 특별히 창조했다고 믿었기 때문이다. 그러나 인간이 자연의 일부이며 우리가 자연계를 연구할 때 사용하는 법칙이 인간을 이해하는 데에도 사용될 수 있다는 점은 알고 있었다. 우리가 어떤 동식물의 무리를 생물학적 종이라고 지칭할 때, 그것이 정확히 무슨 의미인지는 박물학자들도 여전히 혼란스러워했다. 지금도 마찬가지다. 하지만 린네의 체계는 100년 후 식물을 좋아한 박물학자 찰스 다윈에 의해 바뀌었다. 다윈의 이야기는 제25장에서 살펴볼 것이다.

CHAPTER 20

공기와 기체

'공기air'는 아주 오래된 단어다. '기체gas'는 불과 몇백 년밖에 되지 않은 훨씬 최근에 생겨난 단어이며, 공기에서 기체로의 변환은 중요한 사건이었다. 고대 그리스인들에게 공기는 네 가지의 기본 요소 중 하나이자, 하나의 '물질'이었다. 그런데 17세기 들어 로버트 보일의 실험이 그러한 관점에 의문을 제기했고, 과학자들은 우리를 둘러싸고 우리가 들이마시는 공기가 하나 이상의 물질로 이루어져 있다는 사실을 깨닫게 되었다. 그때부터 여러 화학 실험에서 일어나는 일을 이해하기가 훨씬 쉬워졌다. 많은 실험에서 거품을 내거나 부풀어 올랐다가 공기 중으로 사라지는 물질이 생성되었다. 때로는 실험 때문에 공기가 변하는 것처럼 보였다. 화학자들은 눈을 시리게 하는 암모니아나 썩은 달걀 냄새가 나는 황화수소를 만들어냈다. 하지만 어떤 식으로든 그 기체를 포집할 방법이 없었기 때문에 무슨 일이 일어나는지 알아내기는 어려웠다. 아이작 뉴턴이 측정의 중요성을 보여주었지만, 기체가 대기 중에 흩어져 있으면 측정하기가 어려웠다.

따라서 화학자들은 순수한 기체를 포집하는 방법을 찾아내야 했다. 가장 일반적인 방법은 밀봉된 상자와 같이 좁고 밀폐된 공간에서 화학 실험을 수행하는 것이었다. 그리고 이 밀폐된 공간과 물을 가득 채워 뒤집어놓은 용기를 관으로 연결했다. 어떤 기체는 물에 용해되지만, 그렇지 않은 경우에는 기체의 거품이 위로 올라와 물을 아래로 밀어낼 수 있었다. 창의력이 뛰어난 성직자 스티븐 헤일스(1677~1761)는 기체를 모으는 데 매우 효과적인 '수조water bath'를 고안했다. 헤일스는 당시 시골 마을이었던(지금은 런던으로 편입된) 테딩턴에서 오랫동안 교구 목사로 지냈다. 그는 겸손하고 내성적이었지만, 호기심이 왕성하여 끊임없이 실험을 했다. 헤일스의 실험 중 일부는 꽤 끔찍했다. 예를 들어 말이나 양, 개의 동맥에 관을 직접 꽂아 혈압을 측정했다. 동맥은 긴 유리관에 연결되었고, 헤일스는 혈액이 치솟은 높이를 간단히 측정했는데 그 높이는 혈압에 대응되었다. 말의 경우에는 유리관의 높이가 2.7미터는 되어야 혈액이 유리관 위로 뿜어져 나오는 사태를 막을 수 있었다.

헤일스는 식물 내 수액의 움직임을 연구하여 식물의 여러 부분이 얼마나 성장하는지도 측정했다. 식물의 줄기와 잎에 일정한 간격으로 작은 점을 찍고 식물이 성장한 전후에 점 사이의 거리를 기록했다. 그 결과 모든 부분이 같은 속도로 성장하지 않는다는 사실을 알아냈다. 그런 다음 기체를 수집하는 장치를 사용하여 여러 조건에서 식물이 어떻게 반응하는지 살펴보았다. 식물은 당시에 대기라고 불린 '공기'를 사용하고 있었다. (1727년에 출판된 헤일스의 저서 『식물 정역학Vegetable Staticks』은 훗날 식물이 햇빛을 에너지원으로 사용해 이산화탄소와 물을 당과 탄수화물로 바꾸며 산소를 내뿜는 현상인 광합성을 발견하는 토대가 되었다. 광합성은 지구상에서 가장 기초적인 작용 중 하나이다. 그러한 사실은 먼 훗날에야 알게 되었으며 당시에는 아무도 '산소'를 몰랐다.)

제6장에서 살펴본 '프네우마pneuma'라는 단어를 기억하는가? '뉴매틱pneumatic'은 '공기와 관련된'이라는 뜻이며, 영어로 'pneumatic chemistry', 즉 'chemistry of airs'라고 불리는 공기화학은 18세기의 과학에서 매우 중요한 분야였다. (여기에서 '공기airs'가 복수형이라는 사실에 주목할 필요가 있다.) 공기화학은 1730년대부터 계속 존재하고 있었다. 이는 단순히 '공기'의 오래된 개념을 공기가 여러 종류의 기체로 이루어져 있다는 훨씬 더 동적인 개념으로 대체하는 것만은 아니었다. 그 외에도 과학자들은 적절한 조건이 주어지면 대부분의 물질이 기체로 존재하거나 기체로 변할 수 있다는 사실을 발견했다.

스티븐 헤일스는 수조 실험을 고안했고 동물뿐만 아니라 식물에도 공기가 필요하다는 사실을 입증했다. 이 '공기'는 무언가가 탈 때 방출되는 기체로 여겨졌다. 스코틀랜드의 의사이자 화학자인 조지프 블랙(1728~1799)은 자신이 '고정 공기fixed air'라고 부른 이 '공기'를 수집하여, 식물은 그 안에 살면서 이 공기를 활용할 수 있지만 동물은 고정 공기만 들이마실 수 있는 공간에 놓이면 죽는다는 사실을 보여주었다. 동물에게는 다른 공기가 필요했다. 블랙의 '고정 공기'는 오늘날 이산화탄소CO_2라고 불리며 동식물의 삶에서 필수적인 부분으로 알려져 있다. (이산화탄소는 지구 온난화로 이어지는 '온실 효과'의 주범인 '온실가스'이기도 하다.)

은둔 생활을 하는 귀족이었던 헨리 캐번디시(1731~1810)는 런던 자택에 있는 개인 실험실에서 실험과 측정을 하며 하루하루를 보냈다. 캐번디시는 고정 공기에 관해 더 많은 것을 발견했으며, 매우 가볍고 일반 공기가 있는 곳에서 불꽃이 튀면 폭발하는 또 다른 공기를 수집해 '가연성 기체'라고 불렀다. 오늘날 이 공기는 수소라고 불리며 폭발하면 투명한 액체, 즉 물이 생성된다는 사실이 밝혀졌다! 캐번디시는 질소 같은 기체들도 연구했다.

공기화학 분야에서 조지프 프리스틀리(1733~1804)만큼 성공한 사람은 없었다. 프리스틀리의 업적은 놀라웠다. 그는 성직자로서 종교, 교육, 정치, 전기의 역사에 관한 책을 저술했다. 프리스틀리는 예수가 신의 아들이 아니라 위대한 스승일 뿐이라고 믿는 개신교 교파인 유니테리언교도였다. 또한 자연의 모든 것을 물질의 반응으로 설명할 수 있다는 유물론자였다. 즉 '정신'이나 '영혼'은 필요 없다는 것이었다. 프리스틀리는 프랑스 혁명을 지지했고, 그렇게 진보적인 종교적·사회적 관점이 해협을 가로질러 영국에까지 혁명을 촉발할 수 있다고 우려한 사람들은 버밍엄에 있는 프리스틀리의 자택을 불태워버렸다. 그 후 프리스틀리는 미국으로 도피해 인생의 마지막 10년을 보냈다.

프리스틀리는 화학 연구에도 매진했다. 고정 공기를 활용하여 탄산수를 만들기도 했으니, 탄산음료를 마실 때마다 프리스틀리를 기억하기 바란다. 그는 몇 가지의 새로운 기체를 발견했으며, 여느 공기화학자처럼 물질이 연소할 때 무슨 일이 발생하는지 궁금해했다. 그는 연소에서 공기가 어떠한 역할을 한다는 사실을 깨달았고, 특히 우리를 둘러싼 '일반적'인 공기보다 훨씬 더 물질을 격렬하게 태우는 종류의 '공기(기체)'가 있음을 알게 되었다. 이 '공기'는 현재 산화수은으로 알려진 물질을 가열한 후 수조에 기체를 수집하여 얻을 수 있었다. 프리스틀리는 식물이 고정 공기 속에서 살 수 있는 것처럼 동물도 이 기체 속에서 살 수 있다는 사실을 보여주었다. 프리스틀리의 새로운 '공기'는 특별했다. 실제로 호흡과 연소뿐만 아니라 여러 화학 반응과 관련된 원리인 것 같았다. 프리스틀리는 이 모든 것을 '플로지스톤phlogiston'이라는 물질로 설명할 수 있으며, 탈 수 있는 모든 물질에는 연소 과정에서 방출되는 플로지스톤이 들어 있다고 생각했다. 주변 공기가 플로지스톤으로 가득 차면 어떤 물질도 더 이상 탈 수 없다.

많은 과학자들은 플로지스톤이라는 개념을 사용하여 물질이 연소할 때 무슨 일이 발생하는지, 왜 어떤 '공기들'은 밀폐된 용기에 있는 물질을 한동안 태우다가 멈추는지 설명했다. 납덩어리를 태우면, 타고 남은 물질은 원래 덩어리보다 더 무거워진다. 따라서 납에 함유되어 있다가 타는 동안 방출된다고 과학자들이 생각한 플로지스톤의 무게는 음수여야 했다. 즉 플로지스톤이 함유된 물질이 그렇지 않은 물질보다 가볍다는 것이다.

대부분의 물질은 타고 나면 수집해서 무게를 측정하기 어려운 기체를 방출한다. 예를 들어 나뭇가지를 태우면 흔히 보이는 산물인 재는 원래 나뭇가지보다 훨씬 가볍다. 따라서 타고 남은 산물의 총중량을 얻으려면 방출된 기체를 수집하고 무게를 재어 더해야 한다.

프리스틀리의 이론에 나오는 플로지스톤은 정확히 반대되는 특성을 보인다는 점만 빼면 현재 산소라고 불리는 기체에 해당한다. 프리스틀리는 물질이 연소할 때 플로지스톤이 빠져나가면서 가벼워진다고 생각했다. 그러나 이제는 물질이 연소할 때 산소와 결합하여 더 무거워진다는 사실이 밝혀졌다. 또한 프리스틀리는 밀폐된 용기에서 양초가 꺼지거나 쥐와 새 같은 동물이 일반적인 공기로 차 있는 밀폐된 공간에서 죽는 이유를 공기가 플로지스톤으로 포화되었기 때문이라고 설명했다. 그러나 이제는 산소가 모두 소진되었기 때문이라는 사실이 알려져 있다. 이처럼 아주 신중하게 실험하고 측정하더라도 그 결과는 아주 다른 방식으로 설명될 수 있다.

이 기체에 산소라는 이름을 붙인 앙투안 로랑 라부아지에(1743~1794)는 '현대 화학의 아버지'로 알려져 있다. 라부아지에는 프랑스 혁명 때 참혹하게 생을 마감했다. 화학자여서가 아니라 '징세 청부업자'였기 때문에 체포되어 재판을 받고 단두대에서 처형되었다. 혁명 이전 프랑스의 부자들은 국가에 수수료를 내고 세금 징수원이 되어 원하는 만큼 세금을 거둘 수 있었다. 이는 부패한 제도였지만, 라부아지에가 이 제도를 남용했다는 증거는 없다. 사실 라부아지에는 혁명 이전에 국가를 위해 중요한 과학과 기술 연구를 수행하면서 많은 시간을 보냈고, 제조업과 농업에서 제기된 여러 문제를 조사했다. 그러나 그는 귀족이었고, 혁명 지도자들이 라부아지에와 그의 계급을 증오했기 때문에 대가를 치르고 말았다.

프리스틀리와 캐번디시를 비롯한 여느 공기화학자처럼 라부아지에도 실험에 열중했으며 아내에게서 도움을 받았다. 사실 라부아지에 부인도 과학계에서 중요한 인물이었다. 마리안 피에레트 폴즈(1758~1836)는 겨우 열네 살 때 스물여덟 살인 라부아지에와 결혼했고, 두 사람은 실험실에서 함께 일하면서 실험을 수행했으며 그 결과를 해석하고 기록을 남겼다. 라부아지에 부인은 매력적인 안주인이었다. 라부아지에 부부는 학식 있는 사람들을 접대하며 과학과 기술의 최신 동향에 대해 토론했다. 이들은 진정한 동반자와 함께하는 행복한 결혼 생활을 보여주었다.

라부아지에는 학창 시절에도 과학을 좋아했다. 그의 기민한 정신과 과학적 야망은 어릴 때부터 분명했다. 당시 화학을 공부한 대부분의 학생처럼 라부아지에도 플로지스톤 개념을 배우면서 자랐지만, 거기에 논리적·실험적 결함이 많다는 사실을 발견했다. 라부아지에는 사용할 수 있는 최고의 장비를 갖추고 싶어 했다. 라부아지에 부부는 언제나 화학 실험의 정확성을 개선하기 위해 새로운 실험 장비를 고안했다. 실험에서는 물질의 무게를 측정하기 위해 매우 정확한 저울을 사용했다. 여러 실험을 거듭한 끝에, 라부아지에는 물질이 연소하고 남은 산물의 총중량이 증가한다는 확신을 갖게 되었다. 이 실험에는 연소하면서 생성된 기체를 수집하고 무게를 측정하는 작업이 포함되었다.

라부아지에는 인간이나 다른 동물이 호흡할 때 어떤 일이 발생하는지 살펴보기도 했다. 이 실험을 통해 연소와 호흡 모두에 관여하는 물질이 플로지스톤 같은 물질이 아니라 실존하는 하나의 원소임을 확신했다. 이 원소는 산을 만드는 데도 필요한 것처럼 보였다. 산과 알칼리('염기'라고도 불린다) 사이에서 벌어지는 화학 반응은 오랫동안 화학자들의 마음을 사로잡았다. 로버트 보일이 발명한 리트머스 종이를 기억하는가? 라부아지에도 그 연구의 연장선에 있었다. 라부아지에는 산소('oxygen'은 산을 생성한다는 의미이다)가 산에서 매우 중요한 역할을 하기 때문에 산에는 항상 이 원소가 들어 있다고 믿었지만, 지금은 그렇지 않다고 알려져 있다(강산인 염산에는 수소와 염소가 들어 있지만 산소는 들어 있지 않다). 하지만 라부아지에가 산소에 대해 언급한 내용은 대부분 오늘날에도 유효하다. 이제는 물질이 타거나 우리가 호흡할 때 산소가 필수적인 원소라는 사실이 알려져 있으며, 겉으로 보기에 다른 두 과정 사이에 공통점이 많다는 것도 알려져 있다. 인간은 산소를 활용하여 섭취한 당이나 영양분을 '태우면서', 즉 처리하면서 일상적인 기능을 수행할 수 있는 에너지를 몸에 공급한다.

라부아지에 부부는 1780년대에도 화학 실험을 이어갔고, 라부아지에는 프랑스 혁명 직전인 1789년에 자신의 가장 유명한 저서 『화학 원론Traité élémentaire de chimie』을 출간했다. 이 책은 실험과 장비에 관련된 정보가 가득하고 화학 원소의 성질에 대한 라부아지에의 견해를 담은 최초의 현대적 교과서이다. 현대에는 화학 실험으로 더 이상 분해할 수 없는 물질을 원소라고 부른다. 화합물은 적절한 실험으로 분해할 수 있는 원소의 조합이다. 따라서 물은 수소와 산소라는 두 원소로 이루어진 화합물이다. 이러한 구별은 라부아지에의 책에서 제시하는 핵심 개념이었다. 라부아지에의 원소, 즉 '홑원소 물질' 목록에는 당시에 발견하지 못한 원소가 많았기 때문에 현대의 화학자들이 식별하는 모든 원소가 포함되지는 못했다. 그 목록에는 놀랍게도 빛이나 열 같은 물질이 들어 있었다. 그러나 라부아지에는 원소와 화합물의 차이를 이해하는 기본 틀을 마련했다.

한편 라부아지에에게 중요했던 것은 화학에서 사용하는 언어가 정확해야 한다는 신념이었다. 라부아지에는 여러 동료와 함께 자신의 분야에서 사용하는 언어를 뜯어고쳤고, 과학을 잘하기 위해서는 정확한 단어를 사용해야 한다고 주장했다. (린네도 이 의견에 동의했을 것이다.) 전 세계에 있는 어떤 화학자라도 서로 같은 물질을 다루고 있는지 정확히 확인할 수 있도록 자신이 실험하고 있는 화합물과 원소를 올바르게 지칭해야 한다는 것이었다. 라부아지에는 '우리는 말이라는 매체를 통해서만 생각한다'라고 언급했다. 라부아지에 이후의 화학자들은 점차 공통된 화학 언어를 사용하기 시작했다.

CHAPTER 21

물질을 구성하는 아주 작은 입자

원자에는 탐탁지 않은 시선이 따라다녔다. 앞서 살펴보았듯이 고대 그리스인들은 원자가 무작위적이고 목적이 없는 우주의 일부라고 생각했다. 그렇다면 오늘날에는 어떻게 우주가 원자로 이루어져 있다는 사실을 너무나 자연스럽게 받아들이게 되었을까?

현대의 '원자' 개념은 굉장히 존경받는 퀘이커교도 존 돌턴(1766~1844)이 고안했다. 방직공의 아들인 돌턴은 영국 출신으로 레이크 디스트릭트 근처의 명문 학교에 다녔다. 그는 수학과 과학에 특히 뛰어났고 유명한 맹인 수학자 덕분에 과학적 야망을 키울 수 있었다. 돌턴은 초기 산업혁명 시대에 급성장하는 도시 맨체스터 근처에 정착했다. 당시는 모든 종류의 상품을 공장에서 주도적으로 생산하기 시작하는 시기였다. 그곳에서 그는 강사와 개인 교사로 일했다. 돌턴은 자신의 증상을 바탕으로 색맹에 대해 강연한 최초의 인물이었다. 때문에 수년 동안 색맹은 '돌터니즘Daltonism'으로 불렸다. 만약 여러분 주변에 색맹인 사람이 있다면 남성일 가능성이 높다. 여성이 색맹인 경우는 거의 없기 때문이다.

돌턴은 맨체스터 문학철학학회를 안식처처럼 여겼다. 학회에서 활발하게 활동하는 회원들은 이 미혼의 내성적인 남자에게 가족과도 같았다. 맨체스터 문학철학학회는 18세기 후반부터 유럽과 북미 전역의 마을과 도시에서 설립된 수많은 학회와 비슷했다. 전기학자인 벤저민 프랭클린은 필라델피아에 있는 미국철학학회의 설립자였다. 여기에서 철학은 '자연철학'으로 오늘날 '과학'이라고 불린다. 맨체스터 학회 이름에 '문학'이 붙은 사실은 당시 과학이 아직 다른 지적 활동 영역과 분리되지 못했음을 보여준다. 회원들은 함께 모여서 셰익스피어의 연극에서부터 고고학, 화학에 이르기까지 모든 종류의 주제를 놓고 이야기를 나누었다. 주로 화학자는 화학자끼리, 물리학자는 물리학자끼리 이야기하는 전문화 시대는 먼 훗날의 일이었다. 이렇게 다양한 주제로 대화했다니, 얼마나 흥미로웠을까!

돌턴은 맨체스터 과학계의 핵심 인물이었고, 그의 연구는 유럽과 북미 전역에서 점차 인정받기 시작했다. 돌턴은 화학에서 중요한 실험 연구를 수행했지만, 당시에도 그랬고 지금도 돌턴의 명성은 그가 만든 원자 개념에서 비롯된다. 과거의 화학자들은 화학물질이 예측 가능한 방식으로 반응한다는 사실을 보여주었다. 산소가 포함된 일반적인 공기에서 수소가 '연소'하면 언제나 물이 생성되며, 이 과정을 면밀히 살펴보면 서로 결합하여 물을 형성하는 두 기체의 비율이 항상 동일하다는 사실을 확인할 수 있다. (수소는 매우 쉽게 타고 폭발할 수 있으니 집에서는 시도하지 말기 바란다.) 이와 같은 규칙성은 기체나 액체, 고체를 활용한 다른 화학 실험에서도 나타난다. 왜 그럴까?

100년 전, 라부아지에는 그 이유를 원소가 물질의 기본 단위이며 더 작게 쪼개질 수 없기 때문이라고 설명했다. 돌턴은 물질의 가장 작은 단위를 '원자'라고 불렀다. 그리고 한 원소의 원자들은 모두 같으며 다른 원소의 원자와 다르다고 주장했다. 돌턴은 원자를 열로 둘러싸인 매우 작고 단단한 물질이라고 생각했다. 원자 주위의 열은 원자나 서로 다른 원자끼리 결합하여 만들어지는 화합물이 어떻게 다양한 상태로 존재할 수 있는지를 설명하는 데 도움이 되었다. 예를 들어 수소 원자와 산소 원자는 열의 양에 따라 고체인 얼음(열이 가장 적은 상태), 액체인 물, 기체인 수증기(열이 가장 많은 상태)로 존재할 수 있다는 것이다.

돌턴은 원자를 설명하기 위해 판지를 잘라 작은 모형을 만들었다. 그리고 잘라낸 판지에 화합물의 이름과 반응을 적을 때 공간과 시간을 절약하려고 현대의 문자 메시지처럼 기호를 사용했다. 처음에는 이 방식이 너무 불편해서 잘 쓰이지 않았지만, 그래도 그럴듯한 생각이었기 때문에 화학자들은 점차 원소(돌턴의 원자) 이름의 첫 글자를 원소 기호로 사용하기 시작했다. 그래서 수소hydrogen는 'H', 산소oxygen는 'O', 탄소carbon는 'C'가 되었다. 때로는 혼동을 피하기 위해 다른 문자를 추가했다. 예를 들어 나중에 헬륨helium이 발견되었을 때 'H'는 쓸 수 없었기 때문에 'He'로 표기했다.

돌턴의 원자론이 가진 미덕은 화학자들이 실제로 볼 수 없는 물질의 구성 입자를 이해하게 해주었다는 점에 있다. 원소 하나에 해당하는 원자가 모두 같다면 무게도 같아야 하기 때문에 화학자들은 한 원자가 다른 원자에 비해 얼마나 더 무거운지 측정할 수 있었다. 또한 서로 다른 종류의 원자로 이루어진 화합물에 각 원자가 얼마나 들어 있는지 상대적인 무게로 측정할 수 있었다. (개별 원자의 무게는 실제로 측정할 수 없었기 때문에 원자의 질량, 즉 원자량은 단지 다른 원자의 질량에 대한 상대적인 값이었다.) 돌턴이 여기까지 이끌어왔지만, 항상 옳은 건 아니었다. 예를 들어 산소와 수소가 결합하여 물을 형성할 때 돌턴은 수소 원자 하나와 산소 원자 하나가 결합한다고 생각했다. 그리고 주의 깊게 무게를 측정한 결과, 수소의 원자량은 '1'(수소는 가장 가벼운 원소로 알려져 있었다), 산소의 원자량은 '7'로 두 원자의 질량비가 1 대 7이라고 제시했다. 돌턴은 항상 원자의 상대적인 질량을 정수로 반올림했고, 돌턴이 다루는 질량비에서도 원자량은 정수였다. 사실 물에서 수소와 산소의 질량비는 1 대 8에 가깝다. 지금은 물 분자에 두 개의 수소 원자가 존재하기 때문에 수소와 산소 원자의 질량비는 1 대 16이라는 사실이 알려져 있다. 현재 알려진 산소의 원자량은 '16'이다. 수소의 무게는 돌턴이 정한 마법의 질량인 '1'을 유지했다. 수소는 가장 가벼운 원자일 뿐만 아니라 우주에서 가장 흔한 원자다.

돌턴의 원자론에서는 원소나 원자가 어떻게 정확한 비율로 결합하는지를 보여주면서 화학 반응을 설명했다. 즉 수소와 산소가 물을, 탄소와 산소가 이산화탄소를, 질소와 수소가 암모니아를 형성한다는 것이었다. 이러한 규칙성과 일관성, 그리고 점점 더 정확해지는 측정 도구 덕분에 19세기 초에 이르러 화학은 첨단 과학이 되었다. 바로 돌턴의 원자론이 그 기반을 마련한 셈이었다.

험프리 데이비(1778~1829)는 이러한 화학 분야의 핵심 인물이었다. 돌턴이 조용한 성격이었던 반면, 데이비는 대담하고 사교적이며 야심에 차 있었다. 돌턴처럼 데이비도 노동계급 출신이었으며 콘월 지역의 명문 학교를 다녔다. 데이비도 운이 좋은 편이었다. 그는 인근에 사는 의사 밑에서 견습 생활을 하면서 의학 교육을 받았다. 그러면서 스승이 가지고 있는 책으로 화학과 외국어를 독학했다. 이후 데이비는 브리스틀로 거처를 옮겼고, 여러 기체를 사용해 환자를 치료하는 특수 의료 기관의 조수가 되었다. 그곳에서 데이비는 들이마시면 웃음을 유발하여 '웃음가스'라고 불린 아산화질소로 실험을 수행했다. 1800년에 출판된 기체에 대한 데이비의 책은 사람들의 이목을 끌었다. 아산화질소가 '기분 전환용 약물'로 취급받으면서 아산화질소 파티가 유행했기 때문이다. 또한 데이비는 이 기체를 들이마시면 고통을 느끼지 않기 때문에 의학적으로 유용할 수 있다고 주장했다. 의사들이 그의 제안을 받아들이기까지는 40년이 걸렸고, 오늘날에는 치과 및 의료계에서 마취제로 사용되곤 한다.

데이비의 야망을 채워줄 수 있는 곳은 런던이라는 대도시뿐이었다. 데이비는 중산층에 과학을 전파한 왕립연구소에서 화학을 가르칠 기회를 얻었다. 그리고 그는 간판스타가 되었다. 데이비의 화학 강연은 많은 청중을 끌어모았고, 사람들은 배우기 위해서뿐만 아니라 단지 재미있어서 강연장을 찾아오기도 했다. 데이비는 왕립연구소의 교수가 되어 연구를 활발히 수행했다. 그는 다른 화학자들과 함께 볼타가 만든 최초의 전지인 '전기더미'의 화학적 용도를 발견했다. 먼저 화합물을 액체에 녹여 용액을 만든 뒤, 전기더미로 전류를 통과시켜 무슨 일이 일어나는지 분석했다. 그 결과 여러 용액에서 원소와 화합물이 전기더미의 음극이나 양극에 끌린다는 사실을 확인했다. 데이비는 이러한 방식으로 몇 가지의 새로운 원소를 발견했다. 예를 들어 나트륨과 칼륨은 둘 다 음극 주위에 축적되었다. 나트륨은 바닷물을 짜게 만들고 우리가 음식에 넣는 물질인 염화나트륨 화합물의 일부이다. 일단 새로운 원소가 발견되면 데이비는 그것을 실험 대상으로 삼아 상대적인 원자량을 계산했다.

양극과 음극이 있는 볼타의 전기더미는 화학자들이 원자와 화합물에 대해 생각하는 방식도 바꿔놓았다. 양전하를 띤 물질은 음극을 향했고, 음전하를 띤 물질은 양극을 향했다. 이는 원소가 왜 서로 자연스럽게 결합하려는 성질이 있는지를 설명하는 데 도움이 되었다. 스웨덴의 화학자 옌스 야코브 베르셀리우스(1779~1848)는 이 사실을 바탕으로 화학결합이론을 정립했다. 베르셀리우스는 어린 시절을 힘겹게 보냈다. 일찍이 부모를 여의고 여러 친척 집을 전전했다. 하지만 유럽에서 가장 영향력 있는 화학자로 성장했다. 의학 교육을 받으면서 화학 연구의 즐거움을 발견했고, 자신이 살고 있는 스웨덴의 수도 스톡홀름에서 화학자로 일할 수 있었다. 또한 여행을 많이 다녔는데, 특히 화학자에게 흥미로운 도시인 파리와 런던을 자주 방문했다.

데이비와 마찬가지로 베르셀리우스도 볼타의 전기더미를 활용하여 용액 속의 화합물을 살펴보았다. 그렇게 새로운 원소들을 발견했고 훨씬 더 정확한 원자량을 보여주는 원소 목록을 발표했다. 그는 원자량을 측정하기 위해, 서로 결합하여 새로운 화합물을 만드는 물질들의 상대적 질량을 주의 깊게 측정하거나 화합물을 분해한 뒤에 생성되는 물질을 꼼꼼히 조사했다. 1818년에 발표된 베르셀리우스의 표에는 45개 원소의 원자량이 나열되었으며, 수소의 원자량은 여전히 '1'로 설정되었다. 또한 2,000개가 넘는 화합물의 조합도 수록되었다. 탄소carbon를 'C'로, 칼슘calcium을 'Ca'로 표시하는 것처럼 원소를 이름의 첫 한두 글자로 구별했던 돌턴의 관행을 널리 퍼뜨린 사람이 바로 베르셀리우스였다. 그 덕분에 화학 반응을 적은 기록이 훨씬 쉽게 이해될 수 있었다. 이때 화합물에 하나 이상의 원소가 있으면 문자 뒤에 숫자로 표시했다. 베르셀리우스는 문자 위쪽에 숫자를 썼지만, 이제는 아래쪽에 쓴다. 즉 'O_2'는 산소 원자가 두 개 있다는 의미이다. 그 외에도 베르셀리우스는 오늘날처럼 화학식을 사용했다.

베르셀리우스는 유기화합물보다 무기화합물에 더 익숙했다. '유기'화합물은 당과 단백질처럼 탄소를 포함하는 화합물이며 생명체와 관련되어 있다. 보통 유기화합물은 무기화합물보다 화학적으로 더 복잡하며 베르셀리우스가 주로 연구한 산이나 소금, 광물과 다소 다르게 반응하는 경향이 있다. 베르셀리우스는 우리 몸이나 나무, 소 같은 생물에서 일어나는 반응을 실험실에서 일어나는 반응과 똑같은 방식으로 설명할 수 없다고 생각했다. 당시에 유기화학은 프랑스와 독일에서 발전하고 있었고 베르셀리우스는 그들과 어느 정도 거리를 두었지만, 실제로는 유기화학 연구에 적잖이 기여했다. 먼저, 가장 중요한 유기화합물 중 하나를 설명하기 위해 '단백질'이라는 단어를 만들어냈다. 둘째로, 제3의 물질이 존재하지 않으면 많은 화학 반응이 일어나지 않는다는 사실을 밝혀내면서 그 물질을 '촉매'라고 불렀다. 촉매는 흔히 반응 속도를 높이면서도 서로 결합되거나 분해되는 화학물질과 달리 변화하지 않았다. 그러한 촉매는 어디에서나 발견되었으며, 베르셀리우스 이후로 많은 화학자가 촉매의 작동 원리를 이해하기 위해 노력했다.

유럽의 다른 지역에서도 '원자'는 화학자들이 자신의 연구를 이해하는 데 도움이 되었다. 그러나 여전히 풀리지 않는 문제가 많았다. 1811년 이탈리아의 물리학자 아메데오 아보가드로(1776~1856)는 대담한 주장을 펼쳤다. 하지만 너무나 대담해서 거의 40년 동안 화학자들이 받아들이지 않았다. 아보가드로는 일정한 부피와 같은 온도에 있는 모든 기체의 입자 수는 항상 같다고 주장했다. '아보가드로의 가설'이라고 불린 이 주장은 중요한 결과를 낳았다. 요컨대 아보가드로가 고안한 공식으로 기체의 분자량을 직접 계산할 수 있다는 의미였기 때문이다. 아보가드로의 가설은 굉장히 많이 연구된 기체 중 하나인 수증기의 흥미로운 특징을 설명했기 때문에 돌턴의 원자론을 수정하는 데도 도움이 되었다. 화학자들은 하나의 수소 원자와 하나의 산소 원자가 결합하여 물 분자 하나를 형성한다면 왜 정해진 양의 수증기에 있는 수소와 산소의 부피가 정확하지 않은지 오랫동안 이해하지 못했다. 그 후 수증기에는 산소 원자 하나당 수소 원자 두 개가 있다는 사실이 밝혀졌다. 화학자들은 수소와 산소를 포함한 많은 기체가 자연계에 단일 원자가 아니라 분자로 존재한다는 사실을 발견했다. 즉 수소 분자H_2와 산소 분자O_2처럼 두 개 이상의 원자가 결합해 있다는 것이다.

원소의 원자들이 음전하나 양전하를 띤다는 베르셀리우스의 이론과 돌턴의 원자론에 따르면 아보가드로의 생각은 옳지 않은 것처럼 보였다. 음전하를 띠는 두 개의 산소 원자가 어떻게 결합할 수 있는가? 이러한 문제 때문에 아보가드로의 주장은 오랫동안 주목받지 못했다. 그러나 한참이 지난 후에 아보가드로의 이론은 여러 화학적 문제를 해결해주었고, 지금은 화학에서 원자를 이해하는 기초가 되었다. 과학은 종종 이런 식으로 흘러간다. 오랜 시간이 지나서야 모든 조각이 맞아떨어지고 이해되기 시작하는 것이다.

CHAPTER 22

힘과 장, 자기

돌턴의 원자론은 현대 화학을 형성하는 데 큰 역할을 했지만, 원자에 대한 다른 관점도 있었다. 우선 원자는 화합물을 만들기 위해 결합하는 재료 이상으로 훨씬 더 많은 일을 한다. 원자는 단순히 화학 반응에 쓰이기만 하는 물질이 아니다. 데이비와 베르셀리우스는 영리하게도 용액에 전류가 흐르면 용액 속의 원자가 양극이나 음극으로 끌린다는 사실, 즉 원자도 '전기'의 일부라는 사실을 이용했다. 바닷물 용액에서 왜 나트륨은 음극으로, 염소는 양극으로 이동할까?

이러한 질문은 19세기 초에 뜨거운 논쟁을 불러일으켰다. 이 논쟁에 적극적으로 나선 학자로 마이클 패러데이(1791~1867)가 있었다. 패러데이는 아주 뛰어난 사람이었다. 그는 평범한 가정에서 태어나 기초 교육만 받았다. 제본 기술을 배우며 어린 시절을 보냈지만, 과학에 관심을 갖고 그것에 관련된 것이라면 무엇이든 찾아 읽었다. 화학을 다룬 인기 어린이 도서에서 상상력을 자극받았으며, 자신이 일하는 제본소의 고객에게서 얻은 표로 왕립연구소에서 험프리 데이비의 강연을 듣기도 했다. 패러데이는 황홀한 마음으로 강연을 들으며 깔끔한 글씨체로 꼼꼼하게 필기했다. 열정적이었던 그는 데이비에게 자신의 노트를 보여주었는데, 데이비는 그 정확성에 감명을 받았으면서도 패러데이에게 과학 분야에는 마땅한 직업이 없고 생계를 꾸리는 데엔 제본 일이 더 낫다고 조언했다.

그런데 얼마 지나지 않아 왕립연구소의 조교가 해고되었고 데이비는 패러데이에게 일자리를 제안했다. 패러데이는 남은 생애 동안 그곳에 머물면서 왕립연구소의 명성뿐 아니라 수익성을 높이는 데 일조했다. 초창기에는 연구소에서 데이비가 매달린 화학 문제를 해결하면서 시간을 보냈다. 패러데이는 실험실에서 탁월한 기량을 발휘했지만, 일반적인 과학 문제도 끊임없이 탐구했다. 특정 개신교 분파의 독실한 신자였던 그는 교회에 많은 시간을 바치면서 종교적 신념에서 과학적 탐구를 이어나갔다. 간단히 말하자면, 그는 신이 우주를 창조했지만 인간은 우주가 어떻게 조화를 이루는지 완전히 이해할 수 있다고 생각했다.

패러데이가 왕립연구소에 들어오자마자 데이비는 새 아내와 함께 유럽 여행을 떠나면서 패러데이와 동행했다. 귀족 출신인 데이비의 아내는 패러데이를 하인 취급했지만, 18개월간의 여정 동안 패러데이는 유럽의 여러 유명한 과학자를 만날 수 있었다. 런던으로 돌아온 패러데이와 데이비는 광산에서 폭발이 일어난 원인이 무엇인지, 선박의 구리 바닥을 어떻게 개선할지, 유리의 광학적 특성은 무엇인지 등 실용적인 문제들을 해결해나갔다. 데이비가 과학계의 정치에 점점 더 관심을 갖게 되면서 패러데이도 점차 독립하게 되었고 전기와 자기의 관계에 집중했다.

1820년 덴마크의 물리학자 한스 크리스티안 외르스테드(1777~1851)는 전류를 조작하여 '자기장'을 만들어내는 현상인 전자기를 발견했다. 자기력은 오래전부터 알려져 있었으며, 철로 만들어진 바늘이 항상 북쪽을 가리키는 나침반은 지금도 유용하다. 항해사들은 콜럼버스가 아메리카 대륙을 발견하기 한참 전부터 나침반을 사용했고, 자연철학자들은 왜 철과 같은 소수의 물질만 자성을 띨 수 있는지 궁금해했다. 대부분의 물질은 자성을 띠지 못했다. 나침반이 항상 같은 방향을 가리킨다는 사실은 지구 자체가 거대한 자석 역할을 한다는 의미였다.

외르스테드의 전자기학은 과학적 흥미를 불러일으켰고, 패러데이도 이 분야에 뛰어들었다. 1821년 9월, 패러데이는 과학 역사상 매우 유명한 실험 하나를 고안했다. 자성을 띠는 작은 바늘이 전류가 흐르는 전선으로 둘러싸여 있으면 계속 회전한다는 사실을 발견한 것이었다. 돌돌 말린 전선으로 전류가 흐르는 동안 자기장이 형성되면서 바늘을 계속 끌어당겨 빙글빙글 회전하게 했다. 이러한 현상은 패러데이가 '역선lines of force'이라고 부른 개념의 결과였으며, 패러데이는 이 현상의 중요성을 깨달았다. 패러데이는 처음으로 전기 에너지(전기)를 역학적 에너지(회전하는 바늘의 움직임이나 동력)로 변환했다. 즉 현대 전기모터의 원리를 발견한 것이다. 전기모터는 세탁기와 CD 플레이어, 진공청소기에서도 전기를 동력으로 변환한다.

이후 30년 동안 패러데이는 전기와 자기 연구를 이어갔다. 당시 그는 누구보다도 재능 있는 실험가로서 자신의 연구를 신중하게 계획하고 수행했다. 패러데이는 독학할 때 수학을 공부하지 않았기 때문에 그가 쓴 과학 논문은 장비에 대한 자세한 설명, 실험 과정, 관찰 결과가 담긴 실험실 수첩처럼 읽혔다. 패러데이의 연구는 과학자들이 화학 반응에서 전하의 역할을 이해하는 데 도움이 되었다. 1830년대 초, 패러데이는 발전기와 전기 변압기도 발명했다. 돌돌 말린 전선 안팎으로 영구 자석을 움직여 전류를 생성하는 발전기를 만들었다. 변압기를 만들기 위해서는 철제 고리에 감긴 전선에 전류를 흘려서 고리의 반대쪽 면에 감긴 다른 전선에 잠깐 전류가 흐르도록 했다. 패러데이는 이러한 실험이 미숙하다고 생각했지만, 중요하다고 여기기도 했다. 전기와 자기의 관계, 전기 에너지를 역학적 에너지로 변환하는 것은 그야말로 현대 세계를 움직이는 원동력이다.

패러데이는 여러 방면에 과학적 관심을 보였으며, 과학위원회에 참석하거나 왕립연구소를 운영하는 데 많은 시간을 보냈다. 그리고 지금까지도 어마어마한 관심을 끌며 텔레비전에서 방영하는 왕립연구소의 크리스마스 강연을 시작했다. 그러나 패러데이의 주된 관심사는 역시 전기와 자기였다. 그 덕분에 새로운 용어가 등장했고 전기와 자기를 활용한 실용적인 발명품들이 나올 수 있었다. 패러데이는 자신의 발명품에 대해 농담을 하기도 했다. 한 정치인이 전기의 실질적인 가치가 무엇이냐고 묻자 그는 이렇게 대답했다. "생각해보세요, 곧 여기에 세금을 매길 수 있을 겁니다!"

대서양 건너편에서는 전기와 자기에 대한 커다란 관심에서 나온, 세계를 바꾼 전신기가 등장했다. 1800년대 초부터 이미 전선을 통해 신호를 보낼 수 있었지만, 새뮤얼 모스(1792~1872)는 최초로 장거리 전신기를 개발했다. 1844년 모스는 워싱턴 DC에서 61킬로미터 넘게 떨어진 볼티모어로 (자신의 이름을 딴 모스 부호로) 메시지를 보냈다. 이후 전신을 활용한 통신은 전 세계적으로 빠르게 발전했으며, 영국에서는 멀리 떨어진 제국의 도시들을 연결했다. 이제 사람들은 서로 빠르게 의사소통을 하고 어디서든 사건이 발생하자마자 뉴스로 보도할 수 있게 되었다.

패러데이는 전기와 자기가 놀라운 특성을 보이는 이유를 설명하기 위해 활동의 '장'이라는 개념을 떠올렸다. 영향력이 미치는 영역을 의미하는 '장'은 이전 과학자들이 화학 반응, 전기, 자기, 빛, 중력의 신비를 설명하고자 할 때 사용한 개념이었다. 과학자들은 운동 경기가 코트나 경기장에서 벌어지는 것처럼 과학적 현상도 특정 공간인 장에서 일어난다고 생각했다. 패러데이는 이러한 생각을 중심으로 전기와 자기를 설명했고 전기, 빛, 자기가 실제로 무엇인지에 골몰하기보다 그 활동 영역을 측정하는 것이 더 중요하다고 주장했다. 전기장의 힘은 실험으로 증명할 수 있었다.

패러데이는 중력 같은 것이 진공 상태에서 영향력을 발휘할 수 있다는 사실을 믿지 못했다. 그래서 이 문제를 해결하기 위해 절대적인 진공 상태 같은 개념은 없다고 가정했다. 대신 공간이 '에테르aether'라는 아주 정제된 물질로 채워져 있다고 주장했다. 물리학자와 화학자들은 이 에테르(마취 가스인 에테르와는 상관없다)를 직접적으로 활용하여 많은 것을 설명할 수 있었다. 따라서 패러데이가 언급한 전류나 자석 주위에 생기는 '장'은 전류나 자석이 에테르를 구성하는 매우 정제된 물질을 자극한 결과일 수 있었다. 중력도 이런 식으로 설명하는 편이 더 나았다. 그러지 않으면 패러데이를 비롯한 현대인들이 믿지 않는 옛 연금술사의 마력과 같이 이상한 주술적 힘처럼 보였기 때문이다. 에테르는 보거나 느낄 수 있는 물질이 아니지만, 물리학자들은 에테르가 실험 결과를 설명한다고 생각했다. 영국에서는 실험을 통해 에테르가 실재하지 않는다는 사실이 밝혀진 1900년대 초까지 에테르 개념을 계속 활용했다.

힘에 관한 패러데이의 연구는 상당 부분 아주 유용한 것으로 밝혀졌다. 후대의 물리학자들은 이를 확장하여 전기, 자기를 비롯해 물리적 세계를 탐구할 때 나타나는 여러 현상을 수학적으로 설명했다. 패러데이는 수학을 사용하지 않은 최후의 위대한 물리학자였다.

패러데이의 유산을 제대로 정리한 사람은 새로운 유형의 수리물리학자 제임스 클러크 맥스웰(1831~1879)이었다. 맥스웰은 흔히 뉴턴이나 아인슈타인과 같은 맥락에서 언급된다. 확실히 역사상 굉장히 창의적인 물리학자 중 한 명이었다. 그는 에든버러에서 태어나 교육을 받고 케임브리지 대학교에 진학했다. 그리고 잠시 스코틀랜드로 돌아가 강단에 섰다가 1860년에 런던의 킹스 칼리지로 떠났다. 그곳에서 맥스웰은 전성기를 누렸다. 이미 토성의 고리를 설명하는 업적을 남겼지만, 런던에서는 색채 이론을 개발하고 처음으로 컬러사진을 찍기도 했다. 맥스웰은 항상 전기와 자기에 관심이 많았고 이 둘을 확실히 결합했다. 맥스웰 이후로 물리학자들은 수학을 사용하여 전자기학을 기술할 수 있게 되었다. 맥스웰은 패러데이의 장 개념을 설명하기 위해 수학적 도구와 방정식을 개발했다. 이 방정식에 따르면 전자기장은 파동과 같은 특성을 띤다. 이 파동은 빛의 속도로 이동하며, 이제는 태양의 빛과 에너지도 전자기파로 지구에 도달한다는 사실이 알려져 있다. 실제로 맥스웰은 라디오 방송에 쓰이는 전파, 부엌에서 쓰이는 마이크로파, 무지개색 위아래로 퍼져 있는 자외선과 적외선, 엑스선과 감마선 등 현재 알려진 파장 범위를 모두 예측했다. 이들 파장은 이제 일상생활의 일부가 되었다. 그러나 이러한 에너지 형태의 대부분은 맥스웰이 예측한 당시에 발견되지 않았기 때문에 당연하게도 그 천재성을 인정받기까지는 오랜 시간이 걸렸다. 맥스웰의 『전자기론Treatise on Electricity and Magnetism』(1873년)은 아마 뉴턴의 『프린키피아』 이후 20세기 물리학 서적 중 가장 중요한 책으로 꼽힐 것이다.

『전자기론』을 집필할 무렵 맥스웰은 케임브리지로 가서 향후 수십 년간 매우 중요한 물리학 연구를 수행한 캐번디시 연구소를 조직했다. 맥스웰은 마흔여덟이라는 젊은 나이로 세상을 떠났지만, 생전에 통계라는 특수한 수학적 기법을 활용하여 기체의 운동을 연구했다. 그 덕분에 기체 속의 수많은 원자가 각각 조금씩 다른 속도와 방향으로 움직일 때 온도와 압력에 따라 어떤 영향을 받는지 설명할 수 있었다. 로버트 보일과 로버트 훅이 관찰했던 결과를 수학적으로 설명하기도 했다. 또한 맥스웰은 자신이 '속도조절기governor'라고 부른 순환 구조인 '피드백 원리'의 기본 개념을 정립했다. 이 원리는 기술과 20세기 인공지능의 발전, 컴퓨터에서 중요한 역할을 한다. 우리의 몸도 같은 원리를 따른다. 예를 들어 너무 더우면 몸이 감지하여 땀을 배출한다. 땀은 증발하면서 몸을 식힌다. 반대로 너무 추우면 몸이 떨리고 근육이 수축하면서 몸을 덥히는 열이 발생한다. 이러한 피드백 원리는 우리가 일정한 체온을 유지하도록 돕는다.

맥스웰은 온화한 유머 감각을 지녔고 신앙심이 깊었으며 자신을 엄격히 통제한 아내와도 사이가 좋았다. 저녁 파티에 참석하면 맥스웰의 아내는 종종 "제임스, 당신 즐기기 시작했어. 집에 갈 시간이야"라고 말했다. 다행히도 맥스웰이 실험을 즐기는 건 말리지 않았다.

CHAPTER 23

공룡 발굴

아주 어린 시절, 나는 공룡과 용을 구별하기 어려워했다. 사진을 보면 거대한 이빨, 강력한 턱, 비늘이 덮인 피부, 사악한 눈까지 비슷했고 둘 다 주변의 다른 생물을 공격하는 것 같았다. 공룡이든 용이든 분명 피하는 것이 상책이었다.

그러나 공룡과 용은 상당히 다르다. 용은 그리스 신화, 영국의 아서 왕 전설, 중국의 새해맞이 행사를 비롯해 인류 역사에서 수많은 이야기에 등장한다. 오늘날의 이야기에도 여전히 등장할 정도로 용의 영향력은 크지만 언제나 상상의 산물이었다. 용은 존재하지 않았다.

그에 반해 공룡은 실제로 존재했다. 인간이 본 적은 없지만, 지구에서 아주 오랫동안 살았다. 공룡은 약 2억 년 전에 번성했으며, 화석으로 보존된 뼈 덕분에 우리는 공룡에 대해 알 수 있다. 19세기 초에 발견된 이 뼈들은 과학에서 중요한 발전을 가져왔다. 처음에는 지질학자들이, 나중에는 일반 대중도 지구가 생각보다 훨씬 더 오래되었다는 사실을 알아차리기 시작했다.

'고생물학'이라는 단어는 1822년 프랑스에서 만들어졌으며 과학자들이 화석 연구를 일컫는 말이었다. 화석은 한때 살아 있었지만 죽은 후 적절한 조건에서 천천히 돌로 변한(석화한) 동식물 일부의 윤곽이다. 여러 박물관에서 화석을 전시했고, 화석 수집은 재미있는 일이었다. 오늘날 연구와 전시를 위해 단순한 화석은 이미 많이 수집되었기 때문에 화석 발굴이 점점 어려워지고 있다. 그러나 영국 남부 해안의 라임 레지스 같은 일부 지역에서는 절벽이 여전히 파도에 침식되고 있는데 종종 화석이 발견된다.

사람들은 수천 년 동안 화석을 찾았다. 원래 '화석fossil'이라는 단어는 '땅에서 파낸 것'이라는 뜻이기 때문에 오래된 동전이나 도자기 조각, 아름다운 석영 조각도 화석이라고 불렀다. 그러나 땅속에 묻힌 물질 중 상당수가 동물의 껍데기, 이빨, 뼈처럼 보였고 '화석'은 점차 생물의 일부처럼 보이는 물질을 의미하게 되었다. 바다 동물의 껍데기가 바다에서 멀리 떨어진 산꼭대기에서 발견되기도 했다. 돌에 새겨진 뼈, 이빨, 껍데기가 알려진 동물의 것처럼 보이지 않을 때도 있었다. 1600년대에 박물학자들은 이러한 화석들에 의문을 품기 시작하면서 세 가지 종류의 해석을 내놓았다. 첫 번째는 자연의 특별한 힘이 새로운 종류의 유기체를 만들려다 실패한 형태라는 해석이었다. 살아 있는 동식물과 비슷하지만, 제대로 형성되지 못했다는 것이다. 두 번째는 아직 발견되지 않은 동식물종의 잔해라는 주장이었다. 지구의 상당 부분이 아직 탐험되지 않았기 때문에 이러한 생물들은 외딴 지역이나 바다에서 발견될 가능성이 높다는 것이었다. 세 번째는 이러한 유기체가 한때 존재했지만 지금은 멸종되었다는 과감한 주장이었다. 이 주장이 사실이라면 지구의 나이는 훨씬 더 많을 것이었다.

18세기가 되어서야 비로소 '화석'이라는 단어가 현대적 의미, 즉 한때 살아 있었던 동식물의 석화한 잔해라는 의미를 띠게 되었다. 이 화석의 의미에 대한 깨달음은 과학적 사고를 지배하기 시작했다. 멸종된 동물이 있다는 사실을 증명한 사람은 프랑스의 과학자 조르주 퀴비에(1769~1832)였다. 퀴비에는 해부학, 특히 여러 동물의 해부학적 구조를 비교하는 데 뛰어났다. 그는 물고기에 관심이 많았을 뿐만 아니라 동물계 전체에 대해서도 방대한 지식을 가지고 있었다. 퀴비에는 수백 마리의 동물을 해부한 뒤 여러 부위를 비교하고 다양한 기관의 기능을 탐구했다. 그리고 동물은 모든 부위에 알맞은 목적이 존재하는 살아 있는 기계라고 주장했다. 동물의 몸에 있는 모든 기관이 함께 작동한다는 사실도 알아냈다. 예를 들어 육식동물은 송곳니(뾰족한 이빨)로 사냥감의 살점을 찢을 수 있다. 아울러 그에 걸맞은 소화기관과 근육, 다른 동물을 잡아먹고 사는 데 필요한 특성도 지니고 있다. 소나 양 같은 초식동물의 이빨은 끝이 납작하여 풀이나 건초를 갈기에 적합하고, 그 골격과 근육은 달리거나 공격하기보다 서 있기 위한 것이다.

퀴비에는 동물의 구조가 완벽하여 전체적으로 조화롭기 때문에 한 부위만 보고도 그 동물의 구조와 습성을 파악할 수 있다고 믿었다. 즉 송곳니를 발견하면 육식동물을 발견한 것과 같다고 주장했으며 화석에도 같은 원리를 적용했다. 퀴비에는 다른 해부학자들과 함께 파리 주변에서 발굴한 화석을 면밀히 조사했다. 그들은 이 화석들이 보통 그 지역에서 발견되는 살아 있는 동물들과 부분적으로 유사하면서도 많은 경우 이빨과 뼈에 작지만 중요한 차이가 있다는 사실을 알아냈다. 한번은 시베리아에서 우연히 거대한 코끼리의 얼어붙은 사체가 발견되었다. 퀴비에는 이 '털북숭이 매머드woolly mammoth'라고 불리는 동물의 사체를 조사한 결과, 그때까지 알려진 코끼리와 다를 뿐만 아니라 그런 크기의 동물이 여전히 어딘가에서 돌아다니고 있다면 분명 발견되었을 것이라고 주장했다. 그런 이유로 이 동물은 멸종된 게 분명하다고 생각했다.

동식물의 일부 종이 지금은 멸종되었다는 개념을 받아들이자 박물학자들은 당시에 발견된 수많은 화석을 훨씬 손쉽게 해석할 수 있었다. 영국에서는 예상 밖의 두 인물 덕분에 선사시대라는 개념이 만들어졌다. 그중 한 명은 메리 애닝(1799~1847)이었다. 애닝은 라임 레지스에 사는 가난한 목수의 딸이었으며, 영국 남부 해안에 위치한 라임 레지스 지역은 여전히 바다 때문에 침식되고 있었다. 이곳은 애닝이 화석을 발굴하기에 적합한 장소였다. 애닝은 어린 시절부터 화석을 찾아다녔다. 좋은 표본은 과학자와 수집가에게 팔 수 있기 때문이었다. 메리는 오빠인 조지프와 함께 현지 정보를 활용해 화석을 수집하고 판매하는 사업에 뛰어들었다. 1811년 남매는 이상한 생물의 두개골을 비롯해 많은 뼈를 찾아냈다. 길이가 5미터로 추정되는 이 생물은 이전에 알려진 어떤 생물과도 달랐다. 이들이 발견한 뼈는 옥스퍼드에서 전시되었고 지느러미가 있어 물에서 헤엄쳤을 것으로 여겨졌기 때문에 '물고기 도마뱀'이라는 뜻인 '이크티오사우루스Ichthyosaurus'라는 이름이 붙었다. 메리 애닝은 이어서 거대한 거북과 비슷하지만 등딱지가 있었다는 증거는 없는 인상적인 화석을 다수 발굴했다. 이 생물에는 '거의 파충류'라는 의미의 '플레시오사우루스Plesiosaurus'라는 이름이 붙었다. 이러한 발견으로 애닝은 명성과 부를 얻었다. 그러나 화석 발굴이 유행하면서 경쟁이 치열해지자 이 사업으로 가족을 부양하는 데 어려움을 겪게 되었다.

메리 애닝은 교육을 거의 받지 못했으며 발굴한 화석을 팔고 나면 아무런 권리를 갖지 못했다. 기디언 맨텔(1790~1852)은 다른 종류의 문제에 직면했다. 맨텔은 영국 남부의 서식스 주 루이스에서 의사로 일했으며 인근의 석회석 채석장에서 많은 화석을 접했다. 그는 의사로서 해부학 지식이 풍부하여 화석을 분석할 수 있었다. 그러나 바쁜 진료 일정을 소화하고 늘어나는 가족을 부양하면서 화석을 연구할 수 있는 시간이 많지 않았다. 맨텔은 자신의 집을 일종의 화석 박물관으로 꾸몄고, 그의 아내는 탐탁지 않아 했다. 더욱이 런던에 가서 자신의 연구 결과를 발표하려면 시간과 비용이 많이 들 수밖에 없었다.

그런 문제들이 있는데도 맨텔은 연구를 이어나갔고, 몇몇 특이한 동물을 발견하는 성과를 거두었다. 1820년대에 그는 이전에 보지 못한 종류의 이빨을 발견했고, 그 이빨의 주인에게는 '이구아나(열대 도마뱀의 일종) 같은 이빨을 가졌다'는 의미인 이구아노돈Iguanodon이라는 이름이 붙었다. 어떤 지지자들은 자신이 발견한 이구아노돈의 더 완전한 뼈대를 맨텔에게 기증하기도 했다. 또한 맨텔은 갑옷을 입은 듯한 공룡인 힐라에오사우루스Hylaeosaurus를 발견했으며, 이 거대한 생물들 중 일부가 육지를 돌아다녔다는 것을 확인했다. 다른 생물들에서는 새의 특징이 발견되었기 때문에 이 이상한 세계에 바다, 육지, 공중에 사는 생물이 있었다는 사실이 알려졌다.

박물관에서 복원된 거대하고 경이로운 생물을 보고 있자면, 처음에 그 생물을 발견한 사람들이 얼마나 혼란스러웠을지 가늠하기가 어렵다. 화석화한 뼈는 흔히 흩어져 있고 일부는 사라지기도 했다. 과거에는 발굴한 화석과 비교할 만한 살아 있거나 화석 형태인 동물이 적었고 현대의 연대 측정 기술도 없었다. 그저 넓적다리뼈와 같이 발굴한 뼈를 코끼리나 코뿔소같이 살아 있는 큰 동물과 비교하여 크기만 추정할 뿐이었다. 그렇게 추정한 크기는 믿기 어려울 정도였다. 과거의 학자들은 퀴비에의 원리를 따라 각 부위에서 전체 골격을 복원하고 이 동물이 무엇을 먹었는지, 어떻게 움직였는지, 육해공 중 특정 환경에서 살았는지, 아니면 다양한 환경에서 살았는지 추측할 수 있었다. 이러한 추측은 공룡이 더 많이 발견되고 지구 생명체의 초기 역사를 더 많이 알게 되면서 상당 부분 수정되기도 했다. 그러나 공룡을 발견하면서 우리가 살고 있는 세계에 대한 인식은 완전히 바뀌게 되었다.

'공룡 사냥꾼' 덕분에 일반 대중은 지구가 얼마나 오래되었는지, 인간이 출현하기 훨씬 이전에 어떤 복잡한 생명체가 살았는지 알게 되었다. 이 고대 세계는 사람들의 상상력을 불러일으켰고, 여러 유명한 잡지에서는 공룡의 상상도를 실었다. 찰스 디킨스 같은 작가들은 독자들이 이 거대한 파충류를 이미 안다는 전제하에 글을 쓸 수 있었다. '공룡dinosaur'이라는 이름은 1842년에 처음 사용되었다. 이는 대략 '무서운 거대한 도마뱀'이라는 뜻이었다. 영국뿐 아니라 다른 지역에서도 새로운 종류의 공룡이 계속 발견되었다. 공룡은 일반적인 지구 생명체의 역사에 빠르게 흡수되었고, 공룡이 발굴된 암석의 연대에서 대략적으로 해당 공룡이 지구에서 살았던 기간을 계산할 수 있었다.

'공룡'이라는 이름을 처음으로 붙인 리처드 오언(1804~1892)은 공룡 연구로 과학 경력을 쌓았다. 오언은 오늘날 런던에 있는 자연사박물관을 세우는 데 큰 역할을 했다. 이 훌륭한 박물관에서 공룡은 여전히 눈에 띄는 자리를 차지하고 있다. 전시된 공룡은 대부분 메리 애닝 같은 사람들이 발굴한 원본 표본이다.

1851년 런던에서 최초로 만국박람회가 개최되었다. 대박람회라고도 불린 이 전시회에는 전 세계의 과학, 기술, 예술, 운송, 문화 관련 전시물이 한자리에 모였다. 전시회는 런던 중심부의 하이드 파크 한가운데에 있는 '수정궁'이라는 거대한 유리 건물에서 열렸다. 이 건물의 높이는 33미터, 너비는 124미터, 길이는 563미터에 달했다. 사람들은 유리와 철로 이렇게 큰 건물을 만들 수 없을 것이라고 생각했지만, 조지프 팩스턴은 해냈다. 그는 빅토리아 시대의 신사들을 위해 대형 온실을 지은 경험이 있는 정원사이자 건축가였다. 유례없는 이 전시회에는 6개월 동안 전 세계에서 600만 명이 몰려들었다.

전시회가 끝나자 수정궁은 철거되어 런던 남쪽 끝에 있는 시드넘 공원으로 옮겨졌다. 그 부지 개발의 일환으로 세계 최초의 테마파크가 조성되었다. 이 테마파크는 공룡이나 다른 선사시대 생물들로 꾸며졌다. 이구아노돈, 이크티오사우루스, 메갈로사우루스Megalosaurus 등 여러 동물의 거대한 모형이 만들어졌고 인공 호수 안팎에 배치되었다. 이구아노돈은 너무 커서 1853년 새해 전야에 그 거대한 몸체를 만드는 데 사용된 틀 안에서 24명이 만찬을 즐기기도 했다. 1936년에 끔찍한 화재로 유리 건물이 소실되었지만, 이곳은 오늘날에도 여전히 수정궁이라고 불린다. 재건된 공룡 중 일부는 크게 손상되고 낡았지만 화재에서 살아남아 여전히 과거의 모습을 보여주고 있다.

이제 우리는 공룡 시대에 대해 훨씬 더 많은 것을 알고 있다. 다양한 종류의 공룡이 발견되었고 맨텔이나 오언보다 더 정확하게 연대를 측정할 수 있게 되었다. 공룡은 상당히 빠르게 사라졌다고 여겨지기도 한다. (다음 장에서 살펴보겠지만, 지질학적 시간은 매우 느리다.) 즉 거대한 공룡은 약 6,500만 년 전에 거대한 소행성이 지구를 강타한 후 기후변화가 일어나 멸종했다는 것이다. 하지만 모두가 사라진 건 아니다. 일부 작은 공룡은 살아남아 진화했고, 우리는 그 후손을 매일 정원에서 보고 있다. 그들은 바로 새다.

CHAPTER 24

지구의 역사

고대 동물의 뼈를 발굴하는 것은 전체 이야기 중 일부일 뿐이다. 시골길을 걷다 보면 계곡 한가운데로 흐르는 강이나 개울을 자주 볼 수 있다. 언덕과 산도 계곡을 둘러싼다. 스위스의 알프스 산맥 같은 일부 지역에서는 어찌나 산이 높고 계곡이 깊은지 놀라울 따름이다.

이러한 지구의 지형은 어떻게 형성되었을까? 지진, 화산 폭발, 강물, 빙하로 풍경이 매년 바뀌기 때문에 산과 계곡은 항상 지금과 같을 수 없다. 1년 동안의 변화는 미미할지 모르지만, 인간의 생애 동안에도 눈에 보이는 차이가 발생한다. 해안선이 파도에 쓸려 사라지고 집이 바닷물에 잠기기도 한다. 이러한 과정이 여러 세대에 걸쳐 거듭되면 훨씬 더 큰 변화를 맞닥뜨리게 된다.

격렬한 지진이나 화산 폭발, 쓰나미는 새로운 현상이 아니다. 이탈리아 나폴리 인근의 베수비오 화산은 서기 79년에 폭발했다. 그 결과 산 아래에 있던 마을 폼페이가 매몰되어 많은 사람이 죽었으며 화산재와 용암 때문에 해안선이 급격히 바뀌었다. 오늘날에는 화산재와 부석이 쌓인 곳에서 복원된 폼페이 거리를 걸을 수 있다.

많은 사람들은 이러한 극적인 사건에 무슨 의미가 있는지 궁금해했다. 어떤 이들은 초자연적인 사건이라고 생각했다. 그러나 1600년대 후반부터 학자들은 지구를 자연사의 대상으로 연구하기 시작했다. 현대 지질학은 학자들이 세 가지 문제와 씨름하는 중에 탄생했다. 그 첫 번째 문제는 '역사'를 이해하는 새로운 방식이었다.

초창기에 '역사'는 '묘사'를 의미했다. 자연사는 단순히 지구와 지구상의 물질을 묘사하는 것에 불과했다. 그러다가 점차 '역사'는 시간의 흐름에 따라 변화한다는 현대적 의미를 지니게 되었다. 우리는 옷, 음악, 헤어스타일, 비속어, 컴퓨터나 휴대전화처럼 빠르게 변화하는 것에 익숙하다. 1950년대 사람들의 사진을 보면 그 모습이 우리와 얼마나 다른지 바로 알 수 있다. 로마인이 고대 그리스인과 다른 옷을 입은 것처럼, 그러한 변화는 새로운 사실이 아니지만 지금은 변화의 속도가 훨씬 빠르다. 그래서 우리는 변화를 자연스럽게 받아들인다. 역사는 그 변화를 연구하는 학문이다.

두 번째 문제는 시간이었다. 아리스토텔레스는 지구가 영원하며 항상 자신이 살고 있는 시대와 다르지 않을 것이라고 생각했다. 고대 중국과 인도의 과학자들도 지구의 나이가 매우 많다고 생각했다. 이후 기독교와 이슬람교의 관점이 도래하면서 지구의 나이는 줄어들었다. 1642년, 작가 토머스 브라운 경은 '우리가 아는 시간은 우리보다 고작 닷새 앞섰을 뿐이다'라고 말했다. 이는 신이 여섯째 날에 아담과 이브를 창조했다는 성경의 창세기를 염두에 둔 말이었다. 그 이전 닷새 동안 지구, 하늘, 별, 해, 달, 모든 동식물이 창조되었다. 브라운 같은 기독교인들은 우리의 행성인 지구가 아담과 이브가 에덴동산에서 첫 새벽을 보기 직전에 창조되었다고 생각했다.

성경을 꼼꼼히 읽으면서 구약에 언급된 아담과 이브 후손들의 나이를 모두 더하면 최초의 인간이 태어난 시기를 대략적으로 알 수 있다. 1600년대 중반, 아일랜드의 한 대주교가 이 일을 해냈다. 덧셈을 한 결과, 지구가 정확히 기원전 4004년 10월 22일 초저녁에 창조되었다는 사실이 밝혀졌다! 그러나 어셔 대주교의 계산은 1650년대의 많은 기독교인에게 받아들여지지 못했다. 지구의 지질학적 특징이 어떻게 형성되었는지 알고 싶어 하는 사람들에게는 지구의 나이가 6,000년이 채 되지 않는다면 하천이 흐르는 계곡이 어떻게 서서히 생겨났는지 설명하기가 어려웠다.

또한 이 짧은 시간 내에 어떻게 현재의 바다보다 훨씬 높은 산꼭대기에서 조개껍데기가 발견될 수 있는지 설명하기도 어려웠다. 지질학자들에게는 무엇보다도 지구가 더 오랫동안 존재했다는 사실을 증명하는 것이 필수적이었다. 그래야 관찰되고 있는 사실들이 합리적으로 설명되기 때문이었다. 그리고 지질학자들은 그 일을 해냈다. 17세기 후반부터 박물학자들은 어셔가 주장한 수천 년보다 지구가 더 오래되었을 것이라고 주장하기 시작했다. 수십 년 후 뷔퐁 백작(제19장에서 다룬 선구적인 박물학자)은 우주론과 지질학을 결합한 이론을 세웠다. 뷔퐁의 우주론에 따르면 지구는 원래 태양에서 떨어져 나온 매우 뜨거운 구체였다. 그것이 점차 식으면서 생명체가 생겨났다. 뷔퐁은 교회의 심기를 거스르지 않도록 정확히 표현하는 데 신경 쓰면서 지구가 태양에서 분리된 시기를 약 8만 년 전으로 추정했다.

세 번째 문제는 암석과 광물의 성질을 이해하는 것이었다. 모든 암석이 똑같지는 않다. 단단한 것도 있고 부드럽고 부서지기 쉬운 것도 있으며, 각각의 암석은 서로 다른 물질로 구성되어 있다. 나이도 다른 것처럼 보인다. 암석과 광물에 이름을 붙이고 분석하면서 지질학자들은 지구의 역사를 큰 그림으로 보여줄 수 있었다. 독일의 아브라함 베르너(1749~1817)는 이 초기 연구를 많이 수행했다. 베르너는 대학에서 일했지만 광산업에도 적극적으로 참여했다. 과학자들은 지구의 표면에서 쉽게 얻지 못하는 물질의 표본을 깊은 지하에서 얻을 수 있었다. 베르너는 단순히 구성 요소뿐 아니라 상대적인 연대도 고려하여 암석을 분류했다. 가장 오래된 암석들은 매우 단단했고 화석이 전혀 발견되지 않았다.

따라서 어느 장소에서 발견된 암석의 종류는 다른 장소와의 상대적인 연대에 대한 단서를 제공했다. 지하로 파 내려가다 보면 암석과 흙으로 이루어진 층(지질학자들은 '지층'이라고 부른다)에 화석이 묻혀 있으며, 이 화석은 화석 자체와 화석이 발견된 지층의 상대적인 연대에 대한 단서를 제공해주었다. 연대 측정 과정에서 화석이 중요한 역할을 한다는 사실을 밝힌 인물은 측량사인 윌리엄 스미스(1769~1839)였다. 스미스는 19세기 초에 영국의 운하 건설을 도왔다. 철도가 생기기 전에는 수로가 화물, 특히 석탄처럼 무거운 화물을 운송하는 가장 좋은 방법이었다. 스미스는 수 킬로미터의 땅을 측량하여 새로운 운하를 건설할 때 최적의 경로를 결정하는 데 도움을 주었다. 그리고 잉글랜드와 웨일스의 지질도를 만들면서 지각의 가장 중요한 특성은 단순히 그 층에 존재하는 암석의 종류가 아니라 그 속에 묻혀 있는 화석에 있다는 사실을 점차 깨닫게 되었다.

지구 역사의 범위가 늘어나는 동시에 다양한 종류의 암석을 이해했을 뿐만 아니라 스미스의 통찰로 화석의 중요성도 깨달으면서 지질학자들은 지구의 역사를 '읽기' 위한 시도를 할 수 있었다. 1800년대 초, 지질학자는 대부분 '격변론자catastrophist'였다. 채굴, 운하와 철도 건설을 통해 밝혀진 기록을 종합한 결과, 이들은 화산 폭발과 지진 때문에 지각 깊숙이 묻힌 지층이 밖으로 드러난 사례가 많다는 사실을 발견했다. 따라서 대부분의 박물학자는 지구의 역사가 지구 전체에 걸친 격렬한 사건, 즉 대격변으로 구분된 안정적인 시기로 이루어져 있다고 생각했다. 홍수는 대격변으로 여겨졌기 때문에 지질학자들은 자신이 발견한 사실을 성경에 맞추려고 노력하면서 노아가 동물을 두 마리씩 방주에 태운 전 세계적인 홍수, 즉 지질학적 관점에서 최근에 벌어진 이 홍수를 비롯해 과거에 대규모의 광범위한 홍수가 일어났다는 증거가 있다는 사실에 기뻐했다.

격변론자들은 지구 역사에 대한 자신의 견해를 뒷받침하는 증거를 많이 발견했다. 여러 지층의 화석은 위아래 지층의 화석과 분명한 차이를 보였다. 새로운 지층에는 오래된 지층보다 현존하는 동식물과 더 유사한 화석이 있었다. 지난 장에서 언급한 조르주 퀴비에는 파리에서 '비교해부학'을 활용하여 과거의 동물 모습을 생생하게 재구성했다. 옥스퍼드 대학교에서 지질학을 가르친 영국의 자유주의자이자 성직자 윌리엄 버클랜드(1784~1856)도 퀴비에의 지지자였다. 버클랜드는 성경에 나온 홍수에 대한 지질학적 증거를 찾는 데 특히 적극적이었다. 그는 동굴로 쓸려 들어간 잔해, 들판에 흩어진 암석이나 거대한 바위처럼 명백히 홍수가 원인인 것으로 보이는 증거를 많이 발견했다. 1820년대에 버클랜드는 노아의 홍수로 이러한 현상이 발생했다고 확신했다. 그러나 1840년대에 지질학적 조사가 이루어지고 더 자세한 정보가 밝혀지면서 그 확신은 약해졌다. 그리고 얼음으로 이루어진 거대한 강인 빙하가 영국에도 영향을 미쳤을 수 있음을 깨달았다. 빙하는 얼음이 천천히 움직이면서 바위를 흩뿌렸을 것이라는 더 설득력 있는 근거를 제공했다.

1820년대부터 1830년대까지 대부분의 지질학자는 고대의 대격변이 새로운 지층의 형성 시기와 일치한다고 생각했다. 그리고 각 지층의 화석이 조금씩 달랐기 때문에 지구의 역사는 대규모 홍수와 격렬한 지진 등 일련의 대격변 사건으로 이루어져 있으며, 이후 새로운 환경에 적응한 동식물이 생겨났을 것이라고 주장했다. 지구는 최고의 영광인 '인류의 창조'를 준비하기 위해 점진적인 역사를 지나온 것처럼 보였다. 이러한 관점은 6일간의 창조가 실제로는 여섯 번의 긴 기간이었다거나 성경이 인류의 시대인 마지막 창조만 다루었다는 가정하에 창세기에서 묘사한 창조 과정에 들어맞았다.

1830년, 변호사 출신의 젊은 지질학자 찰스 라이엘(1797~1875)은 이런 통념에 의문을 제기했다. 라이엘은 프랑스와 이탈리아에서 암석과 화석을 관찰했다. 그러고는 옥스퍼드 대학교에서 지질학을 공부했는데, 그의 스승은 격변론자 윌리엄 버클랜드였다. 라이엘은 버클랜드의 지질학적 관점에 만족하지 못했다. 그리고 지구에 작용하는 지질학적 힘이 실제로 항상 균일했다고(동일했다고) 가정한다면 어떤 일이 일어났을지 궁금해했다. 라이엘은 '격변론자'와 대립하는 '동일과정론자uniformitarian'의 선두 주자가 되었다. 그는 자신의 이론으로 지구의 전체적인 지질 역사를 얼마나 설명할 수 있는지 알아보고 싶었다. 라이엘은 현재 지구가 지질학적으로 매우 활발하다는 사실을 알 수 있었다. 여전히 화산이 폭발하고 홍수가 일어나며 침식과 지진이 발생하고 있었다. 이러한 변화의 속도가 오래전과 같다면 고대에 벌어진 대격변 기간을 뒷받침하는 모든 증거를 설명할 수 있을까? 라이엘은 그것이 가능하다고 주장하며 『지질학의 원리The Principles of Geology』(1830~1833년)라는 세 권의 책에서 그 이유를 설명했다. 이후 40년간 자신의 연구와 다른 지질학자들의 연구를 꼼꼼히 살펴보면서 책 내용을 수정 보완했다.

라이엘의 동일과정설은 대격변을 없애고 노아의 홍수 같은 기적에 의존하지 않으려는 대담한 시도였다. 그는 지질학자들이 교회의 간섭 없이 자유롭게 지구의 역사를 해석하길 바랐다. 라이엘은 인류가 우주에서 특별한 지위를 지닌 유일무이하고 도덕적인 피조물이라고 주장한, 굉장히 신앙심 깊은 인물이었다. 그리고 동식물이 연속적으로 창조되면서 현대의 생물에 점점 더 가까워진다는 격변론자들의 주장이 진화와 매우 흡사하다는 사실을 누구보다도 분명히 알고 있었다. 격변론자들이 깊은 지층과 얕은 지층에서 발굴한 화석을 비교하여 진보를 보았다면, 라이엘은 화석에서 전반적인 발전은 발견되지 않는다고 주장했다. 그는 깊은 지하의 오래된 지층에서 포유류 화석이 발견되었을 때 굉장히 흥분했다. 포유류는 일반적으로 최근에 형성된 지층에서만 발견되었기 때문에, 그러한 발견은 인간을 제외한 동식물의 역사에서 진정한 진보는 없었다는 사실을 시사하는 것이었다. 만약 진보처럼 보인다면 그것은 우연에 불과했다. 선사시대에 존재한 종의 극소수만 화석으로 보존되었기 때문이다.

찰스 라이엘은 현대 지질학의 창시자와 같았다. 라이엘이 지질학을 연구하는 방식과 광범위하게 수행한 현장 조사는 모두 탁월했다. 그는 지구가 오랜 역사를 지니고 있다면, 단순히 현재 일어나고 있는 사건을 관찰하고 현재의 지질학적 사건을 활용하여 과거에 대해 많은 것을 설명할 수 있다고 주장했다. 젊은 박물학자 찰스 다윈은 라이엘이 쓴『지질학의 원리』에 깊은 감명을 받았다. 다윈은 비글호를 타고 세계 일주를 떠날 때 이 책의 1권을 가져갔다. (나머지 두 권은 보내달라고 했다.) 다윈은 항해 중에 지진, 암석, 화석의 세계인 지질학적 세계를 라이엘의 눈으로 바라볼 수 있었다고 언급했다. 그러나 화석에 남은 기록이 실제로 무엇을 의미하는지에 대해서는 라이엘과 완전히 다른 결론에 도달했다.

CHAPTER 25

지구상에서 가장 위대한 쇼

시골을 산책하다 보면 그 지역의 나무, 꽃, 포유류, 새, 곤충들 사이에 있는 자신을 발견하게 된다. 동물원에 가면 멀리서 온 이국적인 동식물을 만날 수 있다. 자연사박물관에 가면 수백만 년 된 거대한 공룡 뼈 같은 화석이 있을 것이다. 이 모든 현존하는 종과 화석으로 남은 종이 어떻게 연관되어 있는지 알려준 사람은 찰스 다윈(1809~1882)이라는 조용하고 겸손한 인물이었다. 다윈은 우리 자신을 생각하는 방식을 바꿔놓았다.

칼 폰 린네(제19장 참조)는 생물학적 종이 변하지 않는다는 생각에서 동식물에 이름을 붙였다. 우리는 여전히 이 원칙에 따라 이름을 붙인다. 동식물이 변한다는 사실은 알고 있지만, 그 과정이 매우 느리기 때문이다. 생물학적 종은 실제로 의미가 있다. 그러나 종에는 변이가 있다. 자녀는 키가 더 크거나 머리 색깔이 다르거나 코가 더 크거나 여러 측면에서 부모와 다를 수 있다. 여름에 썩어가는 과일 주위를 무리 지어 날아다니는 어린 초파리도 그 부모와 다르지만, 크기가 너무 작아서 눈에 잘 띄지 않는다. 한배에서 난 강아지나 고양이들에서 이러한 차이점은 더 쉽게 확인할 수 있다. 다윈은 눈에 보이든 보이지 않든 부모와 자손 사이의 변이가 매우 중요하다는 사실을 깨달았다. 우리가 인식할 수 없더라도 자연은 그렇게 할 수 있고, 지금도 하고 있다. 이 중대한 통찰을 얻기까지 다윈의 여정은 모험과 고요한 사색으로 가득 차 있었다.

다윈의 아버지와 할아버지는 성공한 의사였다. 다윈의 할아버지인 이래즈머스 다윈은 동식물의 진화를 설명하는 이론을 세웠으며 과학에 대한 시를 남겼다. 여덟 살 때 어머니가 세상을 떠나기는 했지만, 찰스 다윈은 행복한 어린 시절을 보냈다. 그는 자연을 사랑했으며 자신의 화학 도구로 실험을 했다. 다윈은 학교에서 평범한 학생이었다. 다윈의 아버지는 의학을 가르치려고 아들을 에든버러 대학교에 보냈지만, 다윈은 자연사와 생물학에 훨씬 더 관심이 많았다. 처음으로 외과 수술을 목격하고 신체적으로 고통을 겪은 후 그는 의사가 될 수 없다는 사실을 스스로 깨달았다. 다윈은 항상 고통에 극도로 민감했다.

에든버러 대학교를 중퇴한 뒤 다윈은 성직자가 되겠다며 케임브리지 대학교에 진학해 기초 예술 학위를 취득했다. 그는 간신히 시험에 합격했다. 하지만 케임브리지 대학교에서 식물학

및 지질학 교수와 친분을 쌓은 것은 다윈에게 중요한 경험이었다. 그 덕분에 다윈은 박물학자가 되기로 결심했다. 존 헨슬로는 다윈을 케임브리지의 시골로 데려가 식물을 채집하게 했다. 애덤 세지윅은 다윈과 함께 웨일스 지역의 암석과 화석을 연구했다. 세즈윅과 떠난 여행에서 돌아온 후 다윈은 대학을 졸업했지만, 앞으로 무엇을 해야 할지 몰라 막막한 상태였다. 그러는 중에 특이한 제안을 받았다. 영국 해군의 로버트 피츠로이 함장이 이끄는 HMS 비글호를 타고 측량 항해를 떠나는 '신사 박물학자gentleman naturalist' 자리를 맡겠냐는 것이었다. 다윈의 아버지는 반대했지만, 삼촌이 좋은 제안이라며 아버지를 설득했다. 이 비글호 항해에서 바로 우리가 아는 찰스 다윈이 탄생했다.

1831년 12월부터 1836년 10월까지 약 5년 동안 다윈은 고향을 떠나 배를 타고 천천히 세계를 일주했다. 바다에서 보내는 동안 내내 뱃멀미로 고생한 그는 육지, 특히 남미에서 많은 시간을 보냈다. 다윈은 풍경이나 주민, 풍습, 동식물, 화석 등 모든 종류의 자연 현상을 관찰하는 데 탁월했다. 그는 수천 개의 표본을 수집한 뒤 모두 이름표를 붙여 집으로 보냈다. 오늘날이라면 블로그를 운영했겠지만, 당시에는 훌륭한 일지를 작성했으며 집으로 돌아와 그것을 출판했다. 다윈의 『연구 일지Journal of Researches』(1839년)는 즉시 인기를 끌었으며 지금까지 매우 중요한 과학적 여정 중 하나를 다룬 모범적인 기록으로 남아 있다. 이 책은 『비글호 항해기The Voyage of the Beagle』로 알려져 있다.

진화에 대한 다윈의 생각은 훗날 정립되었지만, 당시에도 다윈은 시간이 지나면서 동식물이 어떻게 변화하는지 궁금해했다. 『연구 일지』에서 다윈은 특히 중요한 세 가지의 경험을 언급했다. 먼저 다윈은 칠레에 머무는 동안 안전한 비글호 내에서 해안선의 해수면을 거의 4.5미터까지 끌어올린 격렬한 지진을 경험했다. 다윈은 라이엘이 쓴 『지질학의 원리』를 갖고 있었고 지진 같은 격렬한 사건으로 과거를 설명할 수 있다는 라이엘의 주장에 깊은 감명을 받았다. 칠레에서 겪은 지진으로 라이엘이 옳다는 확신이 더 커졌다.

두 번째로 다윈은 현존하는 종과 최근에 생성된 동식물 화석의 관계에서 큰 충격을 받았다. 남미 동부에서 그는 현존하는 아르마딜로와 유사한 화석을 발견했다. 하지만 분명 똑같은 종은 아니었다. 이외에도 많은 사례를 발견했으며 다른 박물학자들이 찾아낸 것들에 자신이 발견한 것을 추가했다.

세 번째이자 가장 유명한 경험은 갈라파고스 제도에서의 발견이었다. 이 제도는 남미 서부 해안에서 수백 킬로미터 떨어져 있는데, 거대한 거북과 아름다운 새를 비롯해 놀라운 동식물이 섬마다 고유하게 분포해 있었다. 다윈은 여러 섬을 방문하여 표본을 꼼꼼히 수집했다. 그는 각각의 거북이 어느 섬에서 왔는지 알고 있는 노인을 만났고, 그 생김새는 섬마다 아주 독특했다. 그러나 다윈은 영국으로 돌아와서야 자신이 발견한 사실의 중요성을 깨달았다. 조류 전문가는 여러 섬에서 수집한 핀치새를 살펴보고 서로 다른 종이라는 사실을 밝혀냈다. 갈라파고스의 각 섬은 마치 변화의 작은 실험실 같았다.

비글호는 남미를 떠나 태평양을 건너 오스트레일리아를 거친 뒤 아프리카 최남단으로 향했다. 그 후 남미를 잠시 방문한 다음 1836년에 영국으로 귀환했다. 이제 다윈은 항해를 시작할 때의 불안한 청년과는 완전히 다른 일류 박물학자가 되어 있었다. 자신이 고국으로 보낸 보고서, 서신, 표본 덕분에 이미 과학적 명성을 얻었던 것이다.

그 후 몇 년 동안 다윈은 탐험 중에 수집한 자료를 연구하면서 세 권의 책을 집필했다. 또한 외사촌인 에마 웨지우드와 결혼하여 켄트의 널찍한 전원주택으로 이사했다. 이 다운 하우스Down House는 다윈이 여생을 보낸 곳이자 가장 중요한 연구를 한 곳이었다. 다윈은 알 수 없는 병을 앓으면서 자주 아팠기 때문에 그가 집에 머물길 좋아했다는 점은 다행스런 일이었다. 지금까지도 무슨 병이 있었는지는 모르지만, 다윈과 에마 사이에는 아홉 명의 자녀가 있었다. 다윈은 책과 논문을 꾸준히 써냈다. 그중 하나는 생물학의 역사를 통틀어 가장 중요한 『종의 기원On the Origin of Species』(1859년)이었다.

이 책을 출간하기 몇 년 전, 다윈은 비글호 항해에서 돌아온 직후인 1837년부터 '변이transmutation'를 주제로 일지를 쓰기 시작했다. 1838년에 다윈은 토머스 맬서스의 『인구론An Essay on the Principle of Population』을 읽었다. 성직자인 맬서스는 왜 그렇게 많은 사람들이 가난한지에 관심이 많았다. 그는 가난한 사람들이 너무 일찍 결혼하여 제대로 돌볼 수 있는 수보다 많은 자녀를 낳는다고 주장했다. 또한 모든 동물이 생존할 수 있는 수보다 훨씬 많은 자손을 낳는다고 언급했다. 고양이는 1년에 세 번 새끼를 낳을 수 있으며, 한 번에 여섯 마리 이상을 낳는다. 떡갈나무는 매년 수천 개의 열매를 맺고, 각 도토리는 새로운 나무로 자라난다. 파리는 매년 수백만 개의 알을 낳을 수 있다. 이 동식물의 자손이 모두 살아남고 후대에도 계속된다면 세상은 금세 고양이, 떡갈나무, 파리로 넘쳐날 것이다.

맬서스는 중도 탈락하는 개체가 너무 많기 때문에 여분의 자손이 꼭 필요하다고 생각했다. 자연은 가혹하고 냉정하다. 다윈은 맬서스의 책을 읽고 자신이 이미 왜 어떤 개체는 살아남고 어떤 개체는 도태되는지 알고 있다는 사실을 깨달았다. 그것으로 동식물이 오랜 기간에 걸쳐 매우 조금씩 변화하는 이유도 설명할 수 있었다. 살아남은 개체는 분명 형제자매보다 유리한 점이 있었을 것이고 '적자생존' 또는 다윈이 언급한 '자연선택'이 존재했을 것이다. 다윈은 모든 자손이 부모에게서 빨리 달리는 능력과 같이 어떤 형질을 물려받는다고 생각했다. 그리고 더 빨리 달릴 수 있거나 가시가 좀 더 많은 개체, 즉 가장 쓸 만한 형질을 물려받은 자손이 생존할 가능성이 높다. 따라서 그런 형질을 물려받지 못한 개체는 자신의 자손을 가질 만큼 오래 생존하지 못하기 때문에, 그러한 형질은 '선택'된다고 할 수 있다.

다윈은 자연이 매우 느리게 변화한다는 사실을 깨달았다. 그러나 인간이 그 과정을 주도하여 동식물에서 원하는 특성을 선택하면 훨씬 빠르게 변화할 수 있다고 주장했다. 다윈은 그 과정을 '인위선택'이라 불렀고, 인간은 수천 년 동안 그런 선택을 해왔다.

다윈은 비둘기를 키우면서 다른 비둘기 애호가들과 많은 편지를 주고받았다. 그리고 사육사들이 신중하게 특정 형질을 지닌 비둘기를 골라 교배했을 때 비둘기의 모습과 행동이 얼마나 빨리 변할 수 있는지 알게 되었다. 농부들도 소와 양, 돼지로 똑같은 일을 해왔다. 작물을 개량하거나 더 아름다운 꽃을 생산하려는 식물 육종가들도 마찬가지였다. 알다시피 목양견과 불도그는 굉장히 다르다. 육종가가 원하는 형질을 선택하면 동물의 다양성은 쉽게 만들어낼 수 있다.

다윈은 자연이 훨씬 느리게 움직이지만 시간이 충분히 주어지고 적절한 환경이 조성되면 정확히 똑같은 일이 발생한다는 사실을 알아차렸다. 갈라파고스 제도의 새와 거북을 보고 다윈이 깨달은 것은 자연선택이 작동하는 원리였다. 각각의 섬은 토양, 포식자, 먹이 공급 같은 지역적 조건이 조금씩 달랐다. 그래서 각 지역의 동식물은 서로 다른 환경에 적응했다. 다양한 종류의 핀치새 부리는 씨앗, 과일, 거북에 기생하는 진드기 등 먹이에 따라 '선택'되었다. 다윈이 알아낸 것처럼 모든 핀치새는 여전히 밀접하게 관련되어 있지만, 어떤 경우에는 다른 종이 생겨날 만큼 차이가 커지기도 했다. 오랜 시간에 걸쳐 고립된 환경에서는 상당한 변화가 일어나 새로운 종이 진화할 수 있었다.

다윈은 묵묵히 폭넓게 책을 읽고 많은 관찰 결과를 수집했다. 그리고 1838년에 자신의 이론을 간략히 정리했으며 1842년에는 그보다 긴 글을 썼다. 그러나 그 글을 발표하지는 않았다. 자신의 생각이 옳음을 확신하고 싶었기 때문이다. 다윈은 현존하는 세계에 대한 자신의 관점이 혁명적이기 때문에 그러한 설명에 설득력이 없다면 다른 과학자들이 자신을 강력히 비판할 것이라고 생각했다. 1844년, 에든버러의 출판업자이자 아마추어 박물학자인 로버트 체임버스는 익명으로 종의 변화에 대한 자신의 생각을 책으로 출판했다. 체임버스의 『창조의 자연사적 흔적Vestiges of the Natural History of Creation』은 큰 반향을 불러일으켰다. '변이'는 화제가 되었다. 체임버스는 현재 남아 있는 종이 과거에 존재한 종의 후손이라는 증거를 많이 수집했다. 체임버스의 주장은 다소 모호했으며 어떻게 그런 일이 발생했는지에 대한 실질적인 이론이 없었다. 오류 또한 많았다. 체임버스의 책은 아주 잘 팔렸지만, 다윈이 설득하고자 한 당대의 유명한 과학자들에게 맹렬히 공격받았다. 그래서 다윈은 기다렸다. 그렇게 비글호에서 얻은 자료를 연구하여 몇 권의 중요한 글을 완성했으며, 특이하지만 안전한 주제인 '따개비'를 파고들었다. 이 작은 바다 생물을 해부하고 연구하는 작업은 어려웠지만, 다윈은 현존하는 종과 과거 화석 종의 수가 많고 각기 다른 생활 방식에 적응한 동물군에 대한 귀중한 통찰을 얻을 수 있었다고 주장했다.

따개비 연구를 마친 다윈은 마침내 위대한 연구를 다시 시작했다. 1858년 다윈이 '자연선택'이라고 이름 붙인 두꺼운 책을 집필하고 있을 때 집배원이 불길한 소식을 전해왔다. 머나먼 아시아에서 짧은 논문에 대한 다윈의 의견을 묻는 서신이 도착한 것이었다. 그 논문에는 시간이 지나면서 어떻게 자연선택이 종의 변화로 이어지는지에 대한 간략한 설명이 담겨 있었다. 다윈은 탄식했다. 논문의 저자인 앨프리드 러셀 월리스(1823~1913)는 동일한 결론으로 향하는 다윈 자신의 느리고 고통스러운 여정을 요약하고 있었다.

종에 대한 다윈의 견해를 알고 있는 친구 찰스 라이엘과 조지프 후커는 다윈을 도와주었다. 이들은 런던의 린네학회에서 월리스와 다윈의 이론을 공동으로 발표하도록 주선했다. 하지만 아무도 학회의 발표에 주의를 기울이지 않았다. 그때 다윈은 몸이 좋지 않아 집에 있었고, 월리스는 1만 3,000킬로미터나 떨어져 있어서 상황을 파악할 수조차 없었다. 그러나 월리스의 편지 덕분에 다윈은 작업 중인 두꺼운 책 대신 자신의 생각을 요약하여 빨리 쓸 수 있게 되었다. 그 결과 『종의 기원』이 1859년 11월 24일에 출간되었다. 이 책은 1,250부가 인쇄되었고 하루 만에 모두 팔렸다.

이 책의 핵심은 두 가지의 주요 이론이었다. 첫째, 자연선택은 개체가 생존하고 번식하는 데 도움이 되는 유용한 형질을 선호한다. (인위선택은 인간이 원한다면 동식물의 형질을 어떻게 극적으로 바꿀 수 있는지, 그 결과 동식물이 얼마나 변할 수 있는지를 보여주었다.) 둘째, 자연선택은 자연에서 오랜 기간에 걸쳐 작용하여 새로운 종을 만들어낸다. 이 종은 시간이 지나면서 천천히 진화한다. 이 책의 나머지 부분에서는 두 이론이 자연 세계를 얼마나 잘 설명하는지를 훌륭하게 보여주었다. 다윈은 현존하는 종과 밀접한 조상에 해당하는 화석의 관계에 대해 설명했다. 또한 전 세계 동식물의 지리적 분포를 언급하면서 갈라파고스 제도처럼 지리적으로 고립된 환경에서 어떻게 종이 새롭게 나타날 수 있는지 설명했다. 그리고 일부 동물의 배아가 다른 동물의 배아와 놀라울 정도로 유사하다고 강조했다. 물리학에 뉴턴의 『프린키피아』가 있다면, 생물학에는 다윈의 『종의 기원』이 있었다. 이 책으로 자연계의 수많은 현상을 이해할 수 있었다.

다윈에게 가장 큰 문제는 유전이었다. 왜 자손은 부모와 비슷하면서도 조금씩 다르고 자손끼리도 다를까? 다윈은 이 문제를 풀기 위해 자료를 신중히 읽고 고민했다. 그러면서 몇 가지의 설명을 제시했지만, 유전을 제대로 이해하기는 어렵다는 사실을 깨닫고 인정했다. 또한 다윈에게 중요했던 것은 유전이 '어떻게' 일어나는지 설명하는 것이 아니라 유전이 '실제로 일어난다는 사실'이었다.

『종의 기원』은 논란을 불러일으켰다. 사람들은 이 책에 대한 글을 쓰고 논쟁했다. 지지하는 사람도 있고 비판하는 사람도 있었다. 다윈은 계속 연구하면서 세상을 떠나기 전까지 여섯 권의 판본을 출간했다. 어느 정도는 비판에 대응하기 위해서였고, 자신의 이론이 계속 발전했기 때문이기도 했다. 다윈은 『종의 기원』을 최신 내용으로 수정 보완하면서 곤충이 꽃을 수분시키는 아름다운 난초, 곤충을 잡아서 소화하는 식물, 벽에 달라붙어 자라는 덩굴식물, 그리고 미물인 지렁이까지 자신의 흥미를 끄는 동식물에 대해 놀라울 만큼 많은 책을 집필했다. 다윈이 '호기심이 넘쳐나는 사람'이라고 불린 것도 당연하다. 어떤 것도 다윈의 눈을 피해 갈 수 없는 것 같았다.

다윈은 인류의 생물학적 역사에서도 자신의 이론이 적용될 수 있다고 생각했지만, 『종의 기원』에서는 인간의 진화를 전혀 다루지 않았다. 『종의 기원』 초판본을 읽은 독자들은 다윈이 인류의 진화를 믿은 사실을 확실히 알 수 있었지만, 다윈은 10년 이상이 지난 후에야 『인간의 유래The Descent of Man』(1871년)에서 공개적으로 발표했다.

다윈은 생물학적 진화를 타당한 과학 이론으로 만들었다. 일부 과학자들은 확신하지 못했지만 대부분은 수긍했으며 생물학적 진화가 어떻게, 왜 발생했는지에 대한 자신만의 이론을 내놓기도 했다. 다윈이 쓴 위대한 저서의 세부적인 내용 중 상당수는 이후의 과학 연구에서 수정되었다. 완벽하지는 않았던 것이다. 하지만 완벽할 필요는 없었다. 과학은 그런 것이다. 다운 하우스의 서재와 정원에서 다윈은 우리가 절대 다시는 이전과 같은 방식으로 지구상의 생명체를 바라보지 못할 것이라고 확신했다. 우리 행성의 진화 역사는 그야말로 지구상에서 가장 위대한 쇼나 다름없었다.

CHAPTER 26

생명이 담긴 작은 상자

세상에는 우리가 보거나 들을 수 없는 것들이 존재한다. 우리의 시야 밖에 수많은 별이 있고 원자도 보이지 않으며, 심지어 빗물 웅덩이에 우글거리는 작은 생물도 보이지 않는다. 새나 쥐가 들을 수 있는 소리를 들을 수 없는 경우도 많다. 그래도 우리는 질문을 하거나, 눈과 귀를 사용하는 것보다 훨씬 더 잘 보고 듣게 해주는 기기를 활용하여 감각하지 못하는 세계를 이해할 수 있다. 망원경이 멀리까지 우주를 보게 해주는 것처럼 현미경은 생물의 미세한 구성 요소를 보게 해준다.

17세기에 미생물학의 선구자 안토니 판 레이우엔훅은 소형 현미경으로 혈구와 파리 다리의 털을 관찰했다. 그로부터 100년 후, 박물학자들은 더욱 발전한 현미경으로 인체의 세부 구조와 아주 작은 생물을 조사할 수 있었다. '복합' 현미경은 단순한 현미경보다 사물을 더 크게 보여주었다. 복합 현미경은 렌즈가 두 개였고, 두 번째 렌즈가 첫 번째 이미지를 확대하여 배율을 더 높일 수 있었다. 그러나 현미경을 완전히 신뢰하지 못하는 사람도 많았다. 초기의 복합 현미경에서는 이상한 색이나 선이 갑자기 나타나는 등 다양한 종류의 왜곡이나 착시 현상이 일어났다. 게다가 조사하려는 물질을 얇게 자르는 기술이나 슬라이드(얇은 유리판)에 조각을 고정하는 기술이 그리 발달하지 않았다. 결과적으로 많은 과학자들은 현미경 사용에 대해 회의적인 태도를 취했다.

그러나 의사와 생물학자들은 인체가 어떻게 작동하는지 가능한 한 상세하게 이해하고 싶어 했다. 프랑스의 그자비에 비샤(1771~1802)는 인체를 구성하는 다양한 물질, 즉 뼈처럼 딱딱할 수도 있고 지방처럼 부드러울 수도 있으며 혈액처럼 액체일 수도 있는 '조직'이라는 물질을 조사하기 시작했다. 비샤는 같은 종류의 조직이라면 인체의 어느 부위에 있든 비슷한 역할을 한다는 사실을 깨달았다. 따라서 모든 근육은 다리, 팔, 손, 발 등 어느 부위에서 수축하든 상관없이 같은 종류의 조직으로 구성된다. 모든 힘줄(근육과 뼈를 연결하는 부분)이나 심장을 둘러싼 막처럼 장액성 조직이라고 불리는 얇은 막은 모든 신체부위에서 유사했다. 세포와 조직에 관한 연구는 '조직학'이라고 불리며 비샤는 '조직학의 아버지'로 여겨진다. 그러나 비샤는 현미경에 의구심을 품었기 때문에 단순한 확대경만 활용했다.

비샤의 연구는 다른 이들에게 동식물을 더 작은 기본 구성 요소의 관점에서 이해하도록 영감을 주었다. 1800년대 초기 수십 년 사이에 동식물의 기본적인 구성 요소가 무엇인지에 대한 몇 가지의 이론이 등장하여 대립하고 있었다. 복합 현미경의 기술적 문제는 1820년대 후반부터 프랑스와 영국에서 해결되기 시작했다. 그때부터 사람들은 현미경으로 보고 있는 것이 실제 물질의 정확한 모습임을 확신할 수 있었다.

1830년대에 새로운 현미경이 등장하자 두 명의 독일 과학자는 생명의 중요한 구성 요소가 세포이며 모든 동식물이 세포로 구성되어 있다고 주장할 수 있었다. 그중 한 명은 슐라이덴이라는 식물학자였고, 다른 한 명은 테오도어 슈반(1810~1882)이라는 의사였다. 슈반은 세포의 작동 방식과 생성 과정을 탐구했다. 동식물의 세포에서는 운동, 소화, 호흡, 감각 같은 활동을 한다. 세포는 여럿이 함께 활동하며 동식물이 제대로 기능하고 살아가는 방식을 이해할 수 있는 열쇠이다.

손가락이 베이는 등 상처를 입으면 치유하기 위해 더 많은 피부조직이 자랄 것이다. 하지만 조직이 세포로 이루어졌다면 새로운 세포는 어떻게 생겨날까? 슈반은 화학에 무척 관심이 많았으며 특정 용액에서 결정이 성장하는 것처럼 새로운 세포도 특수한 액체에서 결정을 이룬다고 주장했다. 그는 배아가 알이나 자궁에서 어떻게 발달하는지도 설명하려 했다. 또한 피부가 긁히거나 멍이 들었을 때 나타나는 세포가 어디에서 생성되는지 궁금해했다. 의사로서 슈반은 상처 주변이 붉게 변하며 고름 세포로 가득 차는 현상을 볼 수 있었다. 그는 이 고름 세포가 부기처럼 보이는 물과 같은 액체에서 결정을 이룬다고 생각했다. 이는 화학과 생물학을 결합한 매력적인 이론이었지만, 너무 단순하다는 사실이 금세 드러났다.

현미경이 발전하면서 점점 더 많은 과학자들이 세포에서 무슨 일이 일어나는지 관찰하기 시작했다. 그들 중 주목할 만한 인물로 루돌프 피르호(1821~1902)가 있었다. 여러 방면에 관심이 많았던 피르호는 병리학자였지만 공중보건, 정치, 인류학, 고고학 분야에서도 활동했다. (기원전 800년경 호메로스가 책에서 언급한 도시 트로이의 발굴을 돕기도 했다.) 1850년대에 이르러 그는 세포 이론이 의학이나 병리학으로 알려진 질병 연구에 어떤 의미가 있는지 고민하기 시작했다. 슈반처럼 피르호도 세포를 생체의 기본 단위로 보았다. 보건과 질병의 측면에서 세포가 어떤 기능을 하는지 이해하면 과학에 기반을 둔 새로운 의학의 실마리를 얻을 수 있을 것이라고 여겼다. 피르호는 자신의 생각을 『세포병리학Cellular Pathology』(1858년)이라는 매우 중요한 책에 기술했다. 그는 의사가 환자에게서 발견하거나 시신을 연구할 때 부검실에서 확인할 수 있는 질병이 항상 세포 내에서 벌어진 사건의 결과임을 보여주었다. 그러한 질병에는 피르호가 특히 관심을 가졌던 암의 성장이라든가 고름과 부기를 동반한 염증, 심장병 등이 있었다. 피르호는 병리학 수업에서 항상 학생들에게 '현미경으로 보는 법을 배우라'고 가르쳤다. 세포 수준까지 들여다보라는 것이었다.

피르호는 자신의 현미경 관찰 기술에 '모든 세포는 세포에서 나온다'는 생물학적 진리에 대한 심오한 진술을 결합했다. 바로 이 지점에서 그는 슈반을 앞서갔다. 피르호는 피부가 찢어진 후 심하게 부풀어 오른 부위에 있는 고름 세포가 다른 세포에서 나왔다고 생각했다. 그런 세포는 체액에서 결정화한 것이 아니었다. 이는 암이 다른 세포, 이 경우에는 정상적으로 작동하지 않아 분열하면 안 되는 상황에서 분열하는 세포에서 성장한다는 사실을 의미했다. 우리가 현미경으로 관찰할 수 있는 모든 세포는 '모세포'라고 불리는 기존 세포가 두 개의 '딸세포'로 분열하여 형성되었다. 실제로 생물학자들이 점점 더 많이 관찰하게 되면서 세포분열 과정을 목격하기도 했다. 그리고 세포가 둘로 분열할 때 세포 내부가 변화하는 모습을 확인했다. 무언가 특별한 일이 일어나는 것이었다.

세포가 단순히 한 종류의 물질로 가득 차 있는 주머니가 아니라는 사실은 이미 알려져 있었다. 1830년대에 영국의 식물학자 로버트 브라운(1773~1858)은 모든 세포의 중심에 주변 물질보다 더 어두운 '핵nucleus'이 있다고 주장했다. 브라운은 수많은 세포를 현미경으로 관찰했고, 모든 세포에는 핵이 있는 것처럼 보였다. 핵은 곧 세포의 일부로 받아들여졌다. 그리고 세포벽에 둘러싸인 다른 모든 물질은 '원형질protoplasm'로 알려지게 되었다. 이 단어는 말 그대로 '최초의 틀'이라는 의미였다. 당시 원형질은 동식물에게 생명을 부여하는 역할을 하는 세포 내의 살아 있는 물질로 여겨졌다. 시간이 지나면서 핵 이외의 다른 구조들이 발견되었고 각각의 이름이 붙었다.

과학자들은 핵을 비롯해 세포의 다른 부분을 발견했다는 사실을 빠르게 받아들였다. 그러나 썩은 고기나 고여 있는 물에서 작지만 살아 있는 생물이 생겨나는 것처럼 보인다는 '자연발생설spontaneous generation'에 대한 해묵은 논쟁은 별개의 문제였다. 사람들은 아무것도 덮지 않고 식탁에 고기 조각을 방치하면 며칠 안에 구더기가 생긴다는 사실을 알고 있었다. 당시에는 파리가 낳은 알에서 구더기가 부화한다는 것을 알지 못했다. 그렇다면 구더기가 어디에서 왔는지 어떻게 설명할 수 있겠는가? 연못의 물 한 방울을 현미경으로 관찰하면 작은 생물이 우글거리는 모습을 볼 수 있다. 그것들은 어디에서 왔을까?

19세기 과학자들에게 가장 쉬운 설명은 이 생물들이 영양분이 공급되는 환경에서 일종의 화학적 과정으로 만들어졌다는 해석이었다. 당시에는 그것이 일반적인 견해였으며 이치에 맞는 것 같았다. 고깃덩이를 놓아둘 때 구더기가 없었으니, 고기가 썩어가면서 역겨운 생물이 생겨났다는 가정보다 더 나은 설명이 있겠는가? 코끼리나 떡갈나무 같은 복잡한 생물이 자연 발생한다고 생각하는 사람은 거의 없었지만, 단순한 형태의 생물은 주어진 환경에서 어떻게든 생겨났다는 점 외에는 뚜렷한 설명 없이 갑자기 튀어나오는 것처럼 보였다. 살아 있는 세포가 특수한 체액에서 결정화한다는 슈반의 이론조차도 무생물에서 살아 있는 세포가 나온다는 일종의 자연발생설이었다.

1600년대와 1700년대의 박물학자들은 자연 발생이 일어나지 않는다는 사실을 증명했다고 여겼지만, 문제가 완전히 해결된

건 아니었다. 1850년대 후반부터 두 프랑스 과학자가 열띤 토론을 벌이기 시작했다. 승자는 마침내 자연 발생이 없음을 과학계에 보여주었다. 그러나 이야기는 단순하게 끝나지 않는다. 옳은 주장이었지만, 이 승자가 정정당당히 토론에 임하지 않았기 때문이다.

그 둘 중 한 명은 화학자 루이 파스퇴르(1822~1895)였다. 1850년대에 그는 살아 있는 세포가 아주 특별한 일을 할 것이라고 짐작했다. 그는 다양한 화합물의 화학적 특성을 조사하는 데 능했다. 포도에 효모를 섞어 와인을 만들거나 밀가루 반죽에 효모를 넣어 빵을 부풀게 하는 발효 과정도 잘 알고 있었다. 파스퇴르 이전에 발효는 효모가 반응 속도만 높이고 반응 중에 변하지 않는 촉매 역할을 하는 특별한 종류의 화학적 반응으로 여겨졌다. 하지만 파스퇴르는 발효가 포도와 밀가루 반죽의 당분을 먹고 살아가는 효모 때문에 일어나는 생물학적 과정임을 보여주었다. 효모의 세포는 더 많은 세포를 만들어내기 위해 분열하고 그 과정에서 벌어지는 생활 반응으로 포도주에서 알코올이 생성되거나 빵이 더 가볍고 부드러워졌다. 물론 이러한 과정은 열을 가해 적절한 시간에 중단해야 했다. 효모가 계속 살아 있으면 포도주는 식초로 변하고 부풀었던 빵 반죽은 다시 가라앉고 만다. 발효 과정에서 이러한 일이 일어난다면, 파스퇴르는 자연 발생과 같은 화학적 반응에도 다른 미생물이 관여할 수 있다는 의심을 품었다. 그래서 자연발생설을 지지하는 다른 프랑스 학자 펠릭스 푸셰(1800~1872)와 공개 경쟁하기로 마음먹었다.

여러 실험에서 파스퇴르는 짚과 물의 혼합물을 가열하여 무균 상태로 만들었다. 그런 다음 공기와 그 안에 떠다니는 먼지 입자에 노출시켰고, 며칠 후 그 액체를 검사하면 보통 미생물로 가득 차 있었다. 파스퇴르는 공기에서 먼지 입자를 제거하면 용액이 여전히 무균 상태임을 보여주었다. 미생물이 공기 자체가 아니라 먼지 입자에서 비롯된다는 사실을 보여주기 위해 그는 순수한 공기만 들어올 수 있는, 백조처럼 목이 구부러진 특수 플라스크를 고안했다. 그런데 푸셰가 유사한 실험을 했을 때는 며칠 뒤 플라스크에서 미생물이 발견되었다. 푸셰는 그것을 자연 발생이 일어나는 증거로 해석했다. 파스퇴르는 푸셰의 실험 결과가 그렇게 나온 것은 플라스크가 깨끗하지 않았기 때문이며, 푸셰가 언제나 일을 대충 처리한다고 생각했다. 이 논쟁에서 파스퇴르는 결국 승리했는데, 자신의 실험에서 원하는 결과가 나오지 않고 그 결과가 때로는 푸셰의 이론을 뒷받침하는 것처럼 보이더라도 조용히 무시한 결과였다! 파스퇴르가 승리한 이유는 그가 자기 확신이 강한 과학자였기 때문이기도 했지만, '모든 세포는 세포에서 나온다'는 피르호의 중요한 발언이 지지를 얻고 있었기 때문이기도 했다. 사람들은 파스퇴르의 이론이 과거의 낡은 사고방식에서 벗어나 큰 발전을 이루었기 때문에 파스퇴르를 믿고 싶어 했고, 이는 과학적으로도 매우 중요했다.

현미경은 의학과 생물학 연구에 큰 발전을 가져왔다. 현미경뿐만 아니라 렌즈 아래에 놓고 검사할 표본을 준비하는 도구도 크게 개선되었다. 염료처럼 작용하는 특수 화학물질인 착색제는 그냥 지나칠 수도 있는 세포 구조의 특징적인 부분에 색을 입혀 강조할 수 있기 때문에 특히 중요했다. 염색된 핵에는 '염색체chromosomes'라는 이름이 붙은, 어둡게 염색된 여러 가닥이 보였다. (그리스어로 'chromo'는 '색'을 의미한다.) 세포분열 중에는 염색체가 부풀어 오르는 모습을 실제로 볼 수 있었다. 이러한 발견이나 과학자들이 확인한 세포의 다른 부분은 20세기가 되어서야 주목받기 시작했다. 그러나 19세기에 의사와 생물학자들은 끊임없이 연구에 몰두했다. 무엇보다도 동식물이 건강하거나 질병에 걸렸을 때 전체적으로 어떻게 기능하는지 이해하려면 동식물을 구성하는 세포에서부터 시작해야 한다는 사실을 보여주었다. 한 종류의 세포로 이루어진 '박테리아'라고 불리는 단세포 유기체는 질병을 이해하는 데 특히 중요한 의미를 지녔다. 루이 파스퇴르의 영향력은 지금까지도 건재하다. 바로 세균과 질병 사이의 연결고리나 우리 일상생활의 여러 측면에서 미생물이 어떤 역할을 하는지 이해하는 데 핵심적인 역할을 했기 때문이다.

CHAPTER 27

기침과 재채기, 그리고 질병

콧물이 흐르고 기침을 하거나 배탈이 나면 우리는 종종 '벌레나 바이러스에 감염되었다'고 말하는데, 그것은 일종의 세균을 의미한다. 무언가에 '감염된다'는 개념은 이제 너무나 자연스러워서 누군가가 질병이 세균 때문에 생길 수 있다는 이론을 처음 내놓았을 때 얼마나 놀라운 일이었는지 상상하기 어렵다. 수 세기 전에 의사들은 사람들이 겪는 질병이 체액의 내부에서 일어나는 변화 때문이라고 설명했다. 아주 최근에 이르러 의사들은 나쁜 체질('나쁜 유전자bad genes'라고 불린다)이나 과식, 과음, 밤샘 등과 나쁜 습관 때문에 질병에 걸릴 수 있다는 사실을 알게 되었다. 아무도 외부의 살아 있는 유기체가 질병을 일으킬 수 있다고 생각하지 않았다. 그것은 새로운 생각이었고, 질병 자체가 실제로 무엇을 의미하는지 재고하는 계기가 되었다.

고대의 의사들도 분명 질병의 '씨앗'을 이야기했다. '바이러스'라는 단어도 자주 사용되었지만, 당시에는 단순히 '독'을 의미했다. 우연히든 고의든 독 때문에 죽는 경우는 그리 새로운 일이 아니었다. 세균 이론에서 새로운 점은 외부 원인이 아주 작은 생물, 즉 미생물이라는 것이었다. 그 결과 전투에서나 쓰일 법한 용어가 사용되기 시작되었다. 신체는 세균을 '방어'하고 감염과 '맞서 싸운다'. 세균 이론은 의학의 위대한 전환점이었다.

지난 장에서 살펴본 루이 파스퇴르는 세균 이론에서 가장 중요한 인물이었다. 그는 점점 세균에 깊이 빠져들었다. 파스퇴르는 맥주 양조, 포도주 발효, 빵 굽기 등 일상에서 미생물이 어떤 역할을 하는지 부지런히 조사했다. 우유를 비롯한 유제품에서 쓰이는 '파스퇴르 살균법pasteurisation'이라 불리는 저온살균법은 파스퇴르의 연구에 바탕을 두었다. 여러분의 냉장고를 열어보면 그의 이름을 쉽게 발견할 수 있을 것이다. 저온 살균된 우유는 적절한 온도로 가열되어 그 안의 '세균'이 박멸된다. 그래서 오래 보관할 수 있고 마시기에도 더 안전하다.

그런데 박테리아, 효모, 곰팡이를 비롯한 미생물이 인간이나 동물을 질병에 걸리게 할 수 있다는 사실을 보여주려면 넘어야 할 산이 있었다. 현미경으로 미생물을 관찰하는 것과 미생물이 질병을 일으킬 수 있다는 사실을 보여주는 것은 별개의 문제였다. 현재 전염병이라고 불리는 질병은 항상 사람을 사망케 했다. 림프절 페스트, 즉 흑사병은 고열과 함께 신체에 '가래톳'이라고 알려진 매우 고통스러운 부종을 동반했다. 흑사병은 1340년대 이후로 300년 넘게 반복적으로 영국의 마을과 도시를 휩쓸었다. 이 전염병은 곰쥐에 기생하는 벼룩이 퍼뜨렸지만, 그 쥐들이 전염병으로 죽자 인간에게로 옮겨갔다. 피부 발진과 고열을 동반한 천연두, 발진티푸스, 성홍열도 엄청난 죽음을 불러왔다. 부모가 여덟 명 이상의 자녀를 낳아도 어린 시절에 모두 질병으로 잃는 경우가 많았다.

의사들은 이러한 질병을 연구할 때 두 가지 방법 중 하나로 설명했다. 일부는 지역사회 전체에 퍼지는 질병에 '접촉 전염성'이 있다고 생각했다. 즉 건강한 사람이 병든 사람과 직접 접촉하거나 그 사람의 옷이나 이불을 만지는 등 접촉을 통해 질병이 전파된다는 뜻이었다. 천연두에 걸리지 않은 사람이 친구나 친척을 간호하면서 걸리는 경우가 많았기 때문에 끔찍한 발진이 돋는 천연두도 접촉성 전염병인 것처럼 보였다.

어떤 질병은 확산하는 이유를 전염성으로 설명하기가 훨씬 어려웠다. 의사들은 그러한 질병이 '미아즈마miasma'에서 비롯된다는 이론을 내세웠다. 미아즈마란 더럽거나 건강에 해로운 냄새 또는 수증기를 의미한다. 의사들은 미아즈마로 인한 질병이 썩어가는 초목이나 하수의 악취, 병실의 냄새 같은 공기의 해로운 흐름 때문에 발생한다고 생각했다. 1800년대에 콜레라는 가장 두려운 전염병이었다. 원래 인도에서 흔한 질병이었지만, 1820년대에 들어서자 전 세계로 퍼지기 시작했다. 인도에서 영국으로 퍼지기까지 6년이 걸렸으며, 영국에서는 콜레라가 새로운 질병인데다 굉장히 끔찍한 경험이었기 때문에 공포를 불러일으켰다. 콜레라는 심한 설사와 구토를 동반했고, 환자들은 안타깝게도 수분이 모조리 빠져나가 고통스러워하며 비참한 죽음을 맞이했다. 콜레라에 걸리면 보통 하루 만에 사망했다.

오늘날에는 해외여행이 늘어나면서 질병이 매우 빠르게 퍼지지만, 당시에는 그렇지 않았다. 유럽의 의사와 관료들은 콜레라가 아시아와 동유럽으로 천천히 퍼지는 상황을 지켜보면서 이 질병이 사람 간에 옮기는 접촉성 전염병인지, 미아즈마로 인한 전염병인지 판단할 수 없었다. 많은 사람들은 모두가 호흡하기 위해 공유하는 공기를 통해 질병이 퍼질까 우려했다.

관료들이 어떤 이론을 믿느냐에 따라 질병에 대처하는 방식이 달라졌다. 접촉이 원인이라면 환자를 격리하는 것이 최선책이었다. 미아즈마가 원인이라면 청소를 하거나 공기의 질을 개선해야 했다. 1831년 말, 콜레라가 영국에 처음 발생했을 때 가장 격렬한 논쟁이 벌어졌다. 공황 상태에서 여러 의학적 소견이 등장했지만, 격리 조치는 별 소용이 없어 보였다. 1848년과 1854년에 질병이 다시 창궐하자 런던의 의사 존 스노(1813~1858)는 상황을 정확히 파악했다. 지역민과 이야기하고 주변의 개별 사례를 신중히 살펴보면서 콜레라가 런던 중심부 소호에 있는 공공 펌프의 물 때문에 퍼지고 있다고 확신했다. 스노는 물이 콜레라 환자의 대변과 토사물로 오염되었다고 생각하여 표본을 채취해 현미경으로 확인했다. 구체적인 원인을 밝힐 수는 없었지만, 스노의 연구는 깨끗한 물이 공중보건에 필수적이라는 사실을 강조했다.

스노의 연구에서는 콜레라의 전파 방식을 알 수 있었지만 콜레라의 원인을 파악하는 데는 실험실, 특히 루이 파스퇴르의 실험실이 중요한 역할을 했다. 파스퇴르가 미생물 연구를 계속하자 프랑스 정부는 그에게 프랑스의 견직물 산업을 무너뜨리는 누에병을 조사해달라고 요청했다. 파스퇴르는 순순히 가족과 함께 견직물 생산지인 프랑스 남부로 이사했다. 그는 문제의 원인을 파악하기 위해 아내와 아이들까지 동원했다. 그 결과 미생물이 누에 유충을 감염시켰다는 사실이 밝혀졌다. 파스퇴르는 감염을 막는 방법을 알아내어 위기에 빠진 견직물 산업을 구해냈다.

이러한 경험을 바탕으로 파스퇴르는 질병을 탐구하기 시작했다. 그는 미생물이 인간이나 동물의 질병 중 상당수를 유발한다는 자신의 믿음을 증명하고 싶었다. 파스퇴르는 인간에게 전염되기도 하는 농장 동물의 탄저병부터 살펴보았다. 최근까지 이 질병은 거의 잊혔지만, 이제는 테러리스트들이 위협하는 데 사용하고 있다. 탄저병은 피부에 끔찍한 염증을 일으키고 혈류로 퍼지면 환자를 사망케 한다. 이 질병은 크기가 큰 박테리아 때문에 발생하여 비교적 쉽게 발견할 수 있다. 탄저병은 파스퇴르가 백신을 만들어 최초로 예방할 수 있었던 인간의 질병이 되었다.

1796년으로 다시 돌아가면, 영국의 시골 의사 에드워드 제너(1749~1823)는 천연두와 비슷하지만 증상이 훨씬 더 가벼운 우두를 한 소년에게 주입하여 천연두 예방법을 찾아냈다. 우두는 소젖을 짜는 여성들이 종종 걸리는 질병이었는데, 그들이 더 위험한 천연두에는 걸리지 않는 현상이 관찰되었다. 제너는 자신이 개발한 이 새로운 절차를, 소를 의미하는 라틴어 'vacca'에서 따와 '백신 접종vaccination'이라고 불렀으며, 이후 여러 국가에서 백신 접종이 시작되었다. 덕분에 심각한 질병이 훨씬 덜 퍼지게 되었다.

파스퇴르는 탄저병에도 유사한 방법을 사용하고 싶었지만, 밀접하게 연관된 질병을 찾을 수가 없었다. 대신 온도 같은 생존 조건을 바꾸거나 탄저균의 먹이에 변화를 주고 공기에 노출하여 탄저균을 약화시키는 방법을 알아냈다. 사람과 마찬가지로 박테리아도 번성하려면 적절한 조건이 필요하다. 파스퇴르는 탄저균이 질병을 유발할 가능성을 훨씬 낮추는 데 성공했고, 제너에게 경의를 표하며 이 약화된 균을 '백신vaccine'이라고 불렀다. 그런 다음 신문 기자들을 초대해 실험 과정을 보여주었다. 일부 양과 소에게 백신을 주사한 뒤 탄저균에 노출하고, 다른 양과 소에게는 탄저균에만 노출했다. 실험은 대성공이었다. 탄저균에 노출했을 때 백신을 접종한 동물은 별다른 영향이 없었지만, 백신을 접종하지 않은 동물은 병에 걸려 죽었다. 파스퇴르는 세계가 의학의 힘에 주목하게 했다.

탄저병이 지나가자 광견병이 등장했다. 광견병은 일반적으로 감염된 동물에게 물려서 발생하는 무서운 질병이다. 치명적인 경우도 있으며 어린아이를 포함한 환자들은 입에 거품을 물고 물조차 마실 수 없다. 파스퇴르와 광견병 이야기에서 놀라운 점은 파스퇴르가 자신이 무엇을 다루는지 볼 수조차 없었다는 것이다. 광견병을 일으키는 바이러스는 너무 작아서 파스퇴르 시대에 사용한 현미경으로는 초점을 맞출 수 없었다. 그러나 파스퇴르는 환자들의 증상을 살펴보며 무엇이 광견병을 유발하든 신경계의 중심인 뇌와 척수를 공격한다는 사실을 알게 되었다. 그래서 그는 토끼의 척수에서 인공적으로 바이러스를 '배양(증식)'했다. 파스퇴르는 배양 조건에 따라 바이러스를 많거나 적게 조절할 수 있었고, 덜 위험하게 만들 수도 있었다. 그런 다음 약한 바이러스를 사용해 백신을 제조했다. 이 백신을 처음으로 인간에게 적용한 사례는 극적인 성공을 거두었으며, 파스퇴르는 세계적인 명성을 얻었다. 조제프 메스테르는 광견병에 걸린 개에게 물린 어린 소년이었다. 절박했던 그의 부모는 메스테르를 파스퇴르에게 데려갔고 생명을 구하기 위해 여러 주사를 놓는 데 동의했다. 파스퇴르는 화학자였기 때문에 실제로는 의사가 주사해야 했지만, 백신 접종은 아주 성공적이었다. 어린 메스테르는 살아났고 평생을 파스퇴르 밑에서 일했다. 광견병에 걸린 동물에게 물린 사람들은 이 새로운 기적의 치료를 받기 위해 서둘러 파리로 향했다. 치료가 성공적으로 이루어지면서 국제적인 반향을 불러일으켰고, 사람들은 파스퇴르 연구소를 설립할 수 있도록 돈을 기부했다. 파스퇴르는 세상을 떠나기 전까지 그곳에서 일했으며, 연구소는 100년이 지난 지금도 건재하다.

파스퇴르는 뛰어난 성공을 거둔 면에서나 미생물을 배양하고 연구하는 방식 면에서나 항상 비범한 행보를 보였다. 다른 과학자들은 파스퇴르의 방식이 세련되지 못하고 어렵다고 생각했다. 과학자들이 지금까지도 박테리아를 연구하기 위해 사용하는 실험 도구 중 상당수는 파스퇴르의 경쟁자였던 독일 학자 로베르트 코흐(1843~1910)가 개발했다. 파스퇴르와 달리 코흐는 환자를 치료하면서 연구를 시작한 의사였다. 코흐 역시 관찰하기 쉬운 박테리아인 탄저병을 연구했다. 특히 탄저균이 동물에서 인간으로 전파되는 방식을 연구했으며, 탄저균이 복잡한 생활주기를 따른다는 사실을 알아냈다. 탄저균은 종종 '포자 단계'로 알려진 일종의 동면 상태에 들어간다. 이 포자는 죽이기가 매우 어렵고 인간과 동물을 감염시켜 여러 방식으로 질병을 일으킬 수 있다. 박테리아는 세포 하나로만 구성되어 있지만 매우 복잡한 유기체라는 사실이 밝혀졌다.

코흐는 질병을 유발하는 박테리아의 시각 자료를 만들기 위해 처음으로 사진술을 활용했다. 그는 한천agar-agar이라고 불리는 젤리 같은 형태의 고체 물질에서 박테리아를 배양했다. 이런 방식을 활용하면 개별 '콜로니colony(박테리아 군집)'를 구분하여 연구할 수 있었다. 이는 파스퇴르의 플라스크와 액체보다 훨씬 더 깔끔했다. 코흐의 조수 중 한 명이었던 페트리는 한천을 담아 박테리아를 배양하는 데 사용하는 작은 접시를 발명했다. 또한 코흐는 여러 박테리아를 잘 구분할 수 있도록 색을 입히는 착색제를 활용했다. 이러한 발전은 세균학의 판도를 바꿔놓았고, 덕분에 전 세계의 의사와 과학자 집단은 이 작은 유기체를 이해할 수 있었다.

코흐는 '미생물 사냥꾼'이었다. 그는 19세기에 널리 유행한 질병 두 가지를 일으킨 세균을 찾아냈다. 먼저 1882년에 결핵을 유발하는 결핵균을 발견했다고 발표했다. 결핵은 19세기에 가장 많은 희생자를 낸 질병이었지만, 의사들은 결핵의 원인을 유전이나 건강을 해치는 생활 방식에서 찾았다. 코흐는 결핵이 환자가 퍼뜨리는 전염병이라는 사실을 밝혀냈다. 결핵은 확산과 감염이 느리고 환자가 사망에 이르기까지 오래 걸렸기 때문에 독감, 홍역, 발진티푸스, 콜레라 같은 전염병과 달랐다. 결핵은 보통 몇 년에 걸쳐 폐를 손상시킨다.

코흐가 두 번째로 발견한 세균은 아주 무서운 질병인 콜레라를 일으키는 박테리아였다. 1883년 이집트에서 콜레라가 발생하자 프랑스와 독일은 경쟁적으로 과학자를 보내 그 원인을 밝혀내려 했다. 이때 프랑스 학자 한 명이 콜레라에 걸려 사망했다. (파스퇴르도 가고 싶어 했지만 그러기엔 너무 노쇠했다.) 코흐를 비롯한 독일 학자들은 제대로 세균을 찾아냈다고 생각했지만 확신하지는 못했다. 그래서 코흐는 당시 콜레라가 만연한 인도로 떠났다. 그는 콜레라균을 찾아내고 결국 물 때문이라는 스노의 주장이 옳았음을 보여주었다. 코흐는 환자의 설사와 물을 긷는 우물에서 동시에 콜레라균을 발견했다. 이렇게 감염성 질병의 원인을 이해함으로써 질병을 더 잘 통제하고 지난 100년 사이에 수많은 생명을 구한 백신을 개발할 수 있었다.

1870년대 후반부터 질병을 일으키는 수많은 세균이 정확히 식별되었다(다만 상당수는 나중에 전혀 위험하지 않은 것으로 밝혀졌다). 당시는 새로운 변화가 활발한 시기로, 많은 의사들이 의학과 위생의 시대가 열렸다고 생각했다. 세균 연구에서는 물과 우유를 비롯해 우리가 먹고 마시는 모든 음식의 청결도가 중요하다는 사실을 보여주었다. 그때부터 의사들은 화장실에 다녀오면 손을 씻고 기침할 때 입을 가리라고 조언했다. 세균을 식별하고 나면 과학자들은 백신을 만들 수 있었고, 나중에는 약도 조제할 수 있었다. 그 결과 현대적인 수술까지 가능해졌다.

1860년대에 영국의 외과의사 조지프 리스터(1827~1912)는 파스퇴르의 세균 연구에서 영감을 받았다. 리스터는 소위 '무균antiseptic' 수술을 도입했다. 여러분도 구급상자에서 살균용 연고를 본 적이 있을 것이다. 리스터의 새로운 기술은 하수를 살균하는 데 사용된 페놀이라고도 알려진 석탄산과 관련되어 있었다. 리스터는 석탄산을 사용하여 수술 도구와 절개한 부위를 덮는 붕대를 세척했다. 나중에는 수술 중에 환자의 몸과 의사의 손에 석탄산을 분사하는 기구를 발명했다. 리스터가 자신의 환자와 이 방식을 따르지 않은 의사의 환자, 또는 자신이 새로운 방식을 사용하기 전에 치료한 환자를 비교했을 때, 새로운 방식을 적용한 환자의 수술 성공 확률이 더 높다는 사실을 확인했다. 생존 환자들에게는 수술 부위에서 시작하여 혈액에 퍼지는 감염이 없었다. 파스퇴르는 자연발생설을 반증하기 위한 실험에서 먼지 입자가 '세균'을 공기 중으로 운반한다는 사실을 증명해 보였다. 리스터는 매번 석탄산을 활용하여 그러한 세균을 박멸했다.

로베르트 코흐는 파스퇴르의 실험 도구를 발전시켰듯이 리스터의 무균 수술도 발전시켰다. 리스터의 목적은 상처에서 질병을 일으키는 세균을 죽이는 것이었다. 코흐의 무균 수술에서는 애초에 세균이 상처에 들어가는 것을 막으려 했다. 코흐는 매우 뜨거운 증기로 수술 도구를 살균하는 장치인 가압증기멸균기autoclave를 발명했다. 의사들은 무균 수술을 적용하면서 처음으로 안전하게 체강(흉부, 복부, 뇌)에 진입할 수 있었다. 그리고 수술복과 마스크, 고무장갑, 멸균 장비를 갖춘 현대적인 수술실이 점차 생겨나기 시작했다.

현대 위생과 더불어 마취가 없었다면 수술은 발전할 수 없었을 것이다. 이는 1840년대에 미국에서 도입되었다. 사람을 잠들게 한다고 알려진 에테르나 클로로포름 같은 화합물은 실험실에서 만들어진 화학물질이기 때문에, 마취는 의학 분야의 화학적 성취였다. (험프리 데이비의 아산화질소 또한 초창기의 마취제였다.) 수술 또는 출산으로 인한 고통이나 죽음을 막을 수 있다는 점은 기적이나 다름없었다. 영국에 마취법을 처음 도입한 의사 중 한 명은 콜레라로 유명해진 존 스노였다. 스노는 빅토리아 여왕이 마지막 자녀 둘을 분만할 때 마취제를 사용하면서 마취 경력의 절정에 달했다. 이미 마취 없이 일곱 번의 출산을 경험한 여왕은 통증 없는 분만에 무척 흡족해했다.

세균을 이해하게 되면서 첨단 수술이 가능해졌다. 또한 의사들은 인류 역사를 통틀어 많은 고통과 죽음을 불러온 전염병을 이해하게 되었다. 현재는 에드워드 제너가 개발한, 특정 질병에 걸리지 않도록 해주는 백신 접종에 과학적 근거가 생겼다. 이 주사는 맞을 때는 아프더라도 그만한 가치가 있다. 모두가 백신을 맞으면 많은 전염병이 정복되리라는 희망이 있기 때문이다. 우리는 파스퇴르와 코흐의 시대보다 세균에 대해 훨씬 더 많이 알고 있다. 그리고 제36장에서 살펴보겠지만, 박테리아와 바이러스,

기생충이 얼마나 약삭빠르게 환경에 잘 적응하는지 더 잘 알게 되었다. 이것들은 의사가 처방하는 약과 치료법에 적응하여 내성이 생길 수 있다. 다윈이 진화론에서 설명한 대로 세균들은 적응함으로써 살아남는다.

CHAPTER 28

엔진과 에너지

'저는 여기에서 세상 모두가 원하는 것을 팝니다. 바로 동력이죠.' 공학자인 매슈 볼턴(1728~1809)은 자신이 던진 말을 제대로 이해하고 있었다. 1770년대에 볼턴과 발명가 제임스 와트(1736~1819)를 비롯한 여러 야심가는 광업과 제조업에서 증기기관을 활용하고 있었다. 이들은 에너지, 즉 동력을 길들인 것처럼 보였다. 그 결과 공장 제도를 산업화하고 발전시킨 최초의 국가인 영국에서 산업혁명을 일으켰다. 산업혁명은 과학의 진보로 인해 추진되었고, 동력의 규모가 엄청나게 증가함으로써 상품을 빠른 속도로 생산하여 멀리까지 운송할 수 있게 되었다. 오늘날 에너지가 없는 세상은 상상할 수조차 없다. 이 모든 것은 증기에서 시작되었다.

증기기관 자체는 매우 간단하다. 이 원리는 냄비의 뚜껑을 덮고 물을 끓일 때마다 볼 수 있다. 증기의 힘은 뚜껑을 들어올려 증기를 배출하면서 덜거덕거리게 한다. 이제 냄비 대신 작은 구멍이 한쪽 끝에 있는 밀폐된 원통을 떠올려보자. 원통 안에는 움직일 수 있는 피스톤(구멍에 맞는 손잡이가 달린 원통에 딱 들어맞는 원반)이 맞물려 있다. 빠져나가려는 증기의 압력이 피스톤을 들어올리면서 피스톤에 연결된 모든 것, 예를 들어 기차 바퀴가 달린 막대 같은 부품을 움직이게 한다. 따라서 증기기관은 증기의 에너지를 운동, 즉 역학적 에너지로 변환한다. 이 엔진은 기계를 움직이거나 광산에서 많은 양의 물을 퍼내는 것과 같은 유용한 작업을 수행할 수 있다.

증기기관을 발명한 사람은 볼턴도, 와트도 아니었다. 증기기관은 이미 100년 넘게 존재해왔다. 그러나 초기 형태는 조잡하고 믿을 만하지 못한데다 비효율적이었다. 와트는 특히 증기기관을 개선하는 데 큰 역할을 했다. 와트의 증기기관은 영국의 산업화를 뒷받침한 동력을 제공했을 뿐만 아니라 과학자들이 자연의 기본 법칙을 연구하도록 이끌었다. 즉 과학자들은 라부아지에가 생각한 것처럼 열이 물질이 아니라 에너지의 한 형태라는 사실을 알게 되었다.

산업혁명 시대에 엔진을 연구한 학자들 중 유난히 눈에 띄는 사람이 있었다. 그는 바로 프랑스의 젊은 공학자 사디 카르노(1796~1832)였다. 당시 프랑스와 영국은 엄청난 경쟁 관계였다. 카르노는 영국이 증기기관을 제작하고 그 동력을 활용하는 데 앞서

나가고 있다는 사실을 알고 있었다. 그래서 프랑스가 따라잡기를 바랐고, 증기기관이 작동하는 모습을 지켜보면서 근본적인 과학 원리를 발견했다. 그는 증기기관의 '효율'에 관심을 가졌다.

증기기관이 완벽하게 효율적이라면 물을 끓이는 데 필요한 모든 에너지를 동력으로 사용하여 엔진을 구동할 것이다. 예를 들어 석탄이나 나무를 태워 증기를 생성할 때 발생하는 열의 양을 측정한 다음 동력이나 피스톤이 만들어낸 일의 양을 측정한다고 생각해보자. 엔진이 완벽하게 효율적이라면 이 둘은 정확히 같을 것이다. 하지만 안타깝게도 완벽하게 효율적인 엔진을 만드는 것은 불가능하다.

모든 엔진에는 작업을 마친 후 냉각된 증기와 물이 모이는 열 웅덩이heat sump 또는 '싱크sink'가 있다. 우리는 이곳으로 들어가는 증기의 온도와 순환이 끝날 때마다 남아 있는 증기(또는 물)의 온도를 측정할 수 있다. 싱크에서는 나올 때의 온도가 들어갈 때보다 항상 더 낮다. 카르노는 두 온도의 차이를 이용하여 엔진의 효율을 계산할 수 있다는 사실을 입증했다. 완벽한 효율을 '1'이라고 한다면, 실제 효율은 '1'에서 싱크의 온도(나올 때의 온도)를 원래 증기의 온도(들어갈 때의 온도)로 나눈 값을 뺀 것이다. 완벽한 효율인 '1'을 얻으려면 엔진이 증기에서 모든 열을 추출하는 방법밖에 없다. 그러면 나올 때와 들어갈 때 측정한 온도의 비율은 '0'이 되어 효율은 '1-0=1'이 될 것이다. 그러려면 측정한 온도 중 하나가 '0'이거나 무한대여야 한다. 즉 무한히 뜨거운 증기가 들어가거나 싱크로 나오는 온도가 '절대 영도'(이론적으로 가능한 최저 온도로, 뒤에서 살펴보겠다)여야 한다. 두 경우 모두 불가능하기 때문에 효율은 '1'이 될 수 없다.

엔진의 효율을 측정하기 위한 카르노의 단순한 방정식은 심오한 자연법칙을 간략히 보여주기도 한다. 이 방정식은 '영구 운동perpetual motion'이 공상과학소설에는 등장해도 현실 세계에서는 절대 존재할 수 없는 이유를 설명해준다. 우리는 언제나 에너지를 생산하기 위해 에너지를 소모해야 한다. 예를 들어 물을 끓이려면 석탄 같은 연료를 태워야 한다. 1840년대와 1850년대의 다른 과학자들도 이러한 자연의 기본적인 원리를 연구하고 있었다. 그중에서 독일의 물리학자 루돌프 클라우지우스(1822~1888)는 철저히 통제된 실험 환경에서 열이 어떻게 흐르는지 관찰하면서 평생을 보냈다. 이를 위해 클라우지우스는 물리학에 '엔트로피entropy'라는 새로운 개념을 도입했다. 엔트로피는 시스템 내의 물질이 얼마나 혼합되어 있는지(무질서한지) 측정한 값이다. 혼합된 물질을 분리하는 것보다 혼합하는 것이 훨씬 쉽다. 흰색과 검은색 물감을 섞으면 회색 물감을 얻게 된다. 이렇게 혼합하기는 쉽지만, 회색 물감을 다시 분리하여 순수한 검은색과 흰색 물감을 얻는 것은 불가능하다. 차에 우유와 설탕을 넣고 섞었을 경우, 애를 쓰면 설탕은 분리할 수 있겠지만 우유를 원래대로 돌려놓는 것은 불가능하다. 에너지도 마찬가지다. 일단 석탄을 태우고 나면, 석탄이 만들어낸 열에서 다시 석탄을 얻을 수는 없다.

19세기 사람들에게 엔트로피는 암울한 개념이었다. 클라우지우스는 엔트로피 자체의 '본성' 때문에 우주가 점점 더 복잡해지고 있다고 주장했다. 방을 어지럽히는 것보다 청소하는 데 에너지가 더 많이 필요한 것처럼, 일단 물질이 뒤섞였을 때 이를 분리하려면 더 많은 에너지가 필요하다. 클라우지우스에 따르면 우주는 천천히 수명을 다하고 있으며 종착점은 물질과 에너지가 모든 공간에 고르게 분배되는 우주가 될 것이다. 심지어 태양도 약 50억 년 후에 수명을 다할 것이고, 그와 동시에 지구상의 생명체도 사라질 것이다. 물론 그동안 동식물과 인간, 우리의 집과 컴퓨터는 클라우지우스의 통찰이 보여주는 궁극적인 종말과 상관없이 존재할 것이다. 옛 속담에서 말하길, '햇볕이 내리쬘 때 건초를 말리듯' 기회를 잡아야 한다.

물리학자와 공학자들은 엔트로피가 미칠 영향을 걱정하면서도 에너지가 정확히 무엇인지 살펴보았다. 열은 에너지의 중요한 형태이기 때문에 에너지 연구는 열역학thermodynamics(그리스어로 '열'과 '힘'을 결합한 단어)이라고 불린다. 1840년대에 몇몇 사람은 서로 다른 에너지 형태의 관계에 대해 유사한 결론에 도달했다. 그들은 다양한 현상을 관찰하고 있었다. 물이 얼거나 끓으면 어떻게 되는가? 어떻게 근육으로 역기를 들어올릴 수 있는가? 증기기관은 어떻게 뜨거운 수증기를 활용하여 작업을 수행하는가? (증기기관으로 운행되는 최초의 공공 철도는 1825년 영국 북부에서 개통되었다.) 그들은 그렇게 다양한 각도에서 질문을 하면서 무無에서 에너지를 생성하거나 에너지를 완전히 사라지게 할 수 없다는 사실을 깨달았다. 에너지로 할 수 있는 일은 형태를 바꾸는 것뿐이다. 때로는 그러한 변화의 과정에서 원하는 일을 할 수도 있다. 이는 '에너지 보존의 법칙'으로 알려지게 되었다.

맨체스터의 물리학자 J. P. 줄(1818~1889)은 열과 일의 관계를 이해하고 싶었다. 일정량의 일을 수행하는 데 얼마나 많은 에너지가 필요한가? 여러 훌륭한 실험을 거듭한 결과, 줄은 열과 일이 수학적으로 표현할 수 있을 만큼 직접적으로 연관되어 있다는 사실을 보여주었다. 자전거를 탈 때 에너지를 소모하는 것처럼 우리는 일을 하는 데 에너지를 사용하며, 열은 에너지의 흔한 형태 중 하나이다. 산 정상에 오르는 상황을 떠올려보자. 우리는 근육을 움직일 때마다 에너지를 사용한다. 그 에너지는 우리가 먹고 소화하는 음식에서 나온다. 우리가 들이마시는 산소가 음식의 열량을 '태우기' 때문이다. 이제 산 정상으로 가는 두 개의 경로가 있다고 해보자. 하나는 아주 가파르고, 다른 하나는 더 완만하다. 줄에 따르면 필요한 에너지의 측면에서는 어느 길을 택하든 상관없다. 가파른 경로는 근육통을 유발할 수 있지만 어느 길을 택하든, 달리든 걷든, 몸무게를 산 아래에서 정상까지 옮기는 데 사용하는 에너지의 양은 동일하다. 물리학자들은 여전히 그의 이름을 기억한다. 에너지나 열의 단위를 포함해 여러 측정에서 사용되기 때문이다.

사람들은 어떤 물체가 얼마나 많은 열을 내포하고 있는지, 즉 물체의 온도를 측정하려고 오랫동안 애써왔다. 갈릴레오(제12장 참조)는 온도가 올라감에 따라 변하는 기구인 '온도경thermoscope'을 활용했다. 온도경은 물체가 점점 뜨거워지거나 차가워지는 현상을 보여주고, 온도계thermometer는 열의 정도를 숫자로 보여준다. 우리는 여전히 온도를 측정하기 위해 아주 오래전에 만들어진 두 가지의 척도를 사용한다. 그중 하나는 독일의 물리학자 다니엘 가브리엘 파렌하이트(1686~1736)가 수은과 알코올이 모두 들어 있는 온도계를 사용해 만든 것이다. 이 척도에서는 물이 32도에서 얼고 인간의 정상 체온은 98.6도이다. 안데르스 셀시우스(1701~1744)는 물의 어는점과 끓는점을 이용해 온도 척도를 고안했는데 어는점은 0도로, 끓는점은 100도로 설정했다. 셀시우스의 온도계는 이 두 지점 사이의 온도를 측정했다. 이 두 가지의 척도는 케이크 굽는 온도를 말할 때도, 날씨에 대해 불평할 때도 여전히 우리의 일상생활에서 사용되고 있다.

스코틀랜드의 물리학자 윌리엄 톰슨(1824~1907)은 또 다른 척도를 내놓았다. 그는 특히 열이나 다른 형태의 에너지가 자연에서 어떻게 작동하는지에 관심을 가졌다. 그는 글래스고 대학교의 교수였고 훗날 켈빈 경이라는 칭호를 받았다. 톰슨의 온도 척도는 켈빈 또는 K척도로 알려져 있다. 톰슨은 매우 정확한 측정과 과학적 원리를 활용하여 켈빈 척도를 계산했다. 켈빈 척도와 비교하면 셀시우스와 파렌하이트의 척도(섭씨와 화씨)는 대충 만들어진 온도 측정 기준처럼 보였다.

켈빈 척도의 정의는 '물의 삼중점'에서 나온다. 물의 삼중점이란 물의 세 가지 상태인 얼음(고체), 물(액체), 수증기(기체)가 '열역학적 평형' 상태에 있는 지점을 의미한다. 열역학적 평형은 온도와 압력이 변하지 않도록 어떤 물질이 주변과 열을 교환하지 않는 실험 시스템에서 일어날 수 있다. 그러면 물질의 상태에 변화가 없고 시스템 밖으로 빠져나가거나 안으로 들어오는 에너지도 없다. 물의 삼중점은 고체, 액체, 기체가 완벽한 균형을 이루는 지점이다. 온도나 압력이 변하는 즉시 균형, 즉 평형 상태가 무너지게 된다.

섭씨와 화씨에서는 날씨가 아주 추워지면 온도가 영하로 떨어진다. 일기예보에서도 '영하 2도 또는 3도'라는 표현을 들어보았을 것이다. 하지만 켈빈 척도에는 음수가 없다. 물은 273.16켈빈(섭씨 0도, 화씨 32도)에서 언다. 0켈빈까지 내려가려면 엄청나게 추워야 한다. 여기에서 '0'은 실제로 '절대 영도'를 의미한다. 존재하지 않을 것 같은 이 차가운 온도에서는 모든 운동과 모든 에너지가 멈춘다. 완벽하게 효율적인 엔진이 없는 것처럼, 이 절대 영도도 우리가 도달할 수 없는 지점이다.

켈빈 경 같은 사람들은 모든 엔진의 과학적 원리와 실제 작동을 설명하는 데 도움을 주었다. 19세기가 지나면서 이 장에서 설명한 세 가지의 발견은 열역학의 첫 번째, 두 번째, 세 번째 법칙이 되었다. 이는 각각 에너지 보존, 엔트로피의 '법칙', 절대 영도에서 보이는 원자의 절대적 운동 정지에 해당한다. 이들 법칙 덕분에 우리는 에너지, 일, 힘에 대한 중요한 사실을 이해하게 되었다.

근대 세계에서는 공장을 운영하거나 배, 기차, 그리고 (켈빈이 세상을 떠날 때쯤에는) 자동차를 움직일 만한 새로운 동력을 충분히 얻지 못했다. 기차와 증기선은 화덕에서 석탄을 태워 발생한 열로 증기를 만들어 엔진을 구동했다. 그러나 자동차는 새로운 종류의 엔진인 내연기관에 의존했다. 그 결과 19세기 말경에 발견된 휘발성이 매우 높은 연료, 즉 휘발유가 필요해졌다. 휘발유는 다가오는 세기에 매우 중요한 상품 중 하나가 되었고, 새로운 세기인 지금도 세계에서 분쟁이 가장 많이 일어나며 점점 부족해지는 자원 중 하나이다.

CHAPTER 29

원소로 이루어진 표

우리는 빵을 굽기 위해 재료를 섞을 때마다 화학 반응을 활용한다. 주전자의 물때를 제거할 때 일어나는 거품 역시 화학 반응의 결과이다. 우리가 가지고 다니는 플라스틱 물병, 우리가 입는 색색의 옷은 수백 년 동안 축적된 화학 지식 덕분에 만들어질 수 있었다.

19세기 들어 화학은 현대화되었다. 요약해보면 다음과 같다. 제21장에서 살펴보았듯이, 19세기 초에 화학자들은 돌턴의 독창적인 원자 개념을 받아들였다. 그런 다음 전 세계 어디에서든 이해할 수 있는 특별한 표현을 만드는 데 커다란 발전을 이루어냈다. 예를 들어 수소 원자 두 개를 'H_2'로 표기하는 원소 기호 체계를 개발했다. 모든 사람이 '원자'가 물질의 가장 작은 단위라는 사실에 동의했다. 그리고 탄소처럼 한 종류의 원자로만 구성된 물질을 '원소'라고 불렀다. '화합물'은 두 개 이상의 원소가 화학적으로 결합한 물질을 뜻했다. 암모늄을 질소와 수소로 분해하듯이 화합물은 원소로 분해할 수 있지만, 개별 원소를 얻게 되면 더 이상 분해할 수 없다.

원자는 돌턴이 제안한 것처럼 단단하고 작은 구체가 아니었지만, 그렇다고 정확히 무엇인지 설명하기는 매우 어려웠다. 대신 화학자들은 원자가 다른 원자나 화합물과 함께 놓였을 때 어떤 반응을 보이는지에 대해 많은 사실을 밝혀내기 시작했다. 어떻게 하더라도 다른 원소와 전혀 반응하지 않는 원소가 있는가 하면, 너무 격렬하게 반응하여 폭발에 대비해야 하는 원소도 있었다. 때로는 어느 정도 도움을 주면 원자의 반응을 끌어낼 수 있었다. 예를 들어 산소와 수소는 플라스크에 함께 넣는다 해도 아무런 일이 일어나지 않는다. 하지만 불꽃이 튀면 조심해야 한다! 그 결과 엄청난 폭발을 일으키지만, 물 이외에 특이한 물질을 생성하지는 않는다. 이와 달리 마그네슘과 탄소를 공기가 없는 플라스크에 함께 넣는다면 아무리 가열해도 아무런 일이 일어나지 않는다. 하지만 약간의 공기를 들여보내면 빛과 열기가 엄청나게 뿜어져 나온다.

이와 같이 화학자들은 다양한 화학 반응을 인지하고 있었다. 또한 화학 반응의 원인과 실험실에서 알아낸 패턴에 궁금증을 갖게 되었다. 화학자들은 실험에 합성과 분해라는 두 가지의 주요 방식을 적용하기 시작했다. '합성'은 원소를 조립하는 과정이다.

하나의 원소나 간단한 화합물로 서로 반응을 일으킬 때 무엇이 만들어졌는지 그 결과물을 살펴본다. 반면 '분해'는 더 복잡한 화합물을 분해하여 최종 생성물을 살펴보면서 원래의 화합물을 이해하려고 한다. 화학자들은 이러한 방법을 활용하여 매우 간단한 화합물이 무엇으로 이루어져 있는지 파악하게 되었다. 그리고 그런 물질에 새로운 물질을 추가하여 더 복잡한 화합물을 만들어내기가 한결 수월해졌다.

이 모든 실험에서 두 가지가 특히 명확해졌다. 첫째, 앞서 살펴본 것처럼 원소 자체는 양성이나 음성을 띠고 있는 것처럼 보였다. 그리고 옛 속담처럼 반대끼리 끌리게 된다. 예를 들어 원래 양성을 띠는 나트륨은 음성을 띠는 염소와 쉽게 결합하여 우리가 음식에 뿌리는 소금인 염화나트륨을 형성한다. 양성과 음성은 서로 상쇄하므로 소금은 중성이다. 안정된 화합물(어떤 일이 일어나지 않는 한 변하지 않는 화합물)은 반드시 안정되지만은 않은 원소로 구성되어 있더라도 모두 중성이다. 나트륨과 염소의 결합은 합성의 예시이다. 반대로 만들어진 소금을 화학적으로 분해할 수도 있다. 소금을 물에 녹이고 양극과 음극이 있는 전기장에 그 용액을 넣으면 분해된다. 나트륨은 음극으로, 염소는 양극으로 이동한다. 이와 유사한 실험을 수백 번 수행한 끝에 화학자들은 원소의 원자들이 양성이나 음성을 띤다고 확신했다. 그리고 그러한 성질은 원소가 서로 반응할 때 어떤 일이 일어나는지 결정하는 데 핵심적인 역할을 한다.

둘째, 원자의 일부 무리는 실험 중에 서로 달라붙으며 그러한 원자는 하나의 단위처럼 움직일 수 있다. 이 단위는 '라디칼radical' 이라고 불리며 역시 양성이나 음성을 띨 수 있다. 라디칼은 화학자들이 에테르, 알코올, 벤젠같이 탄소를 포함한 화합물을 전반적으로 이해하게 된 '유기'화학에서 특히 중요하다. 벤젠은 각각 고리 모양의 구조를 가진 아주 흥미로운 무리였다. 많은 화학자들은 이러한 유기화합물 중 상당수가 특히 산업계에서 중요한 의미를 띠었기 때문에 그것들을 열심히 분류하면서 무엇으로 만들어졌는지, 어떻게 반응하는지 이해하려고 노력했다. 이런 산업용 화학물질은 점차 작은 실험실이 아니라 공장에서 생산되기 시작했다. 비료, 페인트, 의약품, 염료를 비롯해 특히 1850년대부터는 석유 생산물의 수요가 증가했다. 이렇게 현대 화학 산업이 시작되었고, 이제 화학은 부자들이 누리는 사치가 아니라 직종이 되었다.

원소 역시 고유한 화학적·물리적 특성을 띠었다. 점점 더 많은 사실이 밝혀지면서 화학자들은 특정한 패턴을 발견했다. 수소, 나트륨, 염소 같은 원소의 개별 원자는 단독으로 다른 원자와 결합하려는 것처럼 보였다. 예를 들어 수소 원자 하나와 염소 원자 하나가 결합하여 강력한 산인 염산이 만들어진다. 산소, 바륨, 마그네슘 같은 원소의 개별 원자는 다른 원자나 라디칼과 결합할 때 두 배로 수용할 수 있는 것처럼 보였다. 따라서 산소 원자 하나에는 수소 원자 두 개가 결합해 물을 생성했다. 어떤 원소는 훨씬 더 많이 수용하고, 엄격한 규칙을 세우기 어렵게 하는 예외도 항상 있었다. 원소나 라디칼은 화학 반응이 일어나는 정도도 달랐다. 인은 매우 활발하게 반응하여 조심스럽게 다루어야 했고, 실리콘은 일반적으로 느리게 반응하여 훨씬 덜 위험했다.

원소들은 물리적 특성 면에서도 굉장히 달랐다. 상온에서 수소, 산소, 질소, 염소는 기체이고 수은과 나트륨은 액체였다. 납, 구리, 니켈, 금 같은 금속은 대부분 자연 상태에서 고체였다. 많은 원소, 특히 집중적으로 연구된 탄소와 황도 일반적으로 고체 상태였다. 대부분의 고체를 평범한 용광로에 넣으면 쉽게 녹고 때로는 증발하여 기체로 변했다. 위험하지만 액체인 수은과 나트륨도 쉽게 증발했다. 19세기 화학자들은 산소나 질소 같은 기체를 고체는커녕 액체로 변화시킬 만큼 낮은 온도에 도달할 수 없었다. 그렇지만 그것이 단순히 기술적인 문제라는 사실은 알고 있었다. 원칙적으로 각 원소는 물질의 세 가지 상태인 고체, 액체, 기체로 각각 존재할 수 있었다.

1850년대가 되자 화학은 성숙기에 접어들었다. 이 흥미진진한 시기에 원자량이 무엇인지, 원자 집단인 분자가 어떻게 결합하는지, '유기'화합물과 '무기'화합물의 차이는 무엇인지 등 많은 논쟁이 있었다. 1860년에는 화학을 현대화하는 데 도움이 된 사건이 일어났다. 오늘날에는 아주 평범해 보이지만, 당시에는 흔치 않은 일이었다. 바로 국제학회가 열린 것이다. 전화나 이메일이 없고 여행하기가 쉽지 않은 시절, 과학자들은 거의 만나지 못했고 대개 편지로만 소통했다. 해외에서 온 과학자가 자신의 연구 결과를 발표한 후 청중과 공개 토론을 하는 것은 드문 일이었다. 1850년대에 기차와 증기선을 이용한 여행이 보편화되면서 국제학회가 열리기 시작했으며, 사람들은 이 회의에서 다른 나라의 동료들과 만나 이야기를 나눌 수 있었다. 국제학회에서는 과학계에서 널리 공유하는 신념을 공표했다. 과학은 객관적이고 범세계적이며, 종종 사회를 분열시키고 국가를 전쟁의 소용돌이로 내모는 종교나 정치를 초월한다는 것이었다.

1860년, 화학 분야의 학회가 독일 카를스루에에서 3일 동안 열렸다. 19세기 후반에 화학을 이끈 세 명의 학자를 비롯해 당시 학계를 주도한 유럽 전역의 젊은 화학자들이 이 학회에 참석했다. 회의의 안건은 아우구스트 케쿨레(1829~1896)가 제안했다. 그는 여러 나라의 화학자들이 각자 연구하는 물질이나, 원자와 분자의 본질을 정의하기 위해 사용하는 용어를 상호 합의하길 바랐다. 시칠리아 출신의 열정적인 화학자 스타니슬라오 칸니차로(1826~1910)는 이전부터 그러한 주장을 해왔기 때문에 기꺼이 참여했다. 러시아 시베리아 출신의 역시나 열정적인 화학자 드미트리 이바노비치 멘델레예프(1834~1907)도 마찬가지였다. 각국의 대표들은 3일 동안 케쿨레의 제안을 논의했으며, 완전한 합의에 이르진 못했지만 가능성은 확인할 수 있었다.

이 회의에서 1858년에 칸니차로가 발표한 논문의 사본이 여러 대표에게 제공되었다. 이 논문에서 그는 19세기 초의 화학 역사를 훑으면서 화학자들에게 자신과 같은 이탈리아 출신으로 원자와 분자를 명확히 구분한 아보가드로의 연구를 진지하게 받아들일 것을 요구했다. 또한 원소의 상대적인 질량을 측정하는 것이 중요하다고 주장했으며, 어떻게 측정할 수 있는지를 보여주었다.

멘델레예프도 이 취지에 동의했다. 그는 열네 명의 자녀 중 막내였던 자신을 시베리아에서 상트페테르부르크로 데려간 강인한 어머니 덕분에 화학을 제대로 배울 수 있었다. 당시의 여느 뛰어난 화학자처럼 멘델레예프도 자신의 실험과 학생들에게 가르친 내용을 바탕으로 교재를 집필했다. 또한 칸니차로처럼, 발견된 많은 원소에 질서를 부여하고 싶어 했다. 규칙은 이미 밝혀졌다. 예를 들어 염소, 브롬, 요오드 같은 원소는 '할로겐' 계열이라 불리며 비슷한 방식으로 반응하고 화학 반응 중에 서로 교환되기도 한다. 구리나 은 같은 일부 금속도 서로 유사하게 반응한다. 멘델레예프는 여전히 수소를 '1'로 두는 상대적인 원자량 순으로 원소를 나열했고, 1869년에 자신이 확립한 개념을 발표했다.

멘델레예프는 단순히 원자량에 따라 원소를 나열했을 뿐만 아니라 행과 열이 있는 표를 만들었다. 이 표는 가로세로로 읽을 수 있었으며 유사한 화학적 성질을 지닌 원소 간의 관계를 볼 수 있었다. 멘델레예프가 '주기율표'라고 이름 붙인 이 표의 초기 형태는 아주 조잡했고 관심을 갖는 화학자는 거의 없었다. 그가 세부 내용을 작성하면서 흥미로운 점이 포착되었다. 여기저기에 누락된 원소, 즉 표의 해당 위치에 있어야 하지만 아직 발견되지 않은 물질이 있는 것처럼 보였던 것이다. 원자량으로 예측해보니 이 표의 열 하나가 전부 누락되어 있었다. 몇 년 후, 이 열은 '고상한' 기체라고 불리는 비활성 기체로 채워진다는 사실이 밝혀졌다. 이 기체는 자신보다 낮은 지위의 사람들과 어울리지 않는 귀족처럼 화학 반응을 멀리했다. 주요 비활성 기체는 1890년대에야 발견되었다. 멘델레예프는 처음에 그러한 발견을 받아들이지 않았지만 곧 헬륨, 네온, 아르곤이 자신의 주기율표에서 예측한 원자량과 같음을 깨달았다.

1870년대와 1880년대에 화학자들은 멘델레예프가 자신의 표를 바탕으로 예측한 원소를 몇 가지 더 발견했다. 많은 화학자들은 나중에 베릴륨과 갈륨이라 불리는 원소들이 존재해야 한다는 멘델레예프의 예측을 황당한 소리로 취급했다. 하지만 멘델레예프의 빈칸이 채워지면서 화학자들은 이 표의 영향력을 높이 평가하기 시작했다. 주기율표는 자연에 있는 새로운 원소를 발견하도록 안내하는 역할을 했다. 각각의 원소가 어떤 성질을 띠는지, 다른 화학물질과 어떻게 반응하는지 설명하기도 했다. 멘델레예프가 단순히 원소를 이해하려고 작성하기 시작한 이 표는 자연이 작동하는 원리를 알아낼 수 있도록 놀라운 실마리를 제공했다. 이제 주기율표는 전 세계의 교실과 화학 실험실에 걸려 있다.

19세기의 화학자들은 대부분 화학적 조성, 즉 어떤 원자와 라디칼이 특정 화합물을 구성하는지에 관심을 가졌다. 최초의 국제 화학 회의를 지지한 아우구스트 케쿨레는 한 걸음 더 나아갔다. 그는 과학자들에게 화학적 '구조'를 이해해야 한다고 조언했다. 오늘날의 화학과 분자생물학은 원자와 분자가 물질 내에서 어떻게 배열되는지, 즉 어디에 존재하며 어떠한 모양을 형성하는지 알고 있는 과학자에 의존한다. 그런 정보를 알지 못하면 신약을 개발할 수 없을 것이며, 그러한 점에서 케쿨레는 선구적이었다. 그는 자신의 꼬리를 물고 있는 뱀처럼 탄소 원자 사슬이 스스로를 휘감고 있는 꿈을 꾸었다고 말했다. 그 꿈 덕분에 케쿨레는 닫힌 고리 구조를 가진 수소와 탄소의 화합물인 벤젠에 대한 엄청난 깨달음을 얻었다. 라디칼이나 원소는 고리 주변의 다양한 지점에 붙을 수 있는데, 이는 유기화학에서 중요한 발전이었다.

꿈은 한 번뿐이었다. 고된 일은 별개였다. 케쿨레는 실험실에서 많은 시간을 보냈다. 그는 탄소 화합물의 화학인 유기화학을 이해했고 화학계 전체에 탄소 화합물을 자연계로 분류하는 방법을 가르쳤다. 케쿨레는 다른 화학물질과 쉽게 결합하는 탄소의 유연성에 매료되었다. 당시 열과 빛을 내기 위해 널리 사용된 메탄가스는 CH_4로, 하나의 탄소 원자에 네 개의 수소 원자가 결합한 형태였다. 두 개의 산소 원자는 탄소 원자와 결합하여 CO_2, 즉 이산화탄소를 생성했다. 탄소와 산소가 단일 원자로 결합하여 CO, 즉 생명을 앗아가는 기체인 일산화탄소를 생성한다는 사실은 원자의 결합 선호도가 고정적이지 않음을 보여주었다.

화학자들은 이러한 결합 패턴을 가리키는 '원자가valence'라는 단어를 고안해냈다. 이 원자가는 멘델레예프의 주기율표에서 원소가 어디에 있는지에 따라 유추할 수 있었다. 화학자들은 왜 이러한 결합 패턴이 발생하는지 추측했지만, 물리학자들이 원자와 전자의 내부 구조를 발견하고 나서야 제대로 이해할 수 있었다. 전자는 화학자의 원자와 물리학자의 원자를 연결해주었다. 다음 장에서 자세히 살펴보자.

CHAPTER 30

원자 속으로

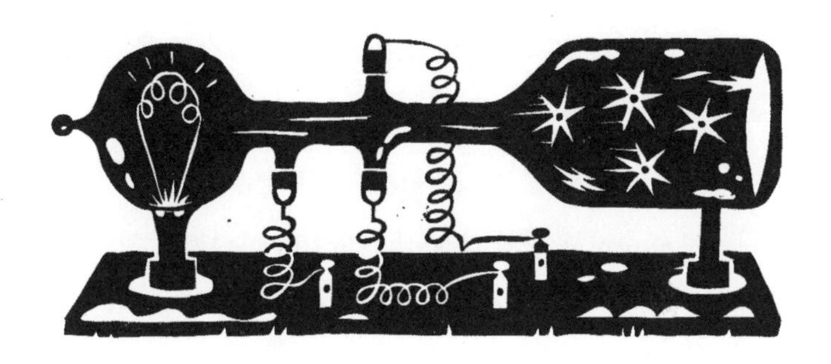

화학자들은 원자를 좋아했다. 원자는 화학 반응에 관여했다. 그리고 화합물 내에서 명확한 위치를 차지했고, 주기율표에서의 위치에 따라 대략적으로 정의되는 성질을 지녔다. 각 원자는 다른 원자와의 관계에서 양성이나 음성을 띠는 경향성이 있으며 원자가라고 불리는 결합 패턴을 갖는다. 화학자들은 단일 원자와 원자를 분자로 묶은 형태(결합한 원자의 무리) 사이의 차이를 인식했다. 원자는 대부분 단일 원자로 존재하지만, 수소와 산소처럼 자연스럽게 분자 형태(H_2나 O_2)로 존재하기도 했다. 수소를 항상 '1'로 설정한 원자의 상대적 질량도 점점 더 정확하게 측정되었다.

그러나 이들 정보 중 어떤 것도 화학자들에게 원자의 미세한 구조를 확인할 만한 실마리를 주지 못했다. 실험실에서 원자를 능숙하게 다룰 수는 있었지만, 이 물질의 단위가 실제로 무엇인지는 알지 못했다.

19세기의 물리학자들은 대부분 에너지가 어떻게 보존되는지, 전기와 자기가 어떻게 측정되는지, 열의 성질이 무엇인지, 기체가 왜 그렇게 반응하는지와 같은 문제에 더 관심이 많았다. 물리학자들의 기체 이론, 즉 기체운동론에는 원자와 분자에 대한 개념도 들어 있었다. 그러나 화학자들과 마찬가지로 물리학자들도 원자론이 우리가 관찰하고 측정한 것을 설명하는 데는 매우 유용하지만 원자의 본질은 이해하기 어렵다는 데 동의했다.

원자가 단순히 물질의 가장 작은 단위가 아니라는 첫 번째 징후는 원자의 구성 요소 중 하나인 '전자'의 발견에서 나타났다. 전류를 용액에 흘리면 양극과 음극으로 원자가 끌려갔기 때문에 원자가 전하를 띤다는 사실은 이미 알려져 있었다. 물리학자들은 원자의 전기적 특성이 화학 반응에서 어떤 역할을 하는지 잘 알지 못했다. 그러나 전하를 측정하면서 그 측정치를 명확한 단위로 표현할 수 있음을 알게 되었다. 그 단위에는 J. J. 톰슨(1856~1940)이 실험 연구에 음극선관을 사용하기 시작한 직후인 1894년에 '전자'라는 이름이 붙었다.

음극선관의 형태는 매우 단순하다. 그처럼 단순한 기구로 원자와 우주의 근본적인 구조를 파악할 수 있었다는 점은 정말 놀라운 일이다. 음극선관 내부는 공기가 거의 모두 빠져나간 부분 진공 상태였고 양쪽 끝에는 전극이 삽입되어 있었다. 이 관을 통해 전류가 흐르면 흥미로운 현상들이 발생했는데, 그중 하나는 방사선이 방출된다는 것이었다. 방사선은 에너지 또는 입자의 흐름이며, 음극선관에서 만들어진 방사선은 대부분 빠르게 움직이는 하전 입자였다. 캐번디시 연구소의 톰슨과 그의 동료들은 이 방사선을 이루고 있는 입자의 전하와 무게를 측정하고 서로 어떤 관계인지 확인하려 했다. 1897년 톰슨은 방사선이 원자보다 작으면서도 전하를 띤 입자의 흐름이라고 주장했다. 그리고 가장 가벼운 원자인 수소보다 훨씬 가볍다는 사실을 알아냈다. 그로부터 몇 년이 지나서야 물리학자들은 톰슨이 발견한 입자가 바로 전자이며, 톰슨을 비롯한 여러 과학자가 한동안 측정한 값이 바로 전하의 단위라는 사실을 받아들였다.

이처럼 원자에는 전자가 있다. 또 무엇이 있을까? 그 답은 음극선관을 활용한 여러 실험 결과로 서서히 드러났다. 점차 음극선관 내에 진공 상태를 더 잘 형성하고 더 강한 전류를 흐르게 할 수 있었다. 그러한 기술적 발전을 활용한 이들 중에는 한때 톰슨의 제자였고 이후 케임브리지의 캐번디시 연구소에서 함께 연구하면서 톰슨의 뒤를 이은 뉴질랜드 출신의 어니스트 러더퍼드(1873~1937)가 있었다. 1890년대 후반, 러더퍼드와 톰슨은 물리학자들에게 매우 중요한 원소인 우라늄에서 방출되는 두 종류의 방사선을 발견했다.

이 우라늄선 중 하나는 자기장 내에서 구부러졌고, 다른 하나는 그렇지 않았다. 그 정체를 몰랐던 러더퍼드는 단순히 그리스어로 'A'와 'B'를 뜻하는 '알파'와 '베타'라고 불렀고 지금까지도 이어지고 있다. 러더퍼드는 수십 년 동안 꾸준히 이 특이한 방사선을 연구했고, 마침내 우라늄뿐 아니라 특정 종류의 원소 집단이 방사선을 방출한다는 사실이 밝혀졌다. 이 원소들은 20세기 초에 엄청난 관심을 불러일으켰고 오늘날에도 여전히 매우 중요하다. 이것들은 '방사성' 원소이며 우라늄, 라듐, 토륨에서 가장 흔하게 방출된다. 과학자들은 이 원소들의 특별한 성질을 조사하면서 원자 구조에 대한 중요한 사실을 알게 되었다.

알파'선'이 핵심이었다. (이는 알파 '입자'라고도 한다. 원자 물리학의 매우 작고 빠른 세계에서는 둘의 구분이 모호하다.) 러더퍼드와 동료들은 매우 얇은 금속판에 입자를 투사하면서 무슨 일이 일어나는지 관찰해보았다. 일반적으로 입자는 금속판을 통과했지만 때로는 반대 방향으로 튕겨 나갔다. 이 현상을 보고 러더퍼드가 얼마나 놀랐을지 상상해보라. 마치 종이에 무거운 포탄을 쐈는데 튕겨 나온 것과 같았다. 이것은 알파 입자가 금속판을 구성하는 원자에서 밀도가 높은 영역에 부딪혔다는 뜻이었다. 이 고밀도 영역은 바로 원자의 핵이었다. 러더퍼드의 실험에서 알파 입자가 직선으로 통과한 이유는 원자가 대부분 비어 있기 때문이라는 사실이 밝혀졌다. 입자가 튕겨 나온 이유는 질량이 집중된 원자 중심의 핵에 부딪혔기 때문이었다. 추가 연구에서는 핵이 양전하를 띠고 있음을 보여주었다. 물리학자들은 핵의 양전하가 전자의 음전하와 균형을 이루며, 전자가 핵을 둘러싼 빈 공간을 돌고 있다고 추측하기 시작했다.

러더퍼드는 오늘날 핵물리학의 창시자로 알려져 있다. 그는 이 발견으로 1908년에 노벨 화학상을 받았다. 노벨상은 스웨덴 출신의 설립자 이름을 딴 상이었다. 1901년에 도입된 이래로 과학계에서 가장 높은 영예의 상이 되었으며 노벨상 수상은 야심 찬 과학자들의 목표가 되었다. 러더퍼드는 뛰어난 학생이나 동료를 알아보는 안목이 있었는데, 그들 중에서도 몇 명이 노벨상을 받았다.

덴마크 출신인 닐스 보어(1885~1962)도 그중 한 명이었다. 보어는 원자의 질량이 거의 대부분 작은 핵에 몰려 있다는 러더퍼드의 생각을 받아들이고 '양자'물리학이라는 흥미롭고 새로운 도구를 활용하여 1913년에 '보어 원자'라는 개념을 제시했다. 이는 당시 과학자들이 축적한 최고의 정보를 바탕으로 원자 내부에서 일어나는 일을 시각화한 모형이었다. 이 모형에서는 원자가 태양계와 같은 구조로서 태양에 해당하는 핵이 중심에 있고 행성에 해당하는 전자가 그 주위를 돌고 있다고 가정했다. 양전하를 띤 핵의 무게는 원자량을 결정하고, 그에 따라 주기율표에서 해당 원자의 위치도 정해졌다. 핵은 양전하를 띤 양성자로 이루어졌다. 원자가 무거울수록 핵에 더 많은 수의 양성자가 존재했다. 원자 전체가 전기적으로 중성이 되도록 양성자와 전자의 수는 일치해야 했다. 전자는 서로 다른 궤도에서 핵 주위를 돌고, 바로 여기에서 '양자' 개념이 필요하다. 과학자들이 '양자물리학'이라고 부르는 개념에서 뛰어난 부분 중 하나는 자연의 물질이 뚜렷하고 개별적인 단위인 '양자'로 나타난다는 것이다. (양자에 관해서는 제32장에서 다룰 것이다.) 여기에서 물질이란 질량이나 에너지뿐 아니라 우리가 관심을 갖는 모든 것이 될 수 있다. 보어의 모형에서 전자는 서로 다른 개별 양자 상태로 궤도를 돌고 있다. 핵에 가까울수록 전자는 핵에 더 강하게 끌린다. 가장 멀리 떨어져 있는 전자는 비교적 약하게 결합해 있는데, 바로 이런 전자가 화학 반응에 관여하거나 전기와 자기를 생성한다.

이 모든 이야기를 이해하기가 조금 어렵게 느껴지는가? 그렇다. 보어도 그런 점을 알고 있었다. 그와 동시에 자신의 모형이 물리학자와 화학자의 실험 결과를 통합할 것이라는 사실 또한 알았다. 보어의 모형은 물리학자들의 실험에 근거를 두었지만, 화학자들이 실험실에서 관찰한 결과도 성공적으로 설명했다. 특히 주기율표에 나와 있는 원소들의 결합 패턴, 즉 원자가가 서로 다른 이유를 설명해주었다. 단독으로 결합하는 원소는 '자유'전자가 하나뿐이기 때문이었다. 원소들의 결합 패턴은 '자유'전자의 수에 따라 달라졌다. 이제는 원자가 보어의 생각보다 훨씬 더 복잡한 것으로 알려져 있지만, 보어의 원자 모형은 현대 과학의 상징 중 하나가 되었다.

이후 온갖 종류의 새로운 문제가 제기되었다. 첫째, 양전하를 띤 양성자가 어떻게 원자핵이라는 좁은 공간에서 공존할 수 있을까? 같은 전하끼리는 서로 반발하고, 반대되는 전하는 서로 끌어당긴다(자석 두 개를 생각해보라). 그렇다면 왜 양성자는 서로 밀어내지 않고, 전자는 양성자로 끌려 들어가지 않을까? 둘째, 가장 가볍다고 알려진 원자는 수소이므로 원자량이 '1'인 수소가 양성자 하나와 거의 질량이 없는 전자 하나로 구성되어 있다고 가정해보자. 즉 양성자의 원자량은 '1'이라고 생각하는 것이 합리적이다. 그렇다면 주기율표에 나와 있는 원자량은 왜 '1, 2, 3, 4, 5……'처럼 순차적으로 높아지지 않을까?

첫 번째 문제의 해답은 양자역학이 더 발전하고 나서야 얻을 수 있었다. 두 번째 문제인 원자량이 순차적이지 않은 이유는 러더퍼드의 또 다른 케임브리지 시절 동료인 제임스 채드윅(1891~1974) 덕분에 오래지 않아 해결되었다. 1932년 채드윅은 자신의 충돌 실험 결과를 발표했다. 러더퍼드 이래로 충돌 실험은 원자 구조를 연구하는 물리학자들에게 필수적인 도구였다. 채드윅은 자신이 가장 좋아하는 금속인 베릴륨에 알파 입자를 투사하는 실험을 했다. 그 결과 베릴륨에서 종종 원자량이 '1'이면서 전하가 없는 입자가 방출되었다. 채드윅은 이 입자에 러더퍼드가 지은 중성자라는 이름을 붙였지만, 곧 이 입자가 러더퍼드가 생각한 것처럼 단순히 양성자와 전자가 결합한 형태가 아니라 자연의 기본 입자라는 사실이 명확해졌다. 중성자는 물리학자들에게 일종의 잃어버린 연결고리였으며 원자량과 주기율표에서의 위치 문제를 설명해주었다. 지구상의 원소를 나열한 멘델레예프의 방식은 지구의 기본 물질을 도표화한다는 점에서 꾸준히 그 가치를 입증했다. 또한 채드윅의 중성자는 '동위원소'의 발견으로 이어졌다. 같은 원소의 원자라도 원자핵에 있는 중성 입자인 중성자의 수가 다르면 원자량이 달라지기도 한다. 즉 동위원소는 같은 원소의 원자들이지만 원자량이 다르다. 수소조차도 양성자 하나와 중성자 하나를 갖고 있다면 원자량은 '1'이 아니라 '2'가 될 수도 있다. 채드윅은 중성자를 발견하고 그 역할을 알아낸 공로로 불과 3년 뒤에 노벨상을 받았다.

중성자는 다른 원자의 핵에 충격을 가할 때 쓰이는 강력한 도구였다. 중성자는 양전하나 음전하를 띠지 않기 때문에 양성자가 밀집되어 양전하를 띠는 무거운 원자핵에서 자연적으로는 튕겨 나가지 않는다. 채드윅은 이 사실을 인지하고 원자를 분해하려면 높은 속도와 강한 에너지로 가속할 수 있는 기계, 즉 사이클로트론이나 싱크로트론이 필요하다고 생각했다. 이 기계들은 매우 강한 자기장을 사용하여 원자와 그 입자들을 거의 빛의 속도로 움직이게 한다. 이런 연구를 하기 위해 채드윅은 케임브리지를 떠나 사이클로트론 제작에 필요한 자금을 지원해주는 리버풀 대학교로 갔다. 그곳에서 그는 고속으로 움직이는 중성자가 우라늄 같은 무거운 원자와 충돌하면 엄청난 에너지가 발생한다는 사실을 알게 되었다. 그런 에너지를 활용하면 원자 '핵분열'이라는 엄청난 결과로 이어지는 연쇄 반응이 시작될 것이었다. 제2차 세계대전을 끝내기 위해 만들어져 사용된 원자폭탄은 이 연구의 결과였고, 채드윅은 프로젝트의 영국 측 책임자였다.

많은 사람들은 채드윅이 중성자를 발견했을 때 우주의 구성요소인 원자의 구조에 대한 문제를 해결했다고 생각했다. 그러나 그렇지 않았다. 여전히 발견되지 않은 놀라운 사실이 많았다. 전자, 양성자, 중성자를 기본적으로 이해하려 해도 물리학자들은 알파선, 베타선, 감마선 같은 여러 파동과 입자들을 알아야 했다. 그리고 엑스선 같은 여러 불가사의한 현상이나 자연이 양자라고 하는 작은 단위로 교환된다는 사실을 이해해야 했다. 핵물리학과 양자물리학은 20세기 지식의 최첨단에 있는 물리학 분야였다.

CHAPTER 31

방사능

뼈가 부러지거나 실수로 무언가를 삼킨 적이 있는가? 그런 경우 의사는 절개하지 않고도 몸속을 볼 수 있도록 엑스선 촬영을 한다. 오늘날 엑스선은 흔히 사용되지만, 19세기 말에는 엄청난 반향을 불러일으켰다. 엑스선은 방사선의 의미가 제대로 알려지기 전부터 사용된 최초의 방사선이었다. 방사능과 원자폭탄은 나중에 등장했다.

독일에서는 빌헬름 뢴트겐(1845~1923)의 이름을 따서 엑스선을 '뢴트겐선'이라고도 한다. 뢴트겐이 엑스선을 최초로 목격하지는 않았지만, 그것을 최초로 이해한 사람이었다. 과학은 이와 같다. 단순히 보는 것만으로는 충분하지 않다. 본 것을 이해해야 한다.

1890년대에 뢴트겐은 여느 다른 물리학자들(J. J. 톰슨을 기억하는가?)과 함께 음극선관을 연구하고 있었다. 1895년 11월 8일, 뢴트겐은 음극선관에서 약간 떨어진 곳에 있는 사진 건판이 알 수 없는 이유로 감광된 것을 발견했다. 사진 건판은 검은 종이로 덮여 있었고, 당시 과학자들은 음극선관이 그렇게 멀리 떨어진 곳까지 영향을 미치지 못한다고 생각했다. 뢴트겐은 무슨 일이 일어났는지 파악하는 데 6주를 보냈다. 다른 과학자들도 똑같은 현상을 목격했지만, 아무런 행동을 취하지 않았다. 뢴트겐은 이 새로운 방사선이 직선으로 진행하며 자기장의 영향을 받지 않는다는 사실을 알아냈다. 빛과 달리 반사되거나 유리 렌즈로 굴절되지도 않았다. 그러나 단단한 물질을 통과할 수 있었다. 자기 아내의 손까지도! 뢴트겐의 아내는 최초의 엑스선 사진을 찍으려고 자세를 취했고, 그 사진에서 손가락뼈와 함께 결혼반지까지 선명하게 드러났다. 이 방사선이 무엇인지 정확히 알지 못한 채 뢴트겐은 그냥 '엑스선'이라고 불렀다. 이후 6주간의 노력 끝에 세상에 알렸다.

엑스선은 곧바로 인기를 끌었다. 가장 먼저 의학계에서 주목받아 골절을 진단하거나 총알 또는 몸속에 박혀서는 안 되는 물질을 찾아내는 데 사용되었다. 일반 대중이 그렇게까지 즉각적으로 받아들이는 경우는 거의 없었다. '엑스선 차단' 속옷이 불티나게 팔렸다. 물리학자들은 엑스선이 정확히 무엇인지에 대해 논쟁했다. 10년 이상의 추가 연구 끝에 엑스선은 비정상적으로 파장이 짧고 에너지가 높은 방사선이라는 사실이 밝혀졌다. 초기의 실험 연구자들은 엑스선이 신체에 화상을 입힐 수 있다는 사실을 알아차렸고 1896년부터 암세포를 죽이는 데 사용하기 시작했다. 이런 방식이 얼마나 위험한지를 깨닫는 데는 시간이 조금 더 걸렸고, 초기 연구자들은 방사선 중독이나 백혈병이라는 혈액암으로 사망하기도 했다. 엑스선은 암세포와 싸우기도 했지만, 암을 유발하기도 했다.

뢴트겐이 엑스선을 연구하는 동안 프랑스에서는 다른 형태의 방사선, 즉 방사능이 발견되었다. 앙리 베크렐(1852~1908)은 물질이 자연적으로 빛을 발산하는 형광 현상을 연구하고 있었다. 그는 형광 현상을 보여주는 우라늄 화합물을 사용했다. 베크렐은 이 화합물이 뢴트겐의 엑스선처럼 사진 건판에 영향을 준다는 사실을 발견하자 방사선의 또 다른 근원을 발견했다고 생각했다. 그러나 베크렐은 1896년에 이 방사선이 뢴트겐의 엑스선과 다르게 반응한다는 사실을 알았다. 옷이나 피부를 통과하여 '볼 수 있는' 엑스선처럼 극적인 효과는 없지만, 다른 면에서 주목할 만한 방사선이었다.

파리의 유명한 물리학자 부부 피에르 퀴리(1859~1906)와 마리 퀴리(1867~1934)는 이 방사선에 주목했다. 1898년 퀴리 부부는 약간의 우라늄이 들어 있는, 가공하지 않은 타르 같은 물질인 피치블렌드 광석 1톤을 입수했다. 이들은 상대적으로 순수한 우라늄을 추출하다가 방사능으로 인해 손에 화상을 입었다. 또한 새로운 방사성 원소 두 가지를 발견해 각각 토륨과 폴로늄이라고 불렀는데, 폴로늄은 마리 퀴리의 고향인 폴란드에서 따온 이름이었다. 이 원소들은 우라늄과 유사한 성질을 띠었기 때문에 전 세계의 과학자들은 이들의 강력한 방사선에 관해 더 많은 것을 알아내기 위해 노력했다. 이 방사선에는 베타선(전자의 흐름), 알파선(1899년에 러더퍼드가 발견한, 전자가 없어 양전하를 띠는 헬륨 원자), 감마선(전하는 없지만 나중에 엑스선과 유사한 전자기 방사선으로 알려졌다)이 있었다. 퀴리 부부는 과학에 진심을 다해 열정을 쏟았다. 피에르 퀴리가 교통사고로 세상을 떠난 후, 마리 퀴리는 어린 자녀 둘을 돌보면서 연구를 이어갔다.

한 원소가 다른 원소로 변하는 모습을 볼 수 있다는 연금술의 오랜 믿음은 방사능의 발견으로 거의 실현되었다. '거의'라고 한 것은 연금술사의 꿈이 납이나 다른 금속을 금으로 바꾸는 것이었기 때문이다. 방사능은 우라늄을 납으로, 값비싼 금속을 값싼 금속으로 바꾸어버렸다! 그래도 자연은 연금술사들이 그저 상상한 일을 해낼 수 있었다.

엑스선처럼 방사능도 의학계에서 유용하게 쓰였다. 마리 퀴리가 발견한 또 다른 방사성 원소인 라듐이 특히 가치 있게 여겨졌다. 이 방사선은 암세포를 죽일 수 있었다. 그러나 엑스선과 마찬가지로 방사능도 너무 많이 쐬면 암을 유발했다. 마리 퀴리를 비롯한 많은 초기 연구자가 방사선의 영향으로 사망한 뒤에야 적절한 안전 지침이 마련되었다. 마리의 딸 이렌도 어머니와 같은 분야에서 노벨상을 받았지만, 어머니를 따라 혈액암으로 일찍 세상을 떠나고 말았다.

우라늄, 토륨, 폴로늄, 라듐은 천연 방사성 원소다. 이것은 무슨 의미일까? 이러한 방사성 원소를 물리학자들은 '무겁다'고 말한다. 이들 원소의 핵은 매우 빽빽하게 채워져 있어서 불안정하다. 우리가 방사선 형태로 감지하는 것은 바로 이 불안정성이다. 이 현상은 입자가 손실될 때 원소가 붕괴해 다른 원소가 되면서 주기율표에서 다른 위치로 이동하기 때문에 '방사성 붕괴'라고 불렸다. 이러한 붕괴를 주의 깊게 연구하면 주기율표의 빈칸을 채우는 작업을 계속할 수 있었다.

또한 이 현상으로 '방사성연대측정'이라고 불리는, 지구상에서 벌어진 사건의 연대를 측정하는 귀중한 방법이 개발되었다. 어니스트 러더퍼드 역시 이 개발에 앞장섰고 1905년에는 이 기술이 지구의 나이를 측정하는 데 유용할 것이라고 주장했다. 물리학자들은 우라늄 같은 천연 방사성 원소 중 절반이 최종 산물인 다른 원소, 우라늄의 경우에는 납으로 붕괴하는 데 걸리는 기간을 계산했다. 이 기간을 원소의 반감기라고 한다. 원소의 반감기는 몇 초부터 수백만 년까지 다양하다. 원소의 반감기를 알면 과학자들은 자연적으로 생성된 표본인 화석이나 암석을 조사하고 원래 원소와 붕괴한 원소가 얼마나 있는지 확인하여 사건의 연대를 측정할 수 있다. 이 두 원소 사이의 비율에서 표본의 나이를 알 수 있는 것이다. 어떤 특이한 형태의 탄소는 천연 방사성 원소이며, 이 탄소의 반감기는 한때 살았던 동식물의 화석 잔해 연대를 측정하는 데 사용될 수 있다. 모든 생물은 살아가면서 탄소를 흡수한다. 죽어야 흡수를 멈춘다. 그래서 화석에서 방사성 탄소의 양을 측정하면 화석이 형성된 연대를 알 수 있다. 같은 원리로 훨씬 더 오랜 기간에 걸쳐 있는 암석의 연대도 방사성연대측정으로 계산할 수 있다. 이 기술은 화석 연구의 양상을 바꿔놓았다. 이제는 단순히 화석끼리 비교하여 상대적인 연대를 추정하지 않고 대략적인 연대를 직접 계산할 수 있었다.

물리학자들은 방사능이 방출될 때 엄청난 양의 에너지가 관여한다는 사실을 재빨리 알아차렸다. 우라늄 같은 천연 방사성 원소나, 탄소 같은 원소의 방사성 형태는 흔치 않다. 그러나 알파 입자나 중성자를 원자에 충돌시키면 방사능 에너지를 방출하는 원소를 많이 얻을 수 있다. 이는 원자핵에 얼마나 많은 에너지가 채워져 있는지를 보여주었다. 지난 100년 동안 많은 물리학자들은 이 잠재력을 활용하는 방법을 찾으려고 노력했다.

원자에 충격이 가해져 핵에서 알파 입자가 빠져나오면 원자는 '분열'하여 다른 원소로 변한다. 이러한 현상을 '핵분열'이라고 한다. 핵은 두 개의 양성자를 잃는다. 또 다른 현상으로 '핵융합'이 있으며, 원자가 입자를 흡수하여 주기율표에서 새로운 위치로 이동하는 현상이다. 핵분열과 핵융합 모두 에너지를 방출한다. 핵융합의 가능성은 1930년대 후반에 리제 마이트너(1878~1968)를 비롯한 독일과 오스트리아의 물리학자들이 보여주었다. 유대인 집안에서 태어난 마이트너는 기독교로 개종했지만, 1938년에 나치 독일을 떠나야 했다. 마이트너는 두 개의 수소 원자가 융합하여 주기율표의 다음 원소인 헬륨 원자를 형성한다고 주장했다. 태양을 비롯한 항성을 연구하면서 수소가 헬륨으로 변환되는 과정이 항성 에너지의 주요 원천이라는 사실이 밝혀졌다. (헬륨은 지구보다 태양에서 먼저 발견되었다. 분광기라는 기기로 검출하면 특징적인 파장을 확인할 수 있다.) 이 반응에는 매우 높은 온도가 필요하며 1930년대에는 실험실에서 구현할 수 없었다. 그러나 이론상으로는 폭발할 때 엄청난 양의 에너지를 방출하는 수소폭탄(핵융합 폭탄)을 만들어낼 수 있었다.

1930년대에는 원자폭탄, 즉 핵분열 폭탄이 더 현실적인 대안으로 등장했다. 나치가 유럽을 계속 침공하면서 전쟁이 벌어질 가능성이 점점 높아졌다. 독일을 비롯한 여러 국가의 과학자들은 엄청난 충격을 가할 수 있는 무기를 준비하기 위해 비밀리에 연구를 진행했다. 전면전을 향한 이 무시무시한 기류에서 결정적인 역할을 한 것은 이탈리아의 물리학자 엔리코 페르미(1901~1954)의 연구였다. 페르미와 동료들은 '천천히' 운동하는 중성자와 원자가 충돌하면 원하는 수준의 핵분열을 일으킬 수 있음을 보여주었다. 중성자는 목표 원자를 향해 움직일 때 파라핀 같은 물질을 통과하여 속도를 줄였다. 이렇게 속도를 줄였을 때 중성자는 핵에 박혀 분열을 일으킬 가능성이 더 높았다. 1938년 페르미는 나치에 동조한 파시스트 정권을 피해 이탈리아를 떠났다. 그리고 당시 수많은 독창적인 과학자, 작가, 예술가, 사상가처럼 미국으로 건너갔다. 오늘날 우리는 종종 최고의 '두뇌'가 다른 나라의 더 나은 근무 조건, 즉 더 많은 돈, 더 큰 연구실, 원하는 대로 살 수 있는 더 나은 기회를 찾아 조국을 떠나는 상황을 의미하는 '두뇌 유출'이라는 말을 사용한다. 1930년대 말부터 1940년대 초에 사람들은 직장에서 해고되고 생명의 위협을 느껴 도망쳤다. 나치와 파시스트는 끔찍한 일을 수없이 저질렀다. 또한 이들은 과학의 양상을 바꾸어놓았고 영국과 미국은 강제적으로 진행된 두뇌 유출로 가장 많은 이득을 보았다.

미국에서는 많은 망명자가 극비리에 진행된 '맨해튼 계획'에 참여했다. 이 계획은 당시까지 수행된 과학 과제 중에서 가장 많은 예산이 투입되었지만, 점점 절망적인 상황으로 치닫고 있었다. 1930년대 말까지 방사성 원소를 상당히 많이 이해하게 되면서 많은 물리학자는 스스로 핵폭발을 일으킬 수 있다고 확신했다. 제어하기가 어려울 뿐이었다. 누군가는 너무 위험할 것이라고 생각했다. 연쇄 반응이 일어나면 지구 전체를 날려버릴 수도 있었다. 1939년 전쟁이 발발했을 때, 영국과 미국의 물리학자들은 독일과 일본의 과학자들이 원자폭탄을 계속 연구하고 있을 것이므로 연합국도 그래야 한다고 생각했다. 수많은 과학자들은 미국의 대통령 프랭클린 루스벨트에게 서신을 보내 연합국의 대응을 승인해달라고 촉구했다. 그중에는 세계에서 가장 유명한 과학자이자 나치 독일에서 탈출한 망명자 알베르트 아인슈타인도 있었다.

루스벨트는 동의했다. 뒤이어 테네시, 시카고, 뉴멕시코 등지에서 운명적인 발걸음을 내딛는 데 필요한 여러 조직이 결성되었다. 맨해튼 계획은 군사 노선을 따라 진행되었다. 과학자들은 연구 결과 발표를 중단했다. 과학의 핵심 가치인 개방성과 정보 공유를 무시한 것이다. 전쟁은 인간의 가치를 바꿔놓았다. 미국과 영국은 이 기밀을 핵심 동맹국인 러시아와도 공유하지 않았지만, 극비 폭탄의 비밀은 지켜지지 않았다. 미국의 한 과학자가 비밀리에 러시아에 정보를 제공했는데도 1945년까지 독일, 일본, 러시아의 원자폭탄 제조 기술은 그리 발전하지 못했다. 반면 맨해튼 계획에서는 두 개의 폭탄을 제조하는 데 성공했다. 하나는 우라늄을, 다른 하나는 인공 방사성 원소인 플루토늄을 사용했다. 더 작은 시험용 폭탄이 미국의 사막에서 터졌다. 제대로 작동했다. 폭탄은 준비되었다.

1945년 5월 8일에 독일이 항복하면서 유럽에는 폭탄이 투하되지 않았다. 일본은 태평양 쪽에서 공격을 이어가고 있었다. 미국의 새 대통령 해리 트루먼은 8월 6일 일본 히로시마에 우라늄 폭탄을 투하하라고 명령했다. 이 폭탄은 우라늄 한 조각이 다른 우라늄 조각에 발사되면서 폭발했다. 일본군은 여전히 항복하지 않았다. 3일 후 트루먼은 일본의 다른 도시인 나가사키에 플루토늄 폭탄을 투하하라고 명령했다. 이 폭발로 마침내 전쟁이 끝났다. 이 폭탄으로 약 30만 명이 사망했고 대부분은 민간인이었으며, 그제야 일본은 항복했다. 이제 모두가 원자력의 경악할 만한 힘을 목격했다. 우리의 세상은 완전히 바뀌었다. 이 대량 살상 무기를 만든 과학자 중 상당수는 자신들의 성취 덕분에 끔찍한 전쟁이 끝났다는 사실을 알고 있었지만, 동시에 우려를 표명하기도 했다.

원자력의 놀라운 힘은 현대에도 여전히 중요한 역할을 하고 있다. 그 위험도 여전히 도사리고 있다. 러시아와 미국 사이의 불신은 제2차 세계대전 이후 계속되어 '냉전' 시대로 접어들었다. 양국은 막대한 양의 핵무기를 비축했다. 다행히 아직 충동적으로 사용된 적이 없고 시간이 지나면서 비축량도 줄어들었지만, 합의를 통해 핵무기를 보유한 국가의 수는 오히려 늘어났다.

맨해튼 계획에서 얻은 물리학 지식은 에너지를 적절한 양으로 조절하여 생산하는 데 사용되기도 했다. 원자력은 석탄 같은 화석연료를 태울 때보다 훨씬 적은 온실가스를 배출하면서 전기를 생산할 수 있다. 예를 들어 프랑스에서는 75퍼센트 정도의 전기를 원자력발전으로 생산한다. 그러나 많은 사람들은 원자력의 이점에도 불구하고 사고나 테러 위험 때문에 두려워하게 되었다. 현대 과학과 기술에서 정치적·사회적 가치를 동시에 가장 잘 설명하는 질문 하나가 있다. 우리는 원자력으로 무엇을 해야 하는가?

CHAPTER 32

판도를 바꾸다

아인슈타인

알베르트 아인슈타인(1879~1955)은 눈에 띄는 백발과 물질, 에너지, 공간, 시간에 대한 이론으로 유명하다. 물론 'E=mc^2'이라는 방정식도 있다. 아인슈타인의 이론은 겁먹을 만큼 이해하기 어려울 수 있지만, 우리가 우주에 대해 생각하는 방식을 바꿔놓았다. 언젠가 아인슈타인은 실험실이 어떻게 생겼느냐는 질문을 받았다. 그러자 그는 대답 대신 주머니에서 만년필을 꺼냈다. 아인슈타인은 실험가가 아니라 이론가였기 때문이다. 실험실 작업대보다는 책상이나 칠판 앞에서 연구하는 사람이었다.

하지만 아인슈타인도 실험에서 얻을 수 있는 정보가 필요했고, 그 점에서 특히 독일의 물리학자 막스 플랑크(1858~1947)의 연구에 의존하게 되었다. 플랑크는 이론가이자 실험가였다. 마흔 살

무렵 그는 베를린 대학교에서 가장 중요한 발견을 했다. 1890년대에 플랑크는 최소한의 전기로 최대의 빛을 내는 전구 제작 방법을 찾기 위해 연구하기 시작했다. 이 실험에서 그는 모든 빛을 흡수하고 다시 반사하지 않는 가상의 물체인 '흑체black body'라는 개념을 사용하고 있었다. 햇빛 아래서 검은색 티셔츠를 입고 있으면 흰색 티셔츠를 입었을 때보다 훨씬 덥다. 검은색 옷이 태양에너지를 흡수하기 때문이다. 이렇게 빛에서 나오는 에너지는 흑체에 흡수된다. 하지만 흑체가 모든 에너지를 축적하고 있을 수는 없다. 그렇다면 어떻게 에너지를 다시 내보낼까?

플랑크는 흡수되는 에너지의 양이 빛의 특정 파장(주파수)에 따라 다르다는 사실을 알고 있었다. 그는 에너지와 파장을 꼼꼼히 측정하여 'E=hν'라는 방정식을 세웠다. 에너지 'E'는 파장의 주파수 'ν'와 고정된 수('상수') 'h'를 곱한 값과 같다. 플랑크가 측정한 에너지는 항상 이 방정식의 정수배로만 존재했다. 이것이 중요한 이유는 'h'가 상수라는 점이 에너지가 작은 개별 단위로 존재한다는 사실을 의미했기 때문이다. 플랑크는 이 작은 단위에 '양quantity'이라는 의미로 '양자quantum'라는 이름을 붙였다. 그는 1900년에 자신의 연구 결과를 발표하여 20세기에 양자 개념을 도입했다. 물리학, 그리고 우리가 세상을 이해하는 방식은 그 이후로 완전히 달라졌다. 상수 'h'는 플랑크를 기리기 위해 '플랑크 상수'로 불렸다. 이 방정식은 아인슈타인의 'E=mc^2'만큼이나 중요한 역할을 했다.

플랑크가 수행한 실험의 진정한 의미를 물리학자들이 이해하기까지는 어느 정도의 시간이 걸렸다. 그러나 아인슈타인은 그 의미를 곧바로 알아챘다. 1905년 아인슈타인은 취리히의 특허청에서 근무하면서 틈틈이 물리학을 공부했다. 그리고 그해에 자신의 이름을 세상에 알린 논문 세 편을 발표했다. 1921년 그에게 노벨상을 안겨준 첫 번째 논문에서는 플랑크의 연구를 새로운 차원으로 끌어올렸다. 아인슈타인은 플랑크의 흑체 복사를 꼼꼼히 살펴보면서 당시에 익숙하지 않은 양자적 접근 방식을 도입했다. 심사숙고 끝에 아인슈타인은 몇 가지의 뛰어난 계산을 거쳐 빛이 실제로 작은 에너지 단위로 전달된다는 사실을 입증했다. 이 단위는 함께 모여 파동을 이루면서도 서로 독립적으로 움직였다. 이는 아주 놀라운 주장이었다. 100년 전 토머스 영 이래로 물리학자들은 여러 실험 환경에서 빛을 마치 연속적인 파동처럼 분석해왔기 때문이다. 분명 일반적으로는 빛이 파동처럼 움직이는 상황에서 무명의 젊은 특허청 직원이 빛이 입자, 즉 '광자' 또는 광양자일 수 있다고 주장한 것이었다.

1905년에 발표된 아인슈타인의 후속 논문 역시 혁명적이었다. 이 논문에서 아인슈타인은 모든 운동이 상대적이므로 다른 물체와 '비교해서만' 측정될 수 있다는 특수상대성이론을 소개했다. 이 이론은 매우 복잡하지만, 상상력을 발휘해보면 아주 간단하게 이해할 수 있다. (아인슈타인은 알려진 자료를 깊이 생각하면서 속으로 '만약 이렇다면 어떻게 될까?' 같은 질문을 되뇌며 탐구하는 데 뛰어났다.) 기차가 역을 빠져나가는 상황을 생각해보자. 객차 중앙에 있는 전구가 깜빡이면서 빛을 정확히 동시에 앞뒤로 보내고, 이 불빛은 객차의 양 끝에 있는 거울에 반사된다. 우리가 객차의 정중앙에 서 있다면 정확히 동시에 두 거울에서 반사되어 돌아오는 빛을 볼 수 있을 것이다. 그러나 기차가 지나갈 때 승강장에 서 있는 사람은 두 불빛을 하나씩 차례로 보게 될 것이다. 두 불빛은 여전히 동시에 거울에 반사되지만 기차가 앞으로 움직이기 때문에 승강장에 있는 사람은 객차 앞쪽에서 멀어지는 거울 쪽의 불빛을 먼저 보고 뒤쪽에서 가까워지는 거울 쪽의 불빛을 나중에 보게 될 것이다. 따라서 빛의 속도가 일정하더라도 불빛을 보는 '시점'은 관찰자가 움직이는지, 정지해 있는지에 따라 결정되며, 더 정확히 말하면 상대적으로 달라진다. 아인슈타인은 시간도 현실을 구성하는 기본적인 차원이라고 주장했다(물론 설명하려면 복잡한 방정식이 어느 정도는 필요했다). 이제 물리학자들은 익숙한 3차원의 공간, 즉 길이, 너비, 높이뿐만 아니라 시간도 고려해야 했다.

아인슈타인은 빛이 우리에게서 멀어지든 가까워지든 상관없이 빛의 속도가 일정하다는 사실을 보여주었다. (소리의 속도는 다르다. 그래서 기차가 가까워지거나 멀어지면 그 소리는 다르게 들린다.) 따라서 특수상대성이론의 상대성은 이 불변하는 빛의 속도에는 적용되지 않는다. 이 상대성은 관찰자에게 적용되거나 시간을 고려해야 한다는 사실에서 발생한다. 시간은 절대적이지 않고 상대적이다. 우리가 빠른 속도로 움직이면 시간은 변하고 이를 기록하는 시계도 변한다. 빛의 속도에 가까운 속도로 우주를 여행한 우주비행사가 지구로 돌아오자 오랜 시간이 흘렀음을 깨달았다는 옛이야기가 있다. 우주비행사가 아는 사람은 모두 늙거나 세상을 떠났다. 이 우주비행사는 지구를 떠났을 때보다 나이를 그리 많이 먹지 않았지만, 시계가 느려지면서 자신이 얼마나 오랫동안 여행했는지 깨닫지 못한다. (이 이야기는 사고실험일 뿐이며 공상과학소설에서만 일어날 수 있는 일이다.)

이것만으로는 부족했는지 아인슈타인은 유명한 방정식 '$E=mc^2$'을 만들어 질량(m)과 에너지(E)를 새로운 방식으로 결합했다. 여기서 'c'는 빛의 속도다. 사실상 아인슈타인은 질량과 에너지가 물질의 양면임을 보여주었다. 빛의 속도는 매우 큰 숫자이고 제곱하면 더 커지기 때문에 이 방정식은 아주 작은 질량이라도 에너지로 완전히 변환되면 엄청난 양이 될 수 있음을 의미한다. 원자폭탄도 아주 작은 질량만 에너지로 변환한다. 사람의 몸무게를 완전히 에너지로 변환한다면 대형 수소폭탄 열다섯 개의 위력을 발휘할 것이다. 그렇다고 직접 실험하지는 말기 바란다.

그 후 몇 년간 아인슈타인은 자신의 생각을 확장했고, 1916년에 우주를 설명하는 더 보편적인 체계를 생각해냈다. 바로 일반상대성이론이었다. 이 이론에서는 중력과 가속도의 관계, 우주의 구조에 대한 자신의 생각을 소개했다. 아인슈타인은 중력과 가속도가 실제로는 같다는 사실을 보여주었다. 승강기 안에서 사과를 떨어뜨린다고 생각해보자. 그러면 사과는 승강기 바닥으로 떨어질 것이다. 한편 승강기의 줄이 끊어지는 순간에 우리가 들고 있는 사과를 놓는다면 우리는 사과와 함께 떨어질 것이다. 때문에 우리에게는 사과가 실제로 움직이지 않는 것처럼 보인다. 언제든

손을 뻗으면 사과를 잡을 수 있을 것이다. 승강기와 우리가 계속 떨어지는 한 사과는 바닥에 닿지 않는다. 이 현상은 물론 우주비행사와 우주선이 기본적으로 자유 낙하하는 우주에서 벌어지는 일이다.

아인슈타인의 일반상대성이론은 공간, 정확히 말하면 시공간이 휘어져 있음을 보여주었다. 그리고 물리학자들이 설명하기 어려워한 몇 가지 문제에 대한 예측을 내놓았다. 빛이 큰 물체 근처를 지나가면 살짝 휜다고도 주장했다. 그 이유는 광자로 이루어진 빛이 질량을 가지고 있으며 더 무거운 물체가 가벼운 빛에 중력을 가하기 때문이다. 일식이 일어나는 동안 얻은 측정값은 이 현상이 실제로 일어난다는 사실을 보여주었다. 아인슈타인의 이론은 뉴턴의 덜 복잡한 만유인력 법칙으로 설명할 수 없는 수성 궤도의 흥미로운 특징을 설명하기도 했다.

아인슈타인은 매우 작은 세계(광자)와 매우 거대한 세계(우주 자체)를 동시에 연구했다. 그리고 이 두 세계를 망라하는 강력하고 새로운 방법을 제시했다. 그러면서 자신의 상대성이론을 도입했고 양자 이론에도 기여했다. 이러한 개념과 그 이면의 수학 덕분에 물리학자들은 거시 세계와 미시 세계 모두를 이해하는 방식을 규정할 수 있었다. 그러나 아인슈타인은 물리학계에서 제시하는 새로운 방향성의 상당 부분을 인정하지 않았다. 그는 원자, 전자를 비롯한 여러 입자로 이루어진 우주가 인과관계의 체계에 갇혀 있다는 믿음을 결코 버리지 않았다. 아인슈타인은 '신은 주사위 놀이를 하지 않는다'는 명언을 남겼다. 이는 사건이 항상 규칙적이고 예측 가능한 패턴으로 일어난다는 뜻이었다. 하지만 모두가 이 생각에 동의하지는 않았고, 플랑크의 양자 개념을 받아들인 물리학자들은 다른 결론에 도달했다.

전자는 다른 초기 양자 연구에서 주로 다룬 핵심적인 대상이었다. 제30장에서는 1913년에 발표된 닐스 보어의 양자 원자 모형을 살펴보았다. 보어는 전자가 특정 에너지를 띤 채 정해진 궤도를 따라 중심핵 주위를 빠르게 움직인다고 생각했다. 이러한 관계를 수학적으로 설명하기 위해 많은 연구가 진행되었다. 일반적인 수학으로는 설명할 수 없었다. 이 문제를 해결하기 위해 물리학자들은 행렬을 활용하기 시작했다. 일반적인 수학에서 '2×3'은 '3×2'와 같다. 그러나 행렬을 활용한 수학에서는 항상 그렇지 않으며, 이 특별한 도구로 오스트리아의 물리학자 에르빈 슈뢰딩거(1887~1961)는 1926년에 새로운 방정식을 개발했다. 슈뢰딩거의 파동 방정식은 원자의 외곽에 있는 전자의 작동 방식을 설명했다. 이것이 바로 양자역학의 시작이었다. 뉴턴 역학이 매우 거대한 세계를 설명했다면, 양자역학은 매우 작은 세계를 설명했다. 20세기 초에 세계를 이해하는 방식을 바꾼 여느 물리학자처럼 슈뢰딩거도 나치를 피해 아일랜드의 더블린에서 지냈다. 당시 아인슈타인은 미국으로 떠났다.

슈뢰딩거의 파동 방정식은 전반적인 상황에 질서를 잡아주었다. 그 후 1927년에 베르너 하이젠베르크(1901~1976)는 '불확정성 원리'를 제시했다. 이 원리는 철학이기도 했고 실험이기도 했다. 하이젠베르크는 전자로 실험하는 행위 자체가 전자의 상태를 변화시킨다고 생각했다. 여기에서는 우리가 알 수 있는 정보에 한계가 생긴다. 우리는 전자의 운동량(질량에 속도를 곱한 값)이나 위치 중 하나만 알 수 있고 둘 다 알 수는 없다. 하나를 측정하면 다른 하나가 영향을 받는다. 다른 이들보다도 특히 아인슈타인이 이러한 생각에 경악을 금치 못하며 하이젠베르크의 불확정성 원리를 반박하려 했다. 하지만 그럴 수 없었다. 아인슈타인은 패배를 인정했다. 지금까지도 이 원리는 그대로 남아 있다. 즉 미시 세계를 이해하는 데는 한계가 있다는 것이다.

전자는 폴 디랙(1902~1984)에게도 매우 중요했다. 이 종잡을 수 없는 영국인은 또 다른 아인슈타인이나 다름없었다. 디랙이 집필한 책은 30년간 양자역학 분야를 이끌었다. 원자나 원자보다 작은 입자들의 양자 운동에 대한 디랙의 방정식은 획기적이었다. 문제는 그의 방정식이 성립하려면 '양전하를 띤 전자' 같은 이상한 입자가 필요하다는 데 있었다. 이는 물질과 반물질이 모두 존재한다는 말과 같았다. 물질은 우주를 구성하는 확실한 존재이기 때문에 '반물질'에 대한 전체적인 개념은 기이했다. 그러나 몇 년이 지나지 않아 그런 입자를 검출했고 '양전자' 또한 발견되었다. 이 전자의 쌍둥이 입자는 단일한 양전하를 띤다. 양전자와 전자가 결합하면 폭발적인 에너지가 발생한 뒤 두 입자 모두 사라졌다. 물질과 반물질은 눈 깜짝할 사이에 서로를 소멸시킬 수 있었다.

양전자 덕분에 물리학자들은 원자에 양성자, 전자, 중성자 이외의 입자가 존재한다는 사실을 알게 되었다. 훗날 물리학자들이 더 높은 에너지를 생성하여 원자와 입자들을 조사하면서 이 엄청난 사실이 확인되었다. 사실 '조사'는 올바른 단어가 아니다. 고에너지 연구에서 물리학자들은 실험에서 무슨 일이 일어나는지 직접 관찰할 수 없다. 대신 컴퓨터 화면에 찍히는 점이나 실험에서 설정해놓은 자기장 또는 에너지의 변화를 관찰한다. 그러나 원자폭탄, 원자 에너지, 심지어 양자 컴퓨팅까지 모두 우리가 직접 볼 수는 없지만, 자연의 힘과 신비로움을 증명한다.

막스 플랑크의 에너지 단위인 양자, 그리고 질량과 에너지가 같은 현상의 양면일 뿐이라는 알베르트 아인슈타인의 깨달음은 우주를 이해하는 방식을 완전히 바꿔놓았다. 질량과 에너지, 파동과 입자, 시간과 공간의 경우처럼, 자연에서는 '둘 중 하나'가 아니라 '둘 다' 가능하다는 사실이 밝혀졌다. 이 모든 개념은 원자의 구조나 우주의 탄생을 설명하는 데도 큰 역할을 했지만, 우리가 밤중에 길을 찾을 때도 도움이 된다. 위성은 지구에서 너무 멀리 떨어져 있기 때문에 위성항법에는 특수상대성이론을 적용해야 한다. 이를 고려하지 않으면 곧바로 길을 잃을 수도 있다.

CHAPTER 33

움직이는 대륙

지진은 치명적이고 두려운 현상이다. 대규모의 파괴가 일어나기 때문에 치명적이고, 움직이지 않아야 할 땅이 발밑에서 꿈틀댄다는 사실 때문에 두렵다. 하지만 거의 보이지 않고 느껴지지 않을 뿐, 땅은 항상 움직이고 있다. 과학이 대부분 그렇듯, 지구의 구조를 이해하는 것도 보이지 않고 느껴지지 않는 부분을 측정한 후 그것이 옳다고 사람들을 설득하는 과정이다. 대륙과 해저는 우리의 발밑에서 분명히 움직이고 있다.

우리가 살면서 경험하는 지구의 역사는 아주 오랜 과정 중에 찰나의 순간을 찍는 스냅사진과 같다. 지질학자들은 과학기술을 보유하고 있지만, '고정관념을 깨는' 상상력도 발휘해야 한다. 물론 실험실에서 연구하며 눈앞에 놓인 증거와 자신의 생각을 비교하고 확인하지만, 훌륭한 과학자라면 모두 상상력을 활용한다.

19세기에 지질학자들은 화석을 발굴하거나 암석을 분석하고 분류하며 지진과 화산의 영향을 관찰하는 등 전통적인 방식을 따랐다. 그리고 이 모든 결과를 엮어 믿을 만한 지구의 역사를 구성해냈다. 이들이 알아낸 내용 중 상당수는 오늘날에도 여전히 사실로 남아 있다. 그러나 당시 지질학자들에게는 골치 아픈 문제가 많았고 새로운 종류의 대담한 사고방식이 필요했다. 과거의 '격변론자'들은 여러 종류의 힘이 존재했거나 성경에 묘사된 노아의 홍수 같은 기적이 개입했을 수 있다는 생각에 의존했다. 하지만 이후에는 시간, 즉 '심원한 시간deep time'이라 불리는 어마어마한 기간에 더 관심을 가졌다. 2억 년 전, 또는 그보다 두세 배 더 오래전의 지구는 어떤 모습이었을까?

'심원한 시간'은 다음과 같은 세 가지의 중요한 문제를 해결하는 데 어떤 도움을 주었을까? 첫째, 왜 주요 대륙은 거대한 조각 그림 퍼즐처럼 떼어다 붙이면 서로 잘 들어맞는 것처럼 보일까? 남아메리카 대륙의 동쪽 해안은 아프리카 대륙의 서쪽 해안과 매우 잘 들어맞는다. 이것은 우연일까?

둘째, 남아프리카의 암석층은 왜 대서양 반대편의 브라질에서 발견된 암석층과 비슷할까? 영국처럼 작은 섬에서도 험준한 바위, 호수가 있는 스코틀랜드의 고지와 남부의 완만한 서식스 주 윌드 지방이 그토록 다른 이유는 무엇일까? 영국은 원래 유럽 본토에서 분리되어 있었을까? 알래스카는 아시아에서 떨어져 있었을까?

셋째, 동식물이 서식하는 지역에 이상한 패턴이 존재한다. 왜 어떤 달팽이 종은 유럽과 북아메리카 대륙 동부에서는 발견되지만, 아메리카 대륙 반대편인 서쪽에서는 발견되지 않을까? 오스트레일리아의 유대류는 왜 다른 지역의 유대류와 다를까? 1850년대에 다윈과 월리스는 몇 가지의 새로운 답을 찾아냈고, 진화론은 많은 부분을 설명하는 데 도움이 되었다. 다윈은 악취가 심한 실험을 했다. 연구실의 바닷물 통에 몇 달간 씨앗을 방치하며, 씨앗이 오랜 항해를 거쳐 온 듯한 환경을 조성했다. 그런 다음 그 씨앗을 심고, 발아하여 성장할 수 있는지 살펴보았다. 그 결과 제대로 성장하는 경우도 있었기 때문에 여기에서 같은 식물이 다른 대륙에서 발견되는 이유를 찾을 수도 있었다. 또한 다윈은 새가 씨앗이나 곤충, 다른 생물을 매우 먼 거리로 옮길 수 있는지를 확인하는 방법도 찾아냈다. 그런 방식으로 동식물이 멀리 이동할 수는 있지만, 모든 수수께끼를 풀어주지는 못했다.

아주 많은 부분을 설명해주는 급진적인 이론 하나가 있었다. 그것은 과거에 대륙이 현재와 다른 위치에 있었다거나 기다란 땅, 즉 '육교'로 서로 연결되어 있었다는 주장이었다. 19세기 후반의 많은 지질학자들은 여러 지역에 육교가 존재했을 것이라고 생각했다. 영국이 한때 유럽과 연결되어 있었다는 훌륭한 증거도 있었다. 이는 현대에 영국에서 발견할 수 없는 곰이나 하이에나를 비롯한 동물의 화석 뼈가 발견되는 이유를 아주 효과적으로 설명해주었다. 북아메리카 대륙은 한때 베링 해협 건너편의 아시아와 연결되어 있었으며, 동물이나 아메리카 원주민이 분명 그곳을 건너갔을 것이다. 아프리카와 남아메리카 대륙을 연결하는 육교가 존재했을 가능성은 낮아 보였지만, 오스트리아의 저명한 지질학자 에두아르트 쥐스(1831~1914)는 지구에 관해 쓴 다섯 권 분량의 방대한 저서(1883~1909년에 출간했다)에서 그 가능성을 논의했다. 쥐스는 지질학적 역사 동안 지구의 표면이 끊임없이 상승하고 하강했기 때문에 가능했다고 설명했다. 현재의 해저면이 한때는 두 대륙을 연결했다는 것이다.

하지만 다섯 권으로도 모든 사람을 설득하지는 못했다. 그때 독일의 알프레트 베게너(1880~1930)가 등장했다. 베게너는 지구의 기후와 지질학 모두에 관심을 가졌다. 1912년 그는 대륙이 움직인다는 이론, 즉 '대륙이동설'에 대한 강연을 했다. 그 내용은 1915년에 책으로 출판되었고, 베게너는 더 많은 증거를 찾기 위해 여생을 보냈다. 그는 자신의 이론을 뒷받침할 더 많은 단서를 찾기 위해 원정대를 이끌고 그린란드로 떠났지만, 탐사 도중에 사망하고 말았다. 베게너의 급진적인 주장에 따르면 약 2억 년 전에는 광대한 바다로 둘러싸인 하나의 거대한 대륙인 판게아만 존재했다. 빙산이 부서져 바다 위를 떠다니듯, 이 거대한 대륙도 서서히 쪼개져 그 조각들이 떠다니게 되었다. 녹아서 사라지는 빙산과 달리 판게아의 조각들은 새로운 대륙이 되었다. 여기에서 끝나지 않았다. 베게너는 대륙이 여전히 1년에 약 10미터씩 멀어지고 있다고 생각했다. 이 추정치는 너무 높았다. 최근의 측정 결과에 따르면 1년에 불과 몇 밀리미터 움직일 뿐이다. 그렇더라도 굉장히 오랜 시간이 지나면 놀라운 결과가 나타날 것이다.

베게너에게는 주로 고국인 독일에 소수의 지지자가 있었지만, 지질학자들은 대부분 베게너의 주장이 터무니없으며 공상과학소설에 훨씬 가깝다고 생각했다. 이후 제2차 세계대전 중에 잠수함이 본격적으로 해저를 탐사하기 시작했다. 전쟁이 끝난 뒤에는 산과 계곡의 거대한 능선부터 사화산, 심지어 활화산까지 분포하는 새로운 해저 풍경이 공개되었다. 미국 해군에서 근무하던 지질학자 해리 헤스(1906~1969)는 이 능선과 계곡을 추적하여 더 익숙한 지형인 육지까지 연결했다. 또한 육지와 해저에서 지진과 화산 활동이 활발한 지역인 단층선도 따라가며 조사했다. 그 결과 헤스는 육지와 해저가 자연스럽게 연결되어 있으며 서로 맞닿아 있다는 사실을 발견했다. 베게너의 주장처럼 대륙은 물에 떠 있는 것이 아니었다. 그렇다면 대륙은 어떻게 움직일 수 있었을까?

헤스는 물리학자와 날씨를 관찰하는 기상학자, 바다를 연구하는 해양학자, 지진 전문가인 지진학자, 전통적 지질학자들과 함께 연구를 수행했다. 이들은 모두 여러 과학 분야의 도구를 활용하여 지구의 역사를 파악하기 위해 노력했다. 물론 쉽지는 않았다. 지구 내부로 들어가면 온도가 매우 빠르게 올라가기 때문에 그리 깊지 않은 곳에서도 기기들이 녹아버렸다. 그래서 지구 내부의 구성과 구조에 대한 많은 내용은 간접적인 방법으로 알아낼 수밖에 없었다. 과학은 종종 이런 식이다.

화산이 용암을 분출하는 현상은 지구 내부에 과도하게 축적된 열을 제거하기 위해서라는 해석이 오랫동안 받아들여졌고, 어떤 의미에서는 사실이기도 하다. 하지만 그런 이유가 전부는 아니다. 우라늄 같은 방사성 원소가 붕괴할 때 자연스럽게 많은 양의 에너지를 방출한다는 사실을 알게 되면서 이 또한 지구 내부의 열원으로 밝혀졌다. 그러나 방사능 원소는 지속적으로 열을 발생하며, 이는 지구가 한때 매우 뜨거운 구체였다가 지금은 점차 냉각되고 있다는 오랜 생각이 너무 단순하다는 의미였다.

적어도 지질학자 아서 홈스(1890~1965)에게는 너무 단순했다. 홈스는 끊임없이 생성되는 지구 내부의 열이 일반적인 열전달 과정인 대류에 의해 제거된다고 주장했다. 홈스의 이론에서 중요한 점은 우리가 살고 있는 지각이 아니라 지각 바로 아래층에서 대류가 일어난다는 것이었다. 이 층은 맨틀이라 불렸고, 홈스는 맨틀의 암석이 녹아서 욕조의 뜨거운 물처럼 점차 위로 올라간다고 생각했다. 이 녹은 암석은 더 뜨거운 영역에서 위쪽으로 올라가다가 다시 식어서 가라앉으며 다른 녹은 암석으로 대체되는 영원한 순환을 계속한다. 바로 이 녹은 암석 중 일부가 화산이 폭발할 때 뿜어져 나온다. 하지만 대부분은 지표에 도달하지 못하고 식어서 가라앉으면서 대륙을 밀리미터 단위로 움직이게 하는 원동력이 된다는 것이다.

이렇게 바다와 지구를 깊이 탐험하는 사이에 지구의 나이를 계산하는 방법이 새로 개발되면서 '심원한 시간'은 진정한 의미를 갖게 되었다. 방사성연대측정 기술은 물리학자들이 방사능을 발견하면서 등장했다.(제31장 참조) 이제 과학자들은 암석 표본에서 방사성 원소와 붕괴 후 생성된 원소의 양(예를 들어 우라늄과 납의 양)을 비교하여 연구 중인 암석의 연대를 측정할 수 있었다. 암석이 형성되고 나면 새로운 물질이 들어올 수 없기 때문에, 이 기술을 활용하면 암석이 얼마나 오래되었는지 알 수 있다. 개별 암석층의 나이를 알면 바로 지구의 나이를 알 수 있었다. 40억 년 전에 형성된 암석이 발견되기도 했다. 그런 암석은 항상 육지에 있었다. 해저의 암석은 언제나 더 최근에 생성된 것이었다. 해저 지각은 대륙 지각만큼 오래가지 못하며 실제로 항상 생성과 소멸을 반복하고 있다. 물론 이런 과정은 매우 오랜 기간에 걸쳐 일어나므로 내년 여름에 해변에 가더라도 걱정할 필요는 없다. (반면 인간이 만들어낸 지구 온난화는 극지방의 만년설을 계속 녹이고 있기 때문에 수십 년 후에 해수면을 급격히 상승시킬 수 있다.)

암석은 생성 과정에서 반드시 방사성 원소를 획득할 뿐만 아니라 철과 같은 자성에 민감한 물질이 가리키는 자기 방향도 보존한다. 방사능처럼 자성도 지구과학자들이 암석의 나이를 구하는 데 도움이 되었다. 지구의 자극magnetic pole은 오랜 기간 동안 변해왔다. 북극과 남극은 여러 차례 뒤바뀌었기 때문에 남북 방향은 암석이 형성된 시기에 대한 정보를 제공하기도 한다. 나침반은 현재 북쪽을 가리키며 두 세대 후에도 그렇겠지만, 과거를 돌이켜보면 항상 그렇지는 않았고 먼 미래에도 마찬가지다.

자성, 대류, 심해 지형, 방사성연대측정은 고대 지구의 환경에 대한 중요한 단서를 밝혀주었다. 지구과학자들은 이 모든 내용을 종합하여 베게너가 거의 옳았다고 확신할 수 있었다. 위성으로 정밀하게 대륙의 운동을 측정한 결과, 대륙이 실제로 이동했기 때문에 그 점에서는 옳았다. 하지만 대륙이 떠다닌다는 베게너의 주장은 옳지 않았다. 존 윌슨(1908~1993)을 비롯한 과학자들은 지구 맨틀의 윗부분이 여러 거대한 판으로 이루어져 있다고 주장하면서 베게너가 시작한 대담한 사고의 흐름에 종지부를 찍었다. 이 판들이 서로 맞물려 지구를 덮고 육지와 바다의 경계를 넘나든다는 것이다. 그렇지만 서로 완벽하게 들어맞지는 않으며, 바로 이 접합부에서 단층선이 나타난다. 판끼리 서로 마찰할 때, 서로 겹치거나 충돌할 때 무슨 일이 일어나는지 설명하는 이론을 판구조론이라고 한다. 지구상에서 가장 높은 산인 히말라야 산맥의 에베레스트 산을 예로 들어보자. 에베레스트 산이 그토록 높은 이유는 약 7,000만 년 전에 두 개의 판이 서로 충돌하면서 히말라야 산맥을 형성했기 때문이다. 지질학 분야에는 노벨상이 없지만, 아마 생겨야 할 것이다. 판구조론을 적용하면 지진과 쓰나미, 산과 암석, 화석과 살아 있는 동식물에 대해 많은 것을 설명할 수 있다. 우리 지구는 아주 오래되었지만 너무나 특별한 곳이다.

CHAPTER 34

우리는 무엇을 물려받는가

여러분은 누구를 가장 많이 닮았는가? 어머니나 아버지? 아니면 할아버지나 이모? 혹시 여러분이 축구를 잘하거나, 기타나 플루트를 잘 연주한다면 가족 중에 그런 재능을 가진 사람이 또 있는가? 계모나 계부처럼 결혼으로 맺은 인척 관계가 아니라 생물학적으로 관계되어 있어야 그런 재능을 물려줄 수 있을 것이다. 결혼으로 맺어진 친척도 물론 엄청난 도움이 되겠지만, 유전자를 물려줄 수는 없다.

오늘날에는 눈이나 머리카락 색깔 등이 유전자를 통해 결정되고 다음 세대로 전달된다고 알려져 있다. '유전학'은 유전자를 연구하는 학문이다. '유전'이라는 단어는 유전자에 내재한 정보가 어떻게 전달되는지 설명하기 위해 사용된다. 유전자는 우리가 누구인지에 관해 엄청나게 많은 것을 결정한다. 그렇다면 이 작은 부분이 그토록 중요하다는 사실을 어떻게 알아냈을까?

잠시 찰스 다윈으로 돌아가보자.(제25장 참조) 유전은 다윈의 연구에서 핵심이었다. 유전이 어떻게 일어나는지는 알아내지 못했지만, 종이 진화한다는 다윈의 주장에서 유전은 매우 중요한 역할을 했다. 1859년에 다윈의 저서 『종의 기원』이 출간된 후, 생물학자들은 오랫동안 유전이 어떻게 일어나는지 끊임없이 논쟁을 벌였다. 특히 '연성soft' 유전이 종종 일어날 수 있는지에 관심이 쏠렸다. 연성 유전은 진화에 따라 종이 변화를 겪는다고 믿은 프랑스의 박물학자 장 바티스트 라마르크(1744~1829)가 제안한 개념이었다. 기린의 목을 생각해보자. 기린의 목은 어떻게 길어졌을까? 라마르크는 기린이 가장 큰 나무의 잎사귀에 닿기 위해 계속 위로 목을 뻗었고, 이 작은 변화가 자손 대대로 전달되었기 때문이라고 생각했다. 오랜 시간에 걸쳐 목을 계속 뻗으면 목이 짧은 동물도 결국 목이 길어질 수 있다는 것이었다. 즉 환경이 유기체와 상호 작용하여 그 형태를 조정하고 그 변화가 다음 세대로 전달된다는 것이다.

연성 유전을 실험으로 증명하기는 매우 어려웠다. 다윈의 사촌인 프랜시스 골턴(1822~1911)은 검은 토끼의 혈액을 흰 토끼에 주입하는 실험을 여러 차례 수행했다. 수혈한 토끼의 자손들은 혈액에 따른 영향을 보이지 않았다. 또한 여러 세대에 걸쳐 쥐의 꼬리를 잘랐지만, 꼬리가 없는 쥐의 종을 만들지는 못했다. 어린 소년들에게 포경수술을 해도 다음 세대의 남자아이들은 아무런 영향을 받지 않았다.

1900년대 초반까지도 찬반양론이 분분했다. 그러는 중에 동식물이 살아가면서 획득한 형질은 자손에게 전달되지 않는다는 사실을 생물학자들이 확신하게 된 두 가지 사건이 발생했다. 먼저 모라비아(오늘날 체코공화국의 일부)의 수도사 그레고어 멘델(1822~1884)의 연구가 다시 수면 위로 떠올랐다. 1860년대에 멘델은 수도원 정원에서 실험한 결과를 그리 알려지지 않은 학술지에 발표했다. 그는 골턴이 쥐의 꼬리를 자르는 실험을 하기 전부터 완두콩에 빠져 있었다. 멘델은 특정한 형질을 가진 완두를 '교배'하면(즉 다른 색깔의 완두콩이 열리는 개체를 함께 재배하면) 다음 세대의 완두에 무슨 일이 일어날지 궁금했다. 완두는 빠르게 자라기 때문에 연구하기 편했고, 덕분에 한 세대에서 다음 세대로 빠르고 간편하게 넘어갈 수 있었다. 또한 콩깍지 안의 완두콩에 분명한 차이가 있었다. 콩 자체는 황색이거나 녹색이었고, 표면은 주름지거나 매끈했다. 멘델은 이러한 형질이 수학적으로 정밀하지만 쉽게 알아채기는 어려운 방식으로 유전된다는 사실을 알아냈다. 녹색 완두콩(씨앗)이 열리는 완두를 황색 완두콩이 열리는 완두와 교배하면 1세대 완두콩은 모두 황색이었다. 그런데 이 1세대를 서로 교배하자 2세대에서는 넷 중 셋에서 황색 완두콩이, 하나에서는 녹색 완두콩이 열렸다. 1세대에서는 황색 형질이 우세했지만 2세대에서는 '열성' 형질이었던 녹색이 다시 나타난 것이다. 이 뚜렷한 패턴은 무엇을 의미할까? 멘델은 유전이 '미립자'를 기반으로 한다는 결론을 내렸다. 즉 동식물은 개별 단위로 유전 형질을 물려받는다는 것이다. 유전이라는 현상은 연성 유전처럼 조금씩 변화한다거나 부모의 평균적 형질을 물려받는 것이 아니라 아주 명확한 것이었다. 완두콩은 녹색이거나 황색이지 그 중간색을 띠지 않는다.

멘델의 연구가 알려지지 않은 사이에 아우구스트 바이스만(1834~1914)은 연성 유전에 대해 두 번째 반론을 제기했다. 멘델은 종교인이었지만, 바이스만은 누구보다도 의지가 강한 과학자였다. 이 뛰어난 독일의 생물학자는 다윈의 진화론적 관점이 옳다고 굳게 믿었지만, 유전을 제대로 설명하지 못한다는 문제점도 알고 있었다. 바이스만은 자신의 관심 분야인 세포와 세포분열을 해결책으로 내세웠다.

멘델이 완두콩으로 실험하기 몇 년 전, 루돌프 피르호는 세포분열에 대한 이론을 발표했다.(제26장 참조) 1880년대와 1890년대에 바이스만은 난자나 정자세포를 만들 때 생식기관의 '모세포'가 다른 체세포와는 다른 방식으로 분열한다는 사실을 확인했다. 바로 이 차이가 핵심이었다. 감수분열meiosis로 알려진 이 과정에서는 염색체가 분열된 후 염색체 물질 중 절반이 각각의 '딸세포'로 들어간다. 다른 모든 체세포에서는 '딸세포'가 '모세포'와 같은 양의 염색체 물질을 받는다. (헷갈릴 수 있겠지만, '모세포'는 기존의 모든 세포이며 두 개의 '딸세포'로 분열한다. 이 세포들은 몸 전체에 분포하며 실제 모녀와는 관계가 없다.) 따라서 난자와 정자세포가 결합하면 절반의 염색체 물질 두 개가 모여 수정란에서 원래의 양이 된다. 이 생식세포는 다른 모든 체세포와 달랐다. 바이스만은 근육이나 뼈, 혈관, 신경세포에서 발생하는 일은 중요하지 않다고 주장했다. 오로지 생식세포만 후대에 물려줄 물질을 포함하고 있다는 것이다. 따라서 기린의 목이 늘어난다 해도 난자와 정자세포에 영향을 미치지 않을 것이며, 바이스만이 '생식질germ plasm'이라고 일컬은 물질을 포함하는 세포는 바로 이 둘이었다. 난자와 정자세포의 염색체에 있는 생식질이 유전되는 것이며, 바이스만은 이러한 개념을 '생식질의 연속성'이라고 불렀다.

1900년에는 한 명도 아니고 세 명의 과학자가 각자 멘델의 논문이 실린 학술지 사본을 들추어냈다. 이들은 과학계에 멘델의 완두콩 실험 결과를 알렸다. 생물학자들은 멘델이 바이스만의 '생식질의 연속성'을 뒷받침하는 최고의 실험 증거를 제공했으며, 나중에 '멘델의 법칙'이라고 불린 이 유전학설에 타당한 근거가 있다는 사실을 깨달았다.

과학계는 곧 '멘델학파Mendelians'와 '생물계측학파biometricians'로 양분되었다. 통계 전문가인 칼 피어슨(1857~1936)이 이끄는 생물계측학파에서는 '연속적인' 유전을 믿었다. 이들은 부모의 평균적 형질이 유전된다고 생각했다. 생물계측학파에서는 바다 생물과 달팽이의 미세한 차이를 측정하는 현장 조사를 진행했다. 이들은 이 작은 차이가 생존하는 후손의 수를 결정하는 데, 즉 종의 번식 성공에 중요한 역할을 한다는 사실을 보여주었다. 멘델학파는 케임브리지의 생물학자 윌리엄 베이트슨(1861~1926)이 이끌었다. 그는 '유전학genetics'이라는 용어를 만들었다. 멘델학파에서는 멘델이 설명했듯이 여러 형질이 개별적으로 유전된다고 강조했다. 아울러 생물학적 변화가 생물계측학파의 주장처럼 느리고 연속적인 과정이 아니라 도약적인 과정이라고 주장했다. 두 학파 모두 진화를 받아들였다. 단지 진화가 어떤 방식으로 일어나는지에 대해 논쟁했을 뿐이다.

이러한 논쟁은 거의 20년간 치열하게 이어졌다. 1920년대에 이르자 몇몇 사람이 두 학파 모두에 옳고 그른 측면이 있음을 보여주었다. 두 학파는 단지 같은 문제의 다른 측면만 보고 있을 뿐이었다. 많은 생물학적 특성은 '혼합'되어 생물계측학파의 방식으로 유전된다. 키가 큰 아버지와 키가 작은 어머니 사이에서 나온 자녀의 키는 '혼합'되어 그 중간 즈음이 된다. 어떤 자녀는 아버지만큼, 또는 그보다 더 클 수도 있지만, 평균적으로는 두 부모 키의 중간 정도인 경향이 있다. 이와 달리 인간의 눈이나 완두콩 색깔 같은 특성은 둘 중 하나만 유전된다. 멘델학파와 생물계측학파의 차이는 전 개체군을 조사하여 수학적 추론을 적용하면서 좁혀졌다. J. B. S. 홀데인(1892~1964) 같은 신진 생물학자들은 다윈의 독창적인 이론이 탁월하다는 점을 인정했다. 동시에 어떤 개체군에도 유전될 수 있는 무작위 변이가 있다는 사실을 깨달았다. 이 변이가 이롭다면 그 동식물은 살아남을 것이고, 다른 종류의 변이라면 도태될 것이다.

또한 유전이 '어떻게' 이루어지는지도 매우 중요하다. 이것이 해결해야 할 다음 문제였다. 초기 연구의 대부분은 뉴욕 시 컬럼비아 대학교의 토머스 헌트 모건(1866~1945)의 실험실에서 이루어졌다. 모건은 동물의 생명이 어떻게 발생하여 배아로 성장하는지 살펴보며 경력을 쌓기 시작했다. 발생학에 대한 흥미를 완전히 잃지는 않았지만, 그는 1900년대 초부터 유전학이라는 새로운 과학으로 관심을 넓혀갔다. 모건의 연구실은 평범하지 않았다. '파리 방Fly Room'이라는 별명이 붙은 연구실은 흔히 볼 수 있는 '노랑초파리Drosophila melanogaster' 수천 세대의 서식지가 되었다. 초파리는 실험하기에 편리한 동물이다. 이 곤충의 세포핵에는 네 개의 염색체만 있으며, 모건은 염색체의 역할을 알아내고자 했다. 유전 형질을 물려주는 데 염색체가 얼마나 중요한 역할을 할까? 초파리의 염색체는 커서 현미경으로 관찰하기 쉬웠다. 또한 초파리는 굉장히 빠르게 번식했다. 과일 한 접시만 놓고 관찰해 보면 알 것이다. 따라서 많은 세대를 짧은 시간 안에 연구하여 특정 형질을 지닌 파리가 다른 파리와 번식하면 어떤 일이 일어나는지 파악할 수 있었다. 코끼리로 이런 실험을 한다고 생각해보면, 왜 초파리를 선택했는지 이해될 것이다.

모건의 '파리 방'은 유명해졌고, 학생과 과학자들이 몰려들었다. 이 연구실은 오늘날 여느 과학이 이루어지는 방식, 즉 문제를 정의하는 데 도움을 주는 '책임자', 여기서는 모건의 지휘 아래 연구팀이 일하는 구조를 선구적으로 보여주었다. 연구 책임자는 실제로 실험을 수행하는 젊은 연구원들을 감독한다. 모건은 모두가 함께 소통하고 일하도록 독려했기 때문에 누가 무슨 일을 했는지 정확히 파악하기가 어려웠다. (모건은 노벨상을 받고 젊은 동료 두 명과 상금을 나누었다.)

모건은 거의 우연히 중요한 발견을 했다. 그는 최근에 부화한 초파리 한 마리의 눈이 빨간색이 아니라 특이하게도 흰색을 띤다는 사실을 알아차렸다. 그리고 이 초파리를 분리한 후 평범한 빨간색 눈 초파리와 교배했다. 이후 초파리의 후손 중 흰색 눈 초파리를 관찰해보니, 모두 수컷이었다. 이는 눈 색깔을 결정하는 유전자가 후손의 암수를 결정하는 성염색체로 운반된다는 의미였다. 또한 눈 색깔이 유전되는 패턴은 멘델의 완두콩과 동일했다. 즉 눈은 흰색이거나 빨간색이지 절대 분홍색이거나 그 중간색은 아니었다. 모건은 날개의 크기나 모양 같은 초파리의 유전적 특성에서 다른 패턴도 조사했다. 모건은 동료들과 함께 현미경으로 염색체를 조사하고 '유전자'라고 일컬은 유전 단위가 어디에 있는지 보여주는 염색체별 지도를 개발하기 시작했다. 이들은 세포 분열 중에 염색체가 하는 일을 주의 깊게 분석했기 때문에, 흰색 눈 초파리 같은 돌연변이(변화)는 유전자의 위치를 찾는 데 도움이 되었다. 모건의 제자 중 한 명인 H. J. 멀러(1890~1967)는 엑스선이 돌연변이 생성을 촉진한다는 사실을 발견했다. 멀러는 1946년에 노벨상을 받았고, 연구를 통해 원자폭탄과 의료용 엑스선에서 나오는 방사능의 위험성을 경고했다. 또한 모건은 염색체가 분열할 때 물질을 교환하기도 한다는 사실을 보여주었다. 이 현상은 '염색체 교차crossing over'라고 불렸고, 자연이 동식물의 다양성을 늘리는 또 하나의 방식이다.

1910년부터 1940년 사이에 모건과 모건의 연구팀뿐만 아니라 전 세계의 많은 이들이 유전학을 가장 흥미로운 과학 분야로 발전시켰다. '유전자'는 점차 실재하는 물질로 여겨졌다. 세포의 염색체에 있는 유전자는 정자를 만나 수정된 난자로 후손에게 전달되며, 부모는 각각 이 과정에 똑같이 기여한다. 진화에 따른 변화는 돌연변이가 주도하는 것으로 나타났다. 돌연변이는 다양성을 만들어냈고 멀러가 연구한 인공적 방법뿐만 아니라 자연적으로도 발생했다. 새로운 유전학은 진화론적 사고의 핵심이었다. '유전자'가 정확히 무엇인지는 정의하지 못했지만, 이제 그 실체는 의심할 여지가 없었다.

새로운 유전학적 사고는 사회에 악영향을 끼치기도 했다. 만약 연성 유전이 존재하지 않아서 좋은 음식을 먹고 운동을 하며 선하게 사는 노력으로 자녀의 유전자를 바꿀 수 없다면, 미래 세대를 발전시키기 위해 다른 방법을 찾아야 할 것이었다. 다윈의 '인위선택'은 무엇을 번식시키든 원하는 형질을 개선시키기 위해 노력한 가축 사육자나 식물 육종가들이 수 세기에 걸쳐 실행해온 방법이었다. 소는 우유를 더 많이 생산하도록, 토마토는 과즙이 더 풍부해지도록 개량할 수 있었다. 1904년 프랜시스 골턴(다윈의 사촌)은 '우생학' 연구소를 설립했다. 그는 '좋은 태생'이라는 의미의 '우생학'이라는 용어를 만들었다. 여기에서 골턴은 인간의 생식 습성을 바꾸려고 노력했다. 골턴의 생각대로 지능이나 창의성, 범죄 기질, 광기, 게으름이 집안 내력이라면 '좋은' 형질을 지닌 사람이 자녀를 더 많이 낳게 하고('적극적' 우생학) '나쁜' 형질을 지닌 사람이 자녀를 너무 많이 낳지 못하게 하는('소극적' 우생학) 편이 합리적이었다. 적극적 우생학은 영국에서 가장 흔했다. 영국에서는 교양 있는 중산층 부부가 자유노동자 부부보다 '더 나을' 것이라는 가정하에 자녀를 더 많이 낳도록 장려하는 운동을 벌였다. 1890년대 후반, 영국 정부는 남아프리카에서 벌어진 보어 전쟁에 참전할 신병들의 형편없는 상태를 보고 충격을 받았다. 수많은 지원자가 소총을 휴대할 수 없을 정도로 허약했기 때문에 입대를 거부당했다. 그 후 1914년부터 1918년까지 벌어진 제1차 세계대전 중에 유럽의 전장에서는 대규모 학살이 자행되었다. 많은 사람들은 이때 가장 좋은 형질을 지닌 이들이 사망했다고 생각했다. 서구의 모든 국가에서는 자국민의 질이나 위력이 떨어질까 우려했다.

소극적 우생학은 더 잔인했다. 많은 사람들이 정신적 장애가 있거나 지능이 낮은 사람, 범죄자, 심지어 장애인과 사회에서 소외당하는 사람들을 따로 격리하는 편이 현명하다고 생각했다. 미국에서는 이런 사람들이 자녀를 갖지 못하도록 강제로 불임수술을 시행하는 법안을 통과시켰다. 나치 독일은 1930년대부터 제2차 세계대전에서 패배한 1945년까지 최악의 만행을 저질렀다. 국가라는 미명하에 자신들의 기준에서 살아가기에 부적합하다고 판단한 수백만 명의 사람들을 감금했다가 살해했다. 유대인, 집시, 동성애자, 정신이상자, 지적장애인, 범죄자는 모두 무리를 지어 강제 수용소로 보내지거나 처형되었다.

나치의 만행 때문에 '우생학'은 오명을 뒤집어쓰게 되었다. 나중에 살펴보겠지만, 어떤 사람들은 과학자들이 유전 물질과 그 영향력에 대해 점점 더 많이 알게 되면서 우생학이 은밀하게 다시 유행할 것이라고 믿는다. 우리에게는 과학이 필요하지만, 바람직한 목적으로 사용되는지도 반드시 살펴봐야 한다.

CHAPTER 35

인간 연구

오늘날 우리는 인간이 동물 중 가장 가까운 친척인 침팬지와 유전체genome의 98퍼센트를 공유한다는 사실을 알고 있다. 유사도가 엄청나게 높지만, 몇 가지의 결정적인 차이점도 있다. 침팬지는 의사소통을 하지만, 인간처럼 함께 대화하지는 못한다. 인간은 읽고 쓸 줄도 안다. 한 단계 물러나서 보면, 인간과 침팬지는 고릴라, 오랑우탄과 함께 흔히 '유인원'이라고 불리는 '사람과Hominidae'에 속한다. 인간은 고릴라나 오랑우탄과 침팬지만큼 가깝지 않지만, 과거의 어느 시점에 이 네 집단은 같은 조상을 공유했으며 그로부터 각기 다르게 진화했다. 이는 아마 1,500만 년 전쯤으로 아주 오래된 일이다.

이 유인원 '사촌들'은 대단히 흥미로우면서도 우리를 약간 혼란스럽게 한다. 유인원에 대해 글을 쓰고 연구하는 사람들도 그렇게 느꼈다. 그들은 우리와 너무나 비슷하면서도 아주 다른 이 동물들이 신의 창조물 중 어느 위치에 들어갈지 궁금해했다. 1699년 영국의 해부학자 에드워드 타이슨(1651~1708)은 침팬지의 사체를 입수했다. 타이슨은 이 이국적인 동물을 조심스럽게 해부한 뒤 자신이 알고 있는 인체의 해부학적 구조와 비교했다. 이전에 그만큼 침팬지를 자세히 관찰한 사람은 없었다. 타이슨은 아리스토텔레스의 '존재의 대사슬'에서 침팬지를 인간 바로 아래에 넣었다. 그는 어떤 동물이 인간과 나머지 동물계 사이의 간극을 메우는 것은 자연스러운 일이라고 주장했다. 직접 표현하지는 않았지만, 타이슨은 사슬에서 우리를 다른 동물과 연결해줄 '잃어버린 고리'가 필요하다고 주장한 것이다.

영국, 독일, 프랑스에서는 부싯돌 화살이나 도끼머리 같은 인공물이 점점 더 많이 발견되고 있었다. 이러한 인공물은 인간이 수천 년 전에도 존재했음을 뒷받침하는 흥미로운 증거였다. 이 도구들은 무시무시한 검치호나 거대한 매머드 같은 멸종 동물의 화석 잔해 사이에 있는 동굴과 화석지에서 흔히 발견되었다. 이런 멸종 동물과 도구를 만든 석기시대 사람들은 분명 같은 시기에 살았을 것이다. 인간은 많은 사람들의 생각처럼 짧은 기간이 아니라 수만 년 동안 지구에 존재하고 있었다. 물론 모두가 동의하지는 않았지만, 다윈의 친구 토머스 헨리 헉슬리(1825~1895)는 그렇다고 확신했다. 헉슬리는 1856년 독일 네안데르 계곡의 동굴에서 '네안데르탈인'이 발견된 사실에 흥분을 금치 못했다. 그리고 『자연에서 인간의 위치Man's Place in Nature』(1863년)에서 네안데르탈인 화석과 현대 인류, 유인원에 대해 기술했다. 지금은 그것이 린네(제19장 참조)가 우리에게 붙인 생물학적 이름인 '호모 사피엔스' 종에 속하지 않는 최초의 '호미닌Hominin' 화석이라는 사실이 알려져 있다. 오늘날 호미닌은 현대 인류와 멸종된 인류의 조상을 가리키는 말이며, 화석이 더 발견될수록 그 범위가 늘어난다. 이렇게 '생명의 나무'가 성장하며 채워지는 것이다.

당시 헉슬리는 하나의 발견으로 종 전체를 파악할 수 없다는 사실을 인지할 만큼 신중했기 때문에 네안데르탈인을 현대 인류와 같은 종으로 분류했다. 하지만 이 화석이 진화가 일어나기에 충분할 정도로 아주 오래된 표본이라는 점은 확신했다. 분명 둘 사이에는 약간의 변화가 있었다. 네안데르탈인은 우리와 아주 비슷했지만 다르기도 했다. 네안데르탈인의 두개골은 눈썹 뼈가 도드라졌고 비강도 현대인보다 컸다. 팔다리와 몸의 비율도 우리와 달랐다. 심지어 다른 종이 아니라 기형일 가능성도 있었다. 시간이 흘러 우리는 네안데르탈인이 시신을 땅에 묻은 최초의 호미닌이라는 사실을 알게 되었다.

다윈이 인류의 조상에 대한 자신의 생각과 증거를 제시하는 두 권의 책을 연달아 출판하기 전에, 헉슬리는 이미 인류의 진화에 대한 다윈의 생각을 모두 알고 있었다. 1871년 다윈은 『인간의 유래』를 출간하면서 『종의 기원』에서 피했던 주제, 즉 인류에 초점을 맞춰 자연을 설득력 있게 설명했다. 1872년에는 『인간과 동물의 감정 표현The Expression of the Emotions in Man and Animals』이라는 책에서 자신의 주장에 중요한 심리학적 관점을 추가했다. 이 책은 자신의 아이들이 짓는 미소와 찡그린 표정을 비롯한 여러 행동을 주의 깊게 관찰한 내용을 바탕으로 했다. 인간은 다른 모든 동식물과 마찬가지로 지구상에 존재하는 생명의 일부였다. 다윈은 인류의 조상이 아프리카에서 살았을 것이며, 그곳에서 최초로 진화했을 것이라고 주장했다.

다윈이 진화를 설명하기 위해 도입한 '생명의 나무' 개념에서는 인간을 현대 유인원의 후손으로 보지 않았다. 그럼에도 '원인ape man'*과의 연관성은 대중의 상상력을 단번에 사로잡았다. 다윈의 진화 개념은 옥스퍼드에서 영국과학진흥협회가 주최한 학회에서 처음으로 공개 논의되었다. 협회에서는 모든 사람에게 최신 과학 지식을 전달하기 위해 과학자들이 새로운 내용을 발표하고 토론할 수 있도록 매년 학회를 개최했다. 1860년에 열린 학회에서는 극적인 사건이 많았고, '원인'에 대한 개념은 큰 반향을 불러일으켰다. 다윈의 진화론에 대한 토론은 대중의 이목을 집중시켰고, 새뮤얼 윌버포스 주교가 반다윈파를, 헉슬리가 친다윈파를 대표했다. 윌버포스는 스스로 영리한 질문이라고 생각하며 헉슬리에게 유인원 조상이 있다면 할아버지와 할머니 중 어느 쪽이냐고 물었다. 헉슬리는 그런 어리석은 질문에 시간과 머리를 낭비하느니 유인원의 후손이 되는 편이 낫겠다고 대답했다. 윌버포스는 요점을 놓치고 있었던 것이다. 윌버포스를 설득하지는 못했

* 유인원과 인간의 중간 형태를 일컫는 말.

지만, 헉슬리와 진화론은 그날 승리를 거두었다.

인류가 오래전부터 지구상에 존재했다는 사실이 밝혀지면서 박물학자, 인류학자, 고고학자들은 '인류는 원래 어떤 모습이었을까?'라는 궁금증을 품게 되었다. 이 무렵 영국과 유럽의 동굴에서 '동굴인cave man'이 발견되었다. 이 동굴 거주자들이 불을 사용했다는 건 명백했다. 무기, 석기, 조리 도구도 발견되었다. 인류학자와 탐험가들은 아프리카, 아시아, 남아메리카에서 수렵채집인 무리를 발견했고 모든 인간 사회가 똑같은 사회 발전 단계를 거친다고 주장했다. 당시 옥스퍼드 대학교 최초의 인류학 교수로 임용된 E. B. 타일러(1832~1917)는 '잔존물survivals'이라는 개념을 사용하여 인류의 위대한 사회적·문화적 진화 과정을 되짚었다. 이 개념에는 사회적 관행, 종교적 관습, 미신, 가족 관계를 구성하는 여러 방식 등이 있었다. 타일러는 이 잔존물이 '원시' 민족에게 그대로 보존되어 있으며, 여기에서 인류의 공통적인 과거에 대한 실마리를 얻을 수 있다고 주장했다. 타일러와 여러 학자는 언어의 기원을 이해하고자 했고 몸짓을 비롯한 여러 의사소통 방식을 살펴보았다.

이 초기 인류학에서는 역동적인 유럽, 북아메리카, 오스트레일리아, 뉴질랜드 사회와 변화가 없다고 여겨지는 '원시' 민족 사회, 심지어 오래전에 세워진 인도와 중국의 복잡한 문화를 비교했다. 지금의 관점으로 보면 오만한 태도였다. 서구 사회에서는 진화 과정에서 벌어지는 경쟁과 투쟁의 개념을 적용하여 개인이 성공하거나 실패하는 이유를 설명하려 했다. 또한 산업자본주의

가 힘을 얻으면서 인간 문화에 진화론을 접목한 '사회진화론social Darwinism'을 활용하여 빈부 격차나 국가 간 세력 차이가 발생하는 원인을 설명하기 시작했다. 사회진화론은 권력을 가진 개인이나 인종, 국가가 약자를 이기는 상황을 정당화했다.

이렇게 사회진화론을 연구한 사람들이 있는가 하면, 생물학적 진화를 논의한 사람들도 있었다. 1890년대까지 화석으로 발견된 인간의 유해는 모두 호모 사피엔스로 간주되었다. 네안데르탈인의 정체는 여전히 불확실했다. 이후 네덜란드의 인류학자 외젠 뒤부아(1858~1940)는 오랑우탄의 서식지에서 인류가 진화했다는 증거를 찾기 위해 네덜란드령 동인도제도로 떠났다. 뒤부아는 자바(지금의 인도네시아)에서 인간은 아니지만 직립보행을 한 생명체의 두개골 상단부 화석을 발견했다. 그는 이 생명체를 '자바 원인Java man'이라고 불렀다. 이제 인류의 진화 과정을 확인할 수 있는 장소로 아시아가 주목받기 시작했다. 자바 원인은 프랑스 크로마뇽 지방에서 발견된 또 다른 오래된 인간 골격과 더불어 어떤 사건이 먼저 일어났는지에 대한 궁금증을 자극했다. 직립보행이 먼저였을까, 뇌의 발달이 먼저였을까? 아니면 언어나 집단생활이 먼저였을까?

이후 아시아에서 더 많은 선행 인류, 호미닌이 발견되었다. 그러나 다윈의 예측이 얼마나 시대를 앞서갔는지 증명한 곳은 아프리카였다. 1924년 오스트레일리아의 해부학자 레이먼드 다트(1893~1988)가 화석 하나를 발견했다. 이 화석은 '타웅 아이Taung child'로 알려져 있으며, 남아프리카의 의사 로버트 브룸(1866~1951)

이 그 중요성을 알아보았다. 타웅 아이의 치아는 오늘날의 어린 아이와 유사했지만, 뇌는 유인원과 유사하여 인간으로 분류할 수 없었다. 브룸은 다트의 화석과 이후 발견된 성체 화석을 비롯한 여러 화석이 인류의 고대 조상을 보여준다고 생각했다. 다트는 말 그대로 '아프리카의 남쪽 유인원'이라는 뜻의 '오스트랄로피테쿠스 아프리카누스Australopithecus africanus'라는 이름을 붙였다. 이제는 이 화석이 240만~300만 년 전에 형성된 것으로 추정하고 있다. 타웅 아이 이후에도 아프리카에서 중요한 화석이 많이 발견되었고 인류 진화의 계보를 종합하는 데 도움이 되었다. 그리고 루이스 리키(1903~1972)와 메리 리키(1913~1996)가 이 인류 진화의 역사를 널리 알렸다. 리키 부부는 1950년대에 주로 케냐의 올두바이 협곡에서 연구했고, 루이스는 초기 호미닌에게 도구를 만드는 능력이 있었다고 주장했다. 그리고 160만~240만 년 전에 살았던 호미닌 화석을 '손재주가 있는 사람'이라는 뜻의 '호모 하빌리스Homo habilis'라고 불렀다. 1970년대에는 메리가 딱딱하게 굳은 화산재 속에 보존된 360만 년 된 발자국을 일부 발견했다. 발자국의 주인은 직립보행을 하는 세 명의 호미닌과 다른 동물들이었고, 이는 뇌의 발달보다 직립보행이 먼저였다는 사실을 보여주었다.

20세기 상반기에 영국 남부의 이스트서식스 주 필트다운 마을에 있는 자갈 채취장에서 흥미로운 화석들이 발견되면서 인간 화석 뼈에 대한 연구가 복잡해지기 시작했다. 첫 발견은 1908년의 일이었다. 이후 1912년에는 그 지역의 아마추어 고고학자 찰스 도슨(1864~1916)이 필트다운에서 두개골을 발견했다고 발표했다. 이 발견으로 학계는 들썩였다. '필트다운인Piltdown man'의 두개골은 현생 인류와 유사했지만, 턱뼈는 유인원과 같았다. 이는 실제로 잃어버린 고리인 '원인'의 일종처럼 보였다. 수많은 저명한 과학자가 이 이상한 화석에 관한 논문을 발표했다. 그러나 새로운 호미닌과 고대 유인원 화석의 출현 순서에 이 화석을 맞추기가 어려웠다. 필트다운은 언제나 의심의 눈초리를 받았고, 1908년에는 없었던 연대 측정 기술이 1950년대 초에 개발되면서 이 화석이 엄청난 위조물이었음이 밝혀졌다. 필트다운인은 현생 인류의 두개골과 오랑우탄의 뼈를 결합한 뒤 화학물질에 담가 오래된 것처럼 보이게 한 위조물이었다. 치아 역시 깎아낸 것이었다. 아무도 누가 범인인지 알아내지 못했다. 용의자는 여럿이었지만 확실하게 한 명을 지목할 수는 없었다. 물론 도슨도 유력한 용의자였다.

필트다운인이 사기로 밝혀진 후, 방사성연대측정 방식으로 여러 호미닌 화석의 연대를 측정하고 물리적 특성을 비교하면서 더 그럴듯한 순서로 나열할 수 있게 되었다. 특히 루시라는 별칭이 붙은 화석은 유명 인사가 되어 여러 곳을 떠돌았고 '일대기'까지 나왔다. 루시는 1978년 에티오피아에서 발견되었으며, 골격은 절반 이상 완성되었다. 루시는 타웅 아이보다 훨씬 오래전인 300만~400만 년 전에 존재했다. 타웅 아이처럼 오스트랄로피테쿠스 속이지만 더 일찍 등장한 아파렌시스afarensis 종으로, 이는 '아파르의 유인원'이라는 뜻이었다. 루시의 다리와 골반, 발은 루시가 직립 보행을 하며 나무와 바위를 오를 수 있었음을 보여주었다. 뇌 크기는 현대 침팬지보다 아주 크지 않았지만, 몸집에 비해서는 침팬지보다 큰 편이었다. (단순한 뇌의 크기보다 뇌와 몸의 비율이 지적 능력을 더 잘 대변한다. 예를 들어 코끼리는 인간보다 뇌가 더 크지만, 뇌와 몸의 비율로 보면 더 작다. 물론 단순한 뇌의 크기 외에도 '지능'을 결정하는 데는 여러 요소가 작용한다.) 루시는 '혼합된' 특징을 제대로 보여주었으며, 아직 '인간'이라고 부르기엔 모자랐지만 그 자체로 제대로 된 생명체였다.

전 세계의 여러 지역에서 발견된 수백 개의 호미닌 화석에서 우리는 현생 인류로 이어진 진화 경로를 뚜렷하게 파악하게 되었다. 심지어 우리의 조상이 무엇을 먹었고, 어떤 기생충에 감염되었는지까지 알게 되었다. 하지만 이 퍼즐에는 아직 빠진 조각이 많으며 치아나 대퇴골에서 무엇을 알아낼 수 있는지 등 세부적인 내용에도 논쟁의 여지가 있다. 게다가 화석이 계속 발굴되기 때문에 놀라운 일이 더 기다리고 있을 것이다. 2003년 인도네시아에서 오스트레일리아의 고고학자 마이크 모우드(1950~2013)와 그의 동료들은 플로레스 섬에서 몸집이 작은 호미닌 화석을 발견했다. 이들은 1만 5,000년 전까지 살았지만, 아직 알려지지 않은 종처럼 보였다. 이 호모 플로레시엔시스Homo floresiensis('호빗Hobbit'이라는 별칭이 붙은 '플로레스인')의 정체는 여전히 불확실하다. DNA 분석(생물학적 관계를 정립하는 가장 신뢰할 수 있는 방법)도 시도했지만 아직 성공하지 못했다.

네안데르탈인과 현생 인류의 관계를 이해하려는 연구도 여전히 흥미로운 과제로 남아 있다. 이 종은 분명 호모 사피엔스와 같은 시기인 5만 년 전쯤 유럽에 살고 있었다. 우리는 이들의 유전자 일부를 보유하고 있다. 현생 인류인 호모 사피엔스가 등장하면서 네안데르탈인이 멸종했을까? 확실하지 않다. 이종교배가 일어났을까? 그랬을 가능성이 있다. 네안데르탈인과 호모 사피엔스는 모두 마지막 빙하기가 유럽을 덮쳤을 때 혹독한 추위를 겪었고, 네안데르탈인은 살아남지 못했다.

서로 다른 시대와 다른 위치의 화석으로 인간의 가계도를 재구성하기 위해 말이나 하마 같은 동물에 사용하는 도구와 기술이 활용된다. 물론 하마가 아니라 사람인 경우에는 감정이 훨씬 더 많이 개입된다. 그러나 증거는 존재하며 고생물학자, 인류학자, 고고학자를 비롯한 여러 전문가가 계속 조각을 맞춰나가고 있다. 연구진은 마침내 증거를 바탕으로 호모 사피엔스 같은 호미닌이 처음에는 아프리카에서 살았고 점차 여러 지역으로 퍼져나갔다는 사실을 밝혀냈다. 이 초기 호미닌의 이주에 대해서는 아직 밝혀내지 못한 부분이 많다. 아프리카에서 여러 차례에 걸쳐 이동했을까? 우리 종을 사촌 관계인 다른 종과 구별되게 하는 커다란 뇌는 어떻게 빨리 진화할 수 있었을까? 과학에서는 '왜'가 아니라 '어떻게'를 다룬다. 인간의 가계도나 헉슬리가 언급한 '자연에서 인간의 위치'를 생각할 때 특히 그런 것처럼 보인다.

CHAPTER 36

기적의 약

지구상에는 500만에 1조를 곱하고 다시 1조를 더 곱한 만큼의 박테리아가 존재한다고 추정된다. 이는 5×10^{30}, 즉 '5' 뒤에 '0'이 30개 붙은 놀라운 수치다. 박테리아는 흙, 바다, 깊은 지하의 암석, 북극의 얼음, 간헐온천의 끓는 물, 우리의 피부와 체내 등 지구상의 거의 모든 곳에서 살 수 있다. 박테리아는 온갖 종류의 유용한 일을 한다. 박테리아가 없다면 이들이 소화하는 모든 쓰레기는 어떻게 될까? 우리도 이 소화 기술의 도움을 받는다. 장 속에 사는 박테리아는 우리가 먹는 음식을 분해하여 단백질과 비타민이 나오도록 돕는다. 일부 박테리아는 다른 미생물인 균류와 더불어 유용한 약을 생성한다는 사실이 밝혀졌다. 우리는 대부분 이러한 항생제를 처방받은 적이 있을 것이다.

19세기에 과학자들은 박테리아가 질병을 일으키고 상처를 감염시키는 등 인체에 해롭다는 사실을 발견했다. 제27장에서는 질병에 대한 이 '세균 이론'이 받아들여진 과정을 살펴보았다. 곧바로 과학자들은 체내 세포를 해치지 않으면서 침입한 박테리아를 죽이는 약을 개발하기 시작했다. 독일의 의사 파울 에를리히(1854~1915)는 이를 '마법의 탄환'을 찾는 과정이라고 말했다. 에를리히는 매독 치료제를 개발했지만, 독성이 있는 비소가 들어 있었기 때문에 매우 주의해서 사용해야 했으며 심각한 부작용도 뒤따랐다.

1930년대 중반, 독일의 약리학자 게르하르트 도마크(1895~1964)는 화학 원소인 황을 사용하기 시작했다. (약리학은 약을 연구하는 학문이다.) 도마크는 여러 종류의 질병을 일으키는 박테리아에 효과적인 프론토실Prontosil이라는 화합물을 만들어냈다. 첫 실험 대상 중에는 피부 감염을 일으키는 끔찍한 박테리아인 연쇄상구균Streptococcus에 손이 감염된 도마크의 딸도 있었다. 의사는 생명을 위협하는 감염에서 딸을 구하려면 팔을 절단하는 방법밖에 없다고 했다. 그러나 프론토실은 감염 부위를 말끔히 치료했다. 성홍열이나 출산한 산모를 사망에 이르게 하는 산욕열이라는 치명적인 박테리아 감염에도 효과적이었다. 프론토실은 1936년부터 널리 사용되기 시작하여 이러한 질병으로 인한 사망자 수를 엄청나게 줄이는 데 기여했다. 프론토실을 비롯해 황을 함유한 약은 의사들이 특정 박테리아를 없애기 위해 처방할 수 있는 최고의 약이었다. 도마크는 1939년에 노벨상을 받았다(당시 나치가 독일인의 노벨상 수상을 금지했는데도).

그 후 약을 발견한 공로로 노벨상이 수여된 해는 1945년이다. 스코틀랜드 출신인 알렉산더 플레밍(1881~1955), 오스트레일리아 출신인 하워드 플로리(1898~1968), 독일에서 영국으로 망명한 언스트 체인(1906~1979), 이들은 최초의 '항생제'인 페니실린을 발견하여 공동으로 노벨상을 받았다. 항생제는 다른 미생물을 죽일 수 있는 미생물로 만들어지는 물질인데, 자연계에서 항상 일어나는 현상을 활용하여 우리를 이롭게 했다. 페니실린은 곰팡이, 즉 균류의 일종인 페니실륨 노타툼Penicillium notatum이라는 천연 원료에서 정제되었다. 오래된 빵에서 푸른곰팡이가 작은 고리 형태로 자라는 모습을 본 적이 있을 것이다. 버섯을 즐겨 먹는다면 이 역시 다른 종류의 곰팡이를 먹고 있다는 뜻이다. 지구상에는 150만 종의 균류가 존재하는 것으로 알려져 있다. 그것들은 식물의 씨앗과 유사한 포자 단계를 포함해 복잡한 생활주기를 거친다. 오늘날 항생제는 천연 원료를 사용하지 않고 실험실에서 만들어내지만, 기본적인 원리는 동일하다.

페니실린의 역사는 1920년대부터 시작된다. 재미있는 이야기라면 늘 그렇듯이 여기에도 몇 가지의 설이 있다. 그중 하나는 1928년 런던의 세인트메리 병원에 있는 알렉산더 플레밍의 실험실에서 열린 창문을 통해 곰팡이 포자가 날아들었다는 것이다. 당시 플레밍은 페트리 접시에 박테리아를 배양하고 있었고 포자가 앉은 자리에 있던 박테리아 중 일부가 성장을 멈추었다는 사실을 알아차렸다. 그는 이 포자가 페니실륨에서 왔다는 사실을 확인하고 더 많은 연구를 했으며 다른 세균학자들에게 알리기 위해 자신의 연구 결과를 발표했다. 그러나 플레밍은 이 포자가 생성한 물질이 무엇이든, 이 물질을 어떤 용도로든 사용할 수 있을 만큼의 양을 만들어내는 방법을 알지 못했다. 그래서 그것을 여러 가능성이 남아 있는 흥미로운 관찰 결과로 남겨두었다.

10년 후, 유럽은 제2차 세계대전에 휘말렸다. 전쟁에서는 언제나 군인과 민간인 모두에게 전염병이 발병하게 마련이다. 그래서 영국에 정착한 병리학자 하워드 플로리는 감염에 효과적인 약을 찾아달라는 의뢰를 받았다. 플로리의 동료였던 언스트 체인은 찾을 수 있는 모든 자료를 뒤적이다가 플레밍의 오래된 논문을 읽게 되었다. 그리고 페니실린 곰팡이에서 만들어진 활성 물질을 추출하려고 했다. 1940년 3월, 이 실험실의 조교로 일한 노먼 히틀리(1911~2004)는 이 유망한 물질을 얻을 더 나은 방법을 찾아냈다. 전시 상황이라 물자가 턱없이 부족했기 때문에 이들은 곰팡이 용액을 배양하는 용기로 환자용 변기와 커다란 우유 통을 사용해야 했다. 그럼에도 비교적 순수한 페니실린을 얻어냈다. 그리고 쥐를 대상으로 한 실험에서 페니실린이 감염 통제에 매우 효과적이라는 사실이 드러났다. 이 기적의 물질은 정제하기가 굉장히 어려웠다. 2그램의 약을 만들려면 페니실린 원액 1톤이 필요했다. 첫 번째 환자는 장미 가시에 긁혀 감염된 경찰관이었다. 약을 투여하자 상태가 잠시 호전되었다. 이 귀중한 약을 회수하려고 환자의 소변을 여과하기까지 했지만, 약이 떨어지자 환자는 사망하고 말았다.

전쟁 중인 영국에는 페니실린을 충분히 생산할 산업 자원이 없었다. 그래서 1941년 7월 플로리와 히틀리는 미국으로 건너가 미국의 제약 회사들이 페니실린을 생산하도록 설득했다. 플로리는 옛 사고방식을 고수하는 과학자였다. 그래서 이와 같은 발견이 모두를 위해 쓰여야 하며 특허를 받아서는 안 된다고 생각했다. (특허는 발명가의 아이디어를 보호하여 다른 누군가가 베끼지 못하도록 보장하는 방법이다.) 하지만 미국인들의 생각은 달랐다. 특히 두 회사에서 페니실린을 대규모로 생산하는 기술을 개발했다. 이 회사들은 연구에 투자한 돈을 회수하기 위해 특허를 취득했으며, 그 결과 페니실린을 만드는 데 아무도 이들의 기술을 사용할 수 없었다. 1943년까지 페니실린은 군대에서 사용했으며, 민간에서는 일부만 사용할 수 있었다. 페니실린은 폐렴이나 많은 상처 감염, 성병을 유발하는 일부 유기체뿐만 아니라 연쇄상구균에 효과적인 것으로 나타났다. 곧 충분한 양이 만들어지면서 많은 사람들이 치료를 받을 수 있었다. 그러지 못했다면 특히 전쟁을 끝내기 위해 싸우는 군인을 비롯해 수많은 사람이 죽었을 것이다.

플로리와 그의 연구팀이 한창 페니실린 연구에 열을 올리고 있을 때, 셀먼 왁스먼(1888~1973)은 박테리아의 항생작용을 연구하고 있었다. 왁스먼은 1910년에 우크라이나에서 미국으로 건너왔다. 그는 토양에 사는 미생물에 매료되었고 그런 미생물이 토양에서 다른 미생물을 죽이는 모습을 목격했다. 1930년대 후반부터 왁스먼은 항생제처럼 작용하는 이 박테리아에서 화합물을 분리하고자 했다. 그는 제자들과 함께 효과적인 물질을 일부 분리해 냈지만, 독성이 너무 강해서 인간에게는 사용할 수 없었다. 이후 1943년, 제자들 중 한 명이 스트렙토미세스Streptomyces를 분리하여 스트렙토마이신이라는 약을 만들어냈다. 이 약은 효과적이며 환자에게 그리 해롭지 않다는 사실이 입증되었다. 게다가 놀랍게도 19세기에 다른 어떤 질병보다도 치명적인 결핵을 유발하는 박테리아를 억제했다. 1940년대 무렵 서양에서는 결핵이 그리 흔하지 않았지만, 여전히 곳곳에서 사망자가 속출했다. 결핵으로 사망하는 환자는 대개 젊은 성인이어서 연인을 잃은 사람은 상실감에 빠졌고 아이들은 부모를 여의기도 했다.

페니실린과 스트렙토마이신을 시작으로 전염병을 치료하는 다양한 종류의 항생제나 화학약품이 개발되었다. 제2차 세계대전이 끝난 뒤 몇 년 동안 사람들은 이런 약 덕분에 질병과 싸우거나, 심지어 질병을 박멸할 수 있는 의학의 힘을 낙관하게 되었다. 서구에서는 감염으로 사망하는 사람이 현저히 줄어들었고, 에이즈 같은 새로운 감염병을 제외하고는 그러한 추세가 지속되었다. 의심할 여지 없이, 21세기의 젊은이들은 자신의 부모나 조부모보다 훨씬 더 건강하게 살 수 있다.

그러나 1960년대의 낙관론자들이 앞서 존재한 '기적의 약' 역사를 주의 깊게 살펴보았다면, 사실 기적은 존재하지 않는다는 사실을 깨달았을 것이다. 이 기적의 약은 1920년대부터 당뇨병 치료제로 사용된 인슐린이었다. 당뇨병은 끔찍한 고통을 유발했다. 치료하지 않으면 몸이 쇠약해지고 극도로 야위어지며 항상 갈증을 느껴 소변을 자주 보게 되고 결국에는 혼수상태에 빠져 죽음에 이른다. 대개 젊은이들이 당뇨병에 걸렸고 몇 년 안에 사망했다. 당뇨병은 복잡한 질병이지만, 위장 근처에 있는 췌장에서 자연적으로 인슐린을 생성하는 특별한 세포가 기능하지 않으면서 발병한다. 인슐린은 화학적 '전달자'인 호르몬이며 혈액에 정확한 양의 당(포도당)을 유지해준다.

페니실린은 운 좋게 발견되었지만, 인슐린의 역사는 인체의 여러 부위가 어떻게 작동하는지 힘겹게 연구하는 과정이었다. 연구자들은 당뇨병과 유사한 질병에 걸린 개나 다른 동물에서 췌장을 제거하는 실험을 하면서 췌장이 어떤 역할을 하는지 알아냈다. 1921년 여름, 캐나다 토론토 대학교의 교수 J. J. R. 매클라우드(1876~1935)는 부재중이었다. 그사이 젊은 외과의 프레더릭 밴팅(1891~1941)과 의대생 조수 찰스 베스트(1899~1978)는 일련의 간단한 실험을 했다. 이들은 생화학자 제임스 콜립(1892~1965)의 도움을 받아 개의 췌장에서 인슐린을 추출하고 정제해냈다. 그리고 췌장을 제거한 실험동물에 인슐린을 주입하자 동물들이 당뇨병에서 회복되었다.

인슐린은 '마법의 힘'으로 불렸다. 말 그대로 죽음을 눈앞에 둔 당뇨병 환자를 되돌려놓을 수 있었다. 그렇게 새 생명을 얻은 이들 중 1922년에 최초로 인슐린 주사 치료를 받은 열네 살 소년 레너드 톰슨도 있었다. 레너드는 심한 저체중인데다 너무 허약하여 병원 신세를 져야 했다. 하지만 인슐린 주사를 맞자 혈당이 정상 수준으로 떨어지고 체중이 늘어났으며, 인슐린과 주사기를 처방받아 퇴원하게 되었다.

1년 후 밴팅과 매클라우드 교수는 노벨상을 받았고 베스트와 콜립에게도 상금을 나누어 주었다. 이처럼 빠르게 공로를 인정받았다는 것은 당시 많은 사람들이 이들의 연구를 얼마나 중요하게 여겼는지 잘 보여준다. 인슐린은 분명 중요했다. 인슐린이 없었다면 사망했을 젊은이들이 몇 년간 더 살아갈 수 있었다. 하지만 '정상적인' 삶은 아니었다. 당뇨병 환자는 음식을 가려 먹어야 하고 규칙적으로 인슐린 주사를 스스로 놓아야 했으며 소변검사로 당수치를 자주 확인해야 했다. 물론 죽는 것보다는 나았다. 그러나 10~20년이 지나자 초기 당뇨병 환자 중 다수가 신부전, 심장병, 시력 장애, 고질적이며 고통스러운 다리 궤양 등 다른 건강 문제로 고통받기 시작했다. 인슐린은 치명적인 급성 질환을 평생 관리해야 하는 만성 질환으로 바꿔놓았다. 주로 과체중 성인에게서 발병하는 제2형 당뇨병에서도 같은 문제가 나타났다. 오늘날에는 이런 유형의 당뇨병이 가장 흔하며 점점 더 많은 사람들이 고통받고 있다. 현대인의 식단에는 설탕과 가공식품이 너무 많으며 비만은 전 세계적으로 유행하는 질병이 되었다. 알약으로 혈당을 낮추는 등 의학은 물론 도움이 되었다. 그러나 제2형 당뇨병 환자도 노년에는 같은 문제에 직면한다. 의학의 도움으로 체내 혈당을 조절할 수는 있지만 우리 신체의 자연스러운 기능만큼 좋을 수는 없다.

자연은 우리가 페니실린 같은 항생제에 의존할 수만은 없다는 사실을 보여주었다. 이러한 약은 여전히 유용하지만, 질병을 유발하는 박테리아도 약에 적응했다. 다윈의 자연선택설은 자연 전체에 적용되며, 수많은 박테리아도 자신을 죽이는 데 사용되는 항생제에 내성이 생기기 시작했다. 포도상구균Staphylococci과 결핵균은 특히 잘 적응했다. 다른 모든 생물처럼 박테리아의 유전자도 종종 돌연변이를 일으키며, 생존에 도움이 되는 돌연변이는 다음 세대로 전해진다. 감염 치료는 이제 쫓고 쫓기는 게임이 되었다. 세균은 우리가 만들어낸 거의 모든 약에 저항하도록 진화하고, 우리는 이 세균을 공격할 수 있는 신약을 개발해야 한다. 최근의 문제 중 하나는 MRSA(메티실린 내성 황색포도상구균methicillin-resistant Staphylococcus aureus)이다. MRSA는 일반적으로 체내에 상주하는 박테리아 중 하나이지만, 피부가 긁혔을 때 약간의 일상적인 감염을 일으킬 수 있다. 이 박테리아는 항생제에 내성이 있어 위험하다. 항생제가 매우 많이 쓰이는 병원에서 흔히 발견되며, 살아남은 박테리아에는 내성이 생긴다. 게다가 질병을 통제하려는 우리의 노력에 맞서는 것은 박테리아뿐만이 아니다. 말라리아를 일으키는 일부 기생충도 현존하는 거의 모든 약에 내성이 있다.

이제 우리는 환자가 약을 처방대로 끝까지 복용하지 않거나 잘못된 용량을 처방받으면 박테리아에 내성이 생긴다는 사실을 알고 있다. 약물을 오용해도 마찬가지다. 바이러스로 인한 감염이나 감기, 인후통에도 부적절하게 항생제가 처방되는 경우가 종종 있다. (항생제는 '박테리아'만 죽이며 바이러스에는 아무런 효과가 없다.) 질병을 유발하는 박테리아를 박멸할 만큼 항생제를 복용하지 않으면 치료 과정에서 내성이 생긴 박테리아가 살아남게 된다. 이 박테리아는 훗날 치료할 수 없는 질병의 원인이 될 수도 있다.

이런 문제들이 있지만, 의사들은 이전보다 더욱 강력하고 효과적인 약을 개발했다. 인슐린 같은 약은 질병을 치료하기보다 통제하는 데 그치지만, 현대 의학은 '선진국' 사람들에게 더 오래 살 수 있는 기회를 제공했다. 여러 '개발도상국'에서도 기대수명이 늘어났다. 하지만 여전히 심각한 문제가 남아 있다. 의사를 만나거나 충분히 영양 섭취를 하고 깨끗한 물을 마시며 편안한 집에서 사는 것이 누구에게나 쉬운 일은 아니다. 1990년대 초부터 부유한 국가에서도 빈부 격차가 커졌고, 부유한 국가와 빈곤한 국가의 격차도 더 벌어졌다. 바람직한 상황은 아니다.

오늘날 의료 서비스를 제공하는 데는 많은 비용이 든다. 질병을 진단하고 치료하려면 우수한 기술이 많이 필요하다. 지금은 신약을 개발하고 시험하는 데 페니실린을 생산한 시절보다 훨씬 더 많은 비용이 든다. 따라서 가능한 한 스스로 건강을 돌봐야 한다. 의학이 아무리 비약적으로 발전하더라도 '예방이 치료보다 낫다'는 말은 언제나 진리이다.

CHAPTER 37

인체의 구성 요소

시간이 지날수록 과학자들은 자신이 선택한 분야를 전문적으로 파고드는 경향이 있었다. 여전히 생물학자는 전통적으로 생물학을, 화학자는 화학을, 물리학자는 물리학을 연구한다. 그렇다면 1930년대에는 무슨 이유로 초기 화학자들과 물리학자들이 차례로 생물학적 문제를 다루기로 결심했을까? 화학에서는 물질이 결합하고 반응하는 방식을 다룬다. 그러나 생물학의 연구 대상인 살아 있는 유기체가 탄소, 수소, 산소, 질소같이 화학에서 다루는 주기율표의 원소로 이루어져 있다는 사실이 분명해졌다. 물리학에서는 물질과 에너지를 다루었고, 당시에는 원자와 그보다 작은 입자들에 관심이 쏠려 있었다. 이런 연구로 화학자들이 말하는 원소를 더 잘 이해할 수 있지 않았을까? 요약하자면 이렇다. 화학과 물리학에서 살아 있는 유기체를 일련의 화학 반응과 원자 구조로 설명할 수 있지 않을까? 그리고 더 나아가 '생명이란 무엇인가?'라는 과학에서 가장 오래된 질문에 답을 내놓을 수 있지 않을까?

20세기 초, 토머스 헌트 모건은 초파리를 연구하여 세포핵의 염색체가 유전 물질을 운반한다는 사실을 보여주었다. 여기에서 '물질stuff'은 적절한 단어였다. 유전학자들은 이 물질이 무슨 일을 하는지 잘 보여주었다. 염색체의 여러 작은 부분에서 어떻게 서로 다른 유전자가 눈이나 날개의 발달로 이어지는지를 밝혀낸 것이다. 또한 엑스선으로 생겨난 돌연변이가 유전자에 영향을 미친다고 생각하면서, 돌연변이가 어떻게 비정상적인 날개 모양으로 이어지는지도 보여주었다. 그러나 이들은 유전자가 무엇인지 알지 못했다.

단백질은 유전 물질일까? 단백질은 체내에서 일어나는 반응에 필요한 핵심 요소로, 분자생물학자들이 체계적으로 연구한 첫 화합물이었다. 이름에서 추측할 수 있듯이 분자생물학은 생물에 있는 분자의 화학적 성질과 작동 원리를 이해하고자 하는 과학 분야이다. 단백질은 대부분 매우 크고 복잡한 분자이며 작고 단순한 아미노산으로 이루어져 있다. 아미노산은 단순하기 때문에 일반적인 화학적 분해와 합성 실험을 통해 무엇으로 이루어져 있는지 알아내기 쉬웠다. 약 스무 가지의 아미노산은 여러 가지 조합으로 동식물의 모든 단백질을 구성하는 기본 구성 요소였다.

이런 아미노산이 결합하여 단백질을 형성하는 과정은 알아내기가 훨씬 어려웠다. 여기에서 물리학의 역할이 중요해졌다.

엑스선에서 단서를 얻을 수 있었다. 먼저 연구하고자 하는 단백질의 결정을 만들어야 했다. 그리고 이 결정에 엑스선을 투사했다. 엑스선이 결정에 닿으면, 결정을 통과하면서 경로가 휘거나 회절무늬라고 알려진 특정 패턴으로 다시 반사된다. 이 무늬는 사진 건판에 찍힐 수 있다.

사진 건판에 찍힌 무늬를 해석하는 과정도 까다롭다. 여기에는 수많은 점과 그림자가 뒤섞인 복잡한 그림이 있을 뿐이다. 평면적인 2차원 그림이지만 3차원으로 생각해야 하며, 3D 안경도 별다른 도움이 되지 않는다. 그림을 머릿속에서 재구성해야 할 뿐만 아니라 화학적 지식으로 원소가 어떻게 결합하는지도 알아야 한다. 물론 수학도 잘해야 한다. 이 어려운 과제에 도전한 사람은 옥스퍼드 대학교의 화학자 도로시 호지킨(1910~1994)이었다. 우리는 호지킨의 엑스선 결정학* 연구 덕분에 페니실린, 비타민 B_{12}, 인슐린의 구조를 알게 되었다. 호지킨은 1964년에 노벨상을 받았다.

라이너스 폴링(1901~1994) 또한 엑스선을 활용하여 복잡한 화합물의 구조를 파악하는 데 뛰어났다. 훌륭한 실험들을 거쳐 폴링과 그 동료들은 적혈구의 헤모글로빈 분자에서 단 하나의 아미노산만 빠져도 심각한 질병인 겸상적혈구빈혈이 발생한다는 사실을 보여주었다. (이런 헤모글로빈을 포함한 적혈구는 둥글지 않고 낫 모양이다.) 이와 같은 분자의 결함은 말라리아가 항상 존

---

* 결정체를 연구하는 학문.

재하는 아프리카에서 주로 발견된다. 겸상적혈구는 가장 심각한 형태의 말라리아에 저항성이 있기 때문에 지금은 이러한 결함이 있는 사람들에게도 유리한 측면이 있다는 사실이 밝혀졌다. 이는 인간이 여전히 진화하고 있음을 보여주는 하나의 증거다. 이 형질(멘델이 처음 연구한 완두콩처럼 유전되는 단일 유전자)을 물려받은 사람들은 어느 정도 빈혈이 있지만, 말라리아에 대한 내성이 더 강하다. 부모 모두에게서 겸상적혈구 유전자를 물려받은 사람들은 심각한 빈혈에 걸린다. 겸상적혈구의 증상은 20세기 초에 처음 발견되었다. 50년이 지난 후에야 폴링이 분자생물학의 새로운 기술을 활용하여 그 원인을 연구했고, 그의 연구는 '분자의학'이라는 새로운 의학 시대를 열었다.

폴링은 단백질 연구에 성공하면서 유전자의 분자 구조를 거의 밝혀낼 뻔했다. 폴링의 엑스선 실험은 머리카락과 근육을 만들거나 헤모글로빈 분자로 산소를 운반하는 많은 단백질이 특별한 모양이라는 사실을 입증했다. 이 단백질은 흔히 나선형으로 꼬여 있었다. 1950년대 초까지 많은 과학자들은 유전자가 데옥시리보핵산deoxyribonucleic acid으로 이루어졌다고 생각했다. 이 화합물은 더 부르기 쉬운 이름인 DNA로 더 잘 알려져 있다. DNA는 1869년에 발견되었지만, 그 역할과 모양이 알려지기까지 오랜 시간이 걸렸다. 1952년 폴링은 DNA가 세 가닥으로 꼬여 있는, 즉 삼중 나선 구조인 기다란 분자라고 주장했다.

폴링이 캘리포니아에서 연구하는 동안, 영국의 두 연구팀이 그의 뒤를 바짝 쫓고 있었다. 런던 킹스 칼리지의 물리학자 모리스 윌킨스(1916~2004)와 화학자 로잘린드 프랭클린(1920~1958)은 분자생물학으로 눈을 돌리고 있었다. 프랭클린은 엑스선 결정학 연구로 사진을 찍고 해석하는 데 특히 뛰어났다. 당시 케임브리지에 있었던 미국인 청년 제임스 왓슨(1928~)은 원래 관심을 가졌던 조류학(새를 연구하는 학문)을 그만두고 프랜시스 크릭(1916~2004)과 한 팀을 이루었다. 크릭은 물리학을 공부했고 제2차 세계대전 당시 해군성에서 물리학자로 근무하다가 늦은 나이에 대학에서 생물학을 전공했다. 왓슨과 크릭은 이후 과학계에서 굉장히 유명한 단짝이 되었다.

크릭은 단백질 구조를 엑스선으로 분석한 결과를 왓슨과 공유했다. 크릭과 왓슨은 모건이 30년 전에 분석한 세포의 구성 요소인 세포핵의 염색체에 DNA가 존재한다는 사실을 알고 있었다. 이들은 DNA의 구조를 볼 수 있도록 종이를 잘라 모형을 만들었다. 프랭클린이 찍은 사진의 도움도 받았다. 1953년 초, 크릭과 왓슨은 모든 엑스선 자료에 부합하는 새로운 모형을 만들어냈다. 이들은 이 모형이 옳다고 확신했다. 그리고 그날 밤 '생명의 비밀'을 발견했다며 술집에서 축하 파티를 열었다는 이야기가 전해진다.

그날 밤 술집에 있었던 다른 사람들은 이 축하의 의미를 몰랐겠지만, 과학 주간지 〈네이처〉의 독자들은 곧 알아차렸다. 크릭과 왓슨은 1953년 4월 25일자 〈네이처〉에 자신들의 연구 결과를 발표했으며, 같은 호에 윌킨스와 프랭클린이 이끄는 런던 연구팀의 논문도 실렸다. 그러나 DNA의 구조가 폴링이 주장한 것처럼 삼중 나선 구조가 아니라 이중 나선 구조라는 사실을 밝혀낸 팀은 크릭과 왓슨이었다. 이 두 가닥에는 서로를 가로지르는 조각들이 결합하여 나선형으로 꼬인 길고 유연한 사다리처럼 보였다. 사다리의 기둥은 당의 일종으로 분자의 데옥시리보 일부와 인산염이고, 사다리의 가로대는 아데닌과 티민 또는 시토신과 구아닌이 한 쌍을 이루는 분자로 이루어져 있었다. 이들은 분자의 '염기쌍'으로 알려지게 되었다. 그렇다면 이 구조가 어떻게 '생명의 비밀'을 설명한다는 것일까?

염기쌍은 수소 결합으로 묶여 있는데, 세포가 분열하면 꼬여 있는 구조가 마치 지퍼를 여는 것처럼 풀리게 된다. 절반으로 나뉜 DNA는 이제 세포가 만드는 동일한 사슬 두 개의 주형template이 된다. 이렇게 왓슨과 크릭은 유전자가 어떻게 부모에서 자손에게로 전달되는지, '딸세포'가 어떻게 원래 '모세포'와 동일한 유전자 세트를 갖게 되는지 보여주었다. 이 설명은 단순하고 명쾌했으며 곧바로 이해할 수 있었다. 1962년, 과학계에서 DNA의 구조와 역할을 완전히 받아들이면서 크릭과 왓슨, 윌킨스는 노벨상을 받게 되었다. 로잘린드 프랭클린을 무시한 것은 아니다. 프랭클린은 1958년, 겨우 서른여덟 살에 난소암으로 세상을 떠났기 때문이다.

프랜시스 크릭을 비롯한 이들은 유전자가 유전 과정에서 하는 역할 외에도 생명체에 그토록 중요한 이유가 무엇인지 설명하고자 했다. 유전자가 일상적으로 하는 일은 단백질을 만드는 것이다. '유전 암호genetic code'는 사다리에서 인접한 세 개의 가로대로 이루어져 있고, '코돈codon'이라고 불리는 세 개의 가로대는 하나의 아미노산을 결정한다. 크릭은 DNA 분자의 작은 부분이 어떻게 헤모글로빈이나 인슐린 같은 단백질을 구성하는 아미노산에 대한 암호를 제공하는지 보여주었다. 유전학자들은 DNA 분자 내에서 염기쌍의 순서가 중요하다는 사실을 깨달았다. 이 순서에 따라 단백질이 어떤 아미노산으로 이루어지는지 결정되기 때문이었다. 단백질은 종종 수십 개의 아미노산으로 이루어지는 아주 복잡한 분자이기 때문에 이러한 단백질을 만들려면 아주 긴 DNA 서열이 필요하다.

DNA의 기본 역할이 알려지면서 과학자들은 모건이 '파리방'에서 관찰한 결과를 이해하게 되었다. 모건은 빨간색 눈을 가진 정상 초파리와 흰색 눈 돌연변이 초파리처럼 겉으로 드러나는 전체적인 유기체의 특징을 관찰했다. 이렇게 눈에 보이는 형질은 '표현형phenotype'이라고 불렸다. 이제 과학자들은 전체적인 유기체보다 하위 수준인 유전자 수준에서 연구할 수 있게 되었다. 이는 '유전자형genotype'이라고 불린다.

DNA 구조의 발견은 현대 생물학의 역사에서 커다란 전환점이었다. 이때부터 생물학자들은 화학 영역이었던 세포의 분자 측면에서 문제를 이해할 수 있게 되었다. 오늘날에는 모두가 이러한 연구를 하고 싶어 한다. 이후 연구에서는 아미노산과 단백질이 세포의 세포질, 즉 핵 외부에 있는 액체 영역에서 만들어졌다는 사실을 밝혀냈다. 이 작은 단백질 공장이 어떻게 작동하는지 연구하는 중에 RNA가 발견되었다. RNA는 리보핵산으로 DNA와 유사하지만, 두 가닥이 아니라 한 가닥이고 당의 종류도 달랐다. RNA는 세포핵에 있는 DNA에서 세포질의 단백질 공장으로 정보를 전달하는 데 중요한 역할을 했다.

분자생물학자들은 질병이 어떻게 발생하는지에 대한 우리의 지식을 바꿔놓았다. 이들은 인슐린 호르몬 같은 단백질이 어떻게 혈당을 조절하는지 밝혀냈다. 또한 현대인이 매우 두려워하는 질병인 암을 더 잘 이해하게 되었다. 모든 암은 몸 전체에 퍼질 수 있어 전신 질환으로 변하기도 하는데, 단 하나의 돌연변이 세포가 예상외의 행동을 하여 분열을 멈춰야 할 때 멈추지 않아서 발생한다. 이 제멋대로인 세포는 탐욕스럽기까지 하다. 체내 영양분을 소모하며, 중요한 장기로 퍼지면 암세포가 장기의 기능을 방해하여 더 많은 질병을 유발한다. 이를 늦추거나 멈출 수 있는 신약을 개발하려면 분자 수준에서 이 과정이 어떻게 일어나는지 알아야 한다.

인간과 같이 크고 복잡한 동물에서 이러한 역동적인 과정을 연구하기는 어렵다. 때문에 분자생물학자들은 대부분 더 작은 생물을 연구한다. DNA와 RNA의 기능을 알아보기 위한 초기 연구에서는 박테리아를, 암 연구에서는 쥐 같은 동물을 활용했다. 여기에서 발견한 내용을 인간에게 적용하기는 쉽지 않지만, 현대 과학은 이런 식으로 이루어진다. 즉 단순한 것에서 복잡한 것으로 옮겨간다. 그 덕분에 우리는 수백만 년 동안 일어난 진화 과정을 이해하게 되었다. DNA는 우리의 운명을 결정하는 분자였다.

CHAPTER 38

'생명의 책' 읽기

인간 유전체 프로젝트

인간에게는 약 2만 2,000개의 유전자가 있다(정확한 숫자는 아직도 추산 중이다). 이 숫자는 어떻게 알려졌을까? 바로 전 세계 실험실의 과학자들이 '인간 유전체 프로젝트'에 협력한 덕분이다. 이 야심 찬 프로젝트는 DNA 염기서열 분석으로 인간 유전자의 개수를 알아냈고 크릭과 왓슨이 DNA 구조를 밝혀내면서 남겨둔 문제를 해결했다. '염기서열 분석'이란 유전체를 구성하는 30억 개의 '염기쌍' 분자가 각각 염색체에서 차지하는 위치를 찾는 과정을 말한다. 이는 각 세포의 핵에서 이중 나선으로 배열된 엄청난 수의 아데닌과 티민, 시토신과 구아닌 분자가 존재한다는 의미이다.

DNA를 이해하여 '생명의 비밀'을 알게 되었다면 인간 유전체 프로젝트는 '생명의 책'을 읽는 일이었다. 이 프로젝트는 머리카락 색깔에서 새끼발가락 모양까지 인간의 모든 정보를 담고 있는 유전자, 즉 유전체를 다루기 때문이다. 또한 하나의 수정란 세포가 두 개, 네 개 등으로 분열하여 결국에는 자궁에서 아기가 되는 과정과 같이 쉽게 관찰하기 힘든 현상도 설명했다. 유전체는 세포 내에서 혈당을 조절하는 호르몬인 인슐린 같은 단백질을 만드는 세포의 생물학적 프로그램을 제어하기도 하고, 신경에서 신경으로 메시지를 전달하는 뇌의 화학물질을 작동시키는 과정에 관여하기도 한다.

인간 유전체 프로젝트는 1990년에 시작해 2005년에 완료될 예정이었다. 그런데 그보다 5년 앞선 2000년 6월 26일에 과학 드라마가 방영되는 도중 갑작스러운 일이 일어났다. 엄청난 팡파르가 울리는 가운데 텔레비전 생방송에 미국 대통령과 영국 총리가 등장하더니 인간 유전체 프로젝트의 첫 번째 초안이 완성되었다고 발표했다. 프로젝트를 진행한 과학자들도 함께 출연했지만, 세계의 지도자 두 명이 등장했다는 사실은 유전체를 이해하는 것이 얼마나 중요한지를 보여주는 사건이었다.

이후 큰 결함을 메우고 오류를 수정하는 데 3년이 걸렸고, 2003년에 이르러 '생명의 책'을 훨씬 개선한 결과가 발표되었다. 그래도 당초 계획보다 2년이나 앞당겨졌다. 프로젝트가 진행되는 동안 과학자들의 방법과 기술이 발전했으며, 특히 컴퓨터가 큰 도움을 주었다.

유전체 프로젝트는 DNA 발견 이후 수십 년에 걸친 연구를 통해 발전했다. 1953년 크릭과 왓슨의 발견 이후, DNA 가닥을

'복제'하여 조사하고자 하는 DNA 분자의 특정 부분을 더 많이 확보하는 일이 중요해졌다. 1960년대에 분자생물학자들은 효소와 박테리아를 활용하면 된다는 사실을 알아냈다. 효소는 개별 구조에 따라 어떤 일이든 할 수 있는 단백질이다. 여기에서는 원래 하던 일인 DNA를 작게 분할하는 작업을 했다. 분할된 조각은 박테리아에 특별한 방식으로 삽입되었다. 박테리아는 굉장히 빨리 증식하며, 변형된 박테리아가 증식하면서 삽입된 DNA 조각도 복제되었다. 이 복제본, 즉 클론은 추가 연구에서 사용하기 위해 채취되었다. 이 과정은 엄청난 관심을 불러일으켰지만, 시작에 불과했다. DNA의 일부뿐만 아니라 전체 세포까지 복제할 수 있었기 때문이다. '돌리'는 다 자란 양의 세포에서 복제된 최초의 포유류였다. 돌리는 1996년에 태어나 2003년에 죽었다. 복제 기술은 계속 발전하고 있으며 분자생물학 연구에서 가장 많이 보도되는 분야이다.

과학자들은 실험에 활용할 수 있는 DNA 조각을 많이 확보했기 때문에 DNA 염기서열 문제를 풀기 위해 노력하기 시작했다. 즉 DNA 분자의 염기쌍 순서를 밝히려 했다. 케임브리지에서 연구하던 영국 출신의 분자생물학자 프레더릭 생어(1918~2013)가 이 일을 맡았다. 생어는 이미 1958년에 단백질인 인슐린의 아미노산 서열을 알아낸 공로로 노벨상을 받은 적이 있었다.

아미노산과 DNA의 주요 차이점 중 하나는 DNA 분자가 훨씬 길고 단백질에 있는 아미노산의 수보다 훨씬 더 많은 염기쌍을 갖고 있다는 점이다. 또한 아미노산끼리는 화학적으로 그리 비슷하지 않지만, DNA 염기는 서로 너무 비슷해서 분류하기가 더 어렵다. 생어는 자신의 초기 연구와 다른 사람들의 연구를 토대로 방사능 표지, 화학물질, 효소를 활용하여 DNA의 짧은 가닥을 준비할 수 있었다. 그리고 아데닌, 티민, 시토신, 구아닌을 분리하는 방법을 찾기 위해 다양한 생화학적 방법을 적용했다. 이를 위해 화합물의 화학적·물리적 특성이 조금씩 다르다는 사실을 활용했다. 가장 좋은 결과는 '전기이동electrophoresis'이라는 과정에서 얻을 수 있었다.

생어와 그의 연구팀은 결과가 정확한지 확인하기 위해 각 가닥의 복제물 여러 개를 수차례 처리하여 비교했다. 이는 많은 시간이 걸리는 반복적인 과정이었다. 그러나 긴 분자의 수많은 짧은 가닥을 사용하여 시작점과 끝점을 확인하면서 가까스로 가닥들을 맞춰 판독할 수 있는 DNA 염기서열을 만들어냈다. 1977년 이들은 처음으로 한 유기체의 유전체를 읽는 데 성공했다. 그것은 아주 작은 '파이 엑스 174(ΦX174)'라는 박테리오파지였다. 박테리오파지는 박테리아를 감염시키는 바이러스이며, '파이 엑스 174'는 분자생물학 실험실에서 흔히 사용되는 유기체였다. 1980년 생어는 이 의미 있는 연구로 두 번째 노벨상을 받았다.

다음으로 유전체를 연구할 대상 역시 실험실에 존재하는 유기체였다. 판독할 수 있는 DNA 염기서열을 만들기는 굉장히 어려웠지만, 분자생물학자들은 연구를 계속해나갔다. 그동안 컴퓨터의 성능이 발전하면서 짧은 가닥의 염기에서 보이는 패턴을 분석하는 데 큰 도움이 되었다. 과학자들은 열심히 연구를 밀어붙였다. 유기체가 어떤 유전자를 보유하는지, 각 유전자가 어떤 단백질을 만들어내는지 정확히 파악한다면 유기체가 형성되는 기본적인 과정을 수정란에서 성체에 이르기까지 세포 단위로 이해할 수 있을 것이었다.

초파리는 확실한 실험체 후보였다. 토머스 헌트 모건과 그의 연구팀은 이미 초파리의 유전 패턴을 많이 연구했고 유전자 지도도 어느 정도 만들어놓은 상태였다. 다른 후보는 '예쁜꼬마선충 Caenorhabditis elegans'이라고 불리는 작은 회충이었다. 몸길이가 1밀리미터에 불과한 이 회충의 세포는 정확히 959개였고 간단한 신경계가 형성되어 있었다. 애완동물처럼 보이진 않지만, 예쁜꼬마선충은 시드니 브레너(1927~)가 가장 좋아하는 실험체였으며 오랫동안 그렇게 쓰였다. 브레너는 1956년 남아프리카에서 케임브리지의 분자생물학연구소LMB로 옮겨왔다. 예쁜꼬마선충의 세포는 관찰하기 쉬웠기 때문에 그는 1960년대부터 이 회충의 발달 과정을 조사하고 있었다. 브레너는 배아의 각 세포가 성체에서 정확히 어떤 부분으로 성장하는지 알아낼 수 있다고 생각했다. 그리고 이 회충의 유전체를 밝혀내어 유전자와 성체의 생체 기능을 연관 짓고자 했다.

연구를 수행하면서 브레너와 그의 연구팀은 '죽을 때가 되면 죽어야' 하는 매우 중요한 임무를 비롯해 동물 세포의 일반적인 생애를 자세히 파악했다. 동식물은 항상 새로운 세포를 만든다. 욕조에 오래 있다가 피부를 문질렀을 때를 생각해보라. 죽은 세포는 제거되고 그 아래에 있는 살아 있는 새로운 세포로 대체된다. 유기체 내에서 일어나는 세포의 삶과 죽음은 자연에서 규칙적으로 일어나는 일이며 유전자가 이 모든 과정을 계획한다. 바로 여기에서 암세포가 위험한 이유를 알 수 있다. 암세포는 죽을 때를 모른다. 현대 암 연구에서는 세포에게 분열을 멈추어야 한다는 사실을 알리지 못한 유전자를 다루는 데 중점을 둔다. 브레너와 두 동료는 이 하찮은 회충을 연구한 공로로 2002년에 노벨상을 받았다.

당시 동료 중 한 명인 존 설스턴(1942~2018)은 인간 유전체 프로젝트에서 영국 팀을 이끌고 있었다. 이 프로젝트는 다음과 같은 이유로 현대 과학의 상징이 되었다. 첫째, 많은 비용이 들었고 수천 명이 참여했다. 현대 과학자들이 혼자 연구하는 경우는 거의 없으며, 오늘날 과학 논문에서 저자가 수십 명 또는 수백 명에 이르는 경우는 꽤 흔하다. 연구를 하려면 서로 다른 기술을 보유한 여러 개인이 필요하다. 윌리엄 하비가 혼자서 심장을 연구하고 라부아지에가 아내를 유일한 조수로 삼아 실험실에서 연구한 것은 아주 오래전의 일이다. 여러 실험실에서 인간 유전체 염기서열을 함께 연구했다. 서로 염색체를 나누어 가졌기 때문에 협력과 신뢰가 필요했고 모든 연구실은 똑같이 높은 수준으로 염기서열을 만들어야 했다. 그러려면 DNA를 더 작은 부분으로 나누어야 했고 하나의 염기서열로 맞추기 위해 컴퓨터로 분석해야 했다. 이러한 실험실을 운영하는 데는 비용이 많이 들었고, 따라서 넉넉한 자금이 필요했다. 미국에서는 국립보건원NIH 등에 소속된 정부 지원 연구소에서 지원했다. 영국에서는 처음에 정부 보조금으로, 이후에는 웰컴 트러스트Wellcome Trust라는 대규모 사설 의학 연구재단에서 연구비를 지원했다. 프랑스와 일본 정부는 소규모 실험실에 자금을 지원했다. 이렇게 이 프로젝트는 진정한 국제적 프로젝트가 되었다.

둘째, 현대 과학 자체가 그러하지만 이 프로젝트는 컴퓨터 없이 수행할 수가 없다. 과학자들은 DNA의 각 가닥을 살펴보고 시작점과 끝점을 확인하면서 많은 양의 정보를 분석해야 했다. 인간은 감당하기 힘들지만 컴퓨터는 순식간에 처리할 수 있다. 오늘날 많은 과학 프로젝트에는 초파리나 시험관이 아니라 컴퓨터와 컴퓨터 프로그램만 다루는 사람들이 참여한다.

셋째, 현대 과학은 대규모 사업과 같아서 많은 돈을 지출할 뿐만 아니라 벌기도 한다. 인간 유전체 프로젝트는 정부 지원을 받는 연구팀과 미국의 기업가 크레이그 벤터(1946~)가 설립한 민간 기업이 경쟁하는 양상으로 전개되었다. 뛰어난 과학자이기도 한 벤터는 DNA 염기서열 분석 속도를 높이는 장비를 개발하는 데 일조했다. 그는 인간 유전체를 최초로 해독해 특허를 취득한 뒤, 다른 과학자나 제약 회사가 자신에게 이 정보의 사용권을 청구하길 바랐다. 결과적으로는 이렇게 타협했다. 인간 유전체 정보는 모두 무료로 사용할 수 있지만, 이 정보를 활용하는 방법 중 일부는 특허를 받을 수 있고 그 결과로 개발된 약이나 진단 시험은 영리를 목적으로 판매될 수 있다. 물론 오늘날에는 건강을 유지하거나 미래에 걸릴지도 모르는 질병을 피하는 데 도움이 되기를 바라며 자신의 DNA 염기서열을 분석하는 데 비용을 지불하는 사람들도 있다.

마지막으로, 유전체 프로젝트는 오늘날 영향력이 큰 과학을 둘러싼 '과대광고'를 보여주는 좋은 예이다. 과학자들은 부족한 자금을 확보하기 위해 경쟁해야 하며, 보조금을 받기 위해 연구의 중요성을 부풀리기도 한다. 평범한 과학은 뉴스거리가 되지 않기 때문에, 언론에서는 내용을 최대한 윤색하여 가장 극적인 면을 보도한다. 새로운 발견이나 돌파구를 발표할 때마다 대중은 치료법이 곧 등장할 것으로 기대한다. 그러나 과학이 지속적인 효과를 발휘하기까지는 오랜 시간이 걸린다. 물론 새로운 지식은 매일 생기며 새로운 치료법도 정기적으로 나오고 있다. 그렇지만 과학은 대부분 조금씩 발전하며 미디어의 과대광고가 정확한 경우는 거의 없다.

인간 유전체를 해독할 수 있게 된 것은 분명 엄청난 성과이다. 건강이나 질병을 훨씬 더 정확히 이해할 수 있기 때문이다. 시간이 지나면 암, 심장병, 당뇨병, 치매 등 현대의 주요 사망 원인인 질병을 치료하는 신약을 개발할 수 있을 것이다. 우리 모두는 여러 분야와 여러 국가의 과학자들이 참여한 이 중요한 연구 덕분에 더 건강한 삶을 누리게 될 것이다.

CHAPTER 39

빅뱅

우주의 역사를 촬영한 영화를 거꾸로 돌린다면 무엇이 보일까? 50억 년 전으로 돌아가면 지구는 보이지 않을 것이다. 태양계의 잔해에서 지구가 태어난 시기가 바로 50억 년 전이기 때문이다. 이제 시간을 계속 거꾸로 돌려 맨 처음으로 돌아가면 무엇이 보일까? 바로 138억 년이 지난 지금까지도 그 온도와 힘이 남아 있는 강력한 폭발, 즉 '빅뱅'이 보일 것이다.

빅뱅은 적어도 1940년대부터 과학자들이 점점 더 확신을 갖고 제안하기 시작한 개념이다. 우주는 상상할 수 없을 정도로 온도와 밀도가 높은 한 점에서 시작되었고, 빅뱅이 일어났다. 빅뱅 이후로 우주는 점차 식어가고 팽창하면서 은하를 원래 있던 곳에서 바깥쪽으로 밀어낸다. 우리의 우주는 역동적이고 흥미진진하며 인간은 그 안에서 작디작은 점에 불과하다. 우주는 눈에 보이는 은하를 구성하는 별, 행성, 혜성뿐만 아니라 눈에 보이지 않는 블랙홀이나 그보다 훨씬 더 풍부한 '암흑물질'과 '암흑 에너지'로도 이루어져 있다.

그렇다면 빅뱅은 실제로 일어났을까? 그리고 빅뱅으로 우주를 설명할 수 있을까? 물론 이 영화의 시작에는 아무도 없었다. 빅뱅 이전에는 무엇이 있었을까? 이런 질문에는 확실한 답이 없지만, 여기에는 우주를 연구하는 학문인 우주론뿐만 아니라 수많은 최첨단 물리학까지 연관되어 있다. 이 문제는 지난 반세기 동안 많은 논쟁을 불러일으켰다. 그리고 지금도 마찬가지다.

1800년경에 프랑스의 뉴턴학파 학자인 라플라스는 성운설을 주창했다.(제18장 참조) 라플라스는 태양계가 거대한 가스구름에서 생겨났다고 주장했다. 많은 사람들은 이 성운설을 바탕으로 지구가 오랜 역사를 지니고 있으며 지구 중심의 열과 화석을 비롯한 여러 지질학적 특성을 설명할 수 있다고 믿었다. 19세기의 많은 과학자들은 지구와 우리은하의 나이에 대해 열띤 토론을 벌였다. 그러다가 20세기 초반에 두 가지의 이론이 등장하면서 새로운 국면으로 접어들었다.

그 첫 번째는 아인슈타인의 일반상대성이론으로, 이는 시간과 공간에 대해 중요한 의미를 담고 있었다.(제32장 참조) 아인슈타인은 '시공간'이 서로 밀접하게 연결되어 있다고 주장하면서 우주에 새로운 차원을 추가했다. 또한 아인슈타인의 수학적 연구로 공간이 휘어져 있다는 사실이 밝혀졌기 때문에 유클리드 기하학으로는 우주의 까마득한 거리를 제대로 설명하지 못했다. 유클리드의 우주에서 평행선은 영원히 계속되며 서로 닿지 않는다. 유클리드의 우주는 평평하다. 평평한 유클리드의 세계에서는 삼각형 내각의 합이 언제나 180도이다. 그러나 구체, 즉 곡면 위에 놓인 삼각형에서는 성립하지 않는다. 따라서 공간 자체가 휘어져 있다면 이러한 우주를 설명하는 다른 형태의 수학이 필요하다.

아인슈타인의 뛰어난 연구에서 진리를 이해하게 된 물리학자와 우주론자들은 새로운 관점으로 생각하기 시작했다. 아인슈타인은 이론 분야의 혁명을 가져왔지만, 우주론에 커다란 영향을 준 두 번째 사건은 이론적인 것이 아니었다. 이는 명백히 관측에 기반을 두었으며, 특히 미국의 천문학자 에드윈 허블(1889~1953)의 관측이 중요한 역할을 했다. 1990년 우주왕복선이 지구 주위 궤도에 올린 우주망원경에는 허블을 기리며 그의 이름이 붙었다. 최근의 허블우주망원경은 허블이 근무했던 캘리포니아 윌슨산 천문대의 망원경으로 얻은 관측 결과보다 더 많은 비밀을 밝혀내고 있다. 1920년대에 허블은 당시의 어느 천문학자보다도 멀리 볼 수 있었다. 그는 우리은하가 우주의 시작도 끝도 아님을 보여주었다. 우리은하는 망원경으로 볼 수 있는 영역 너머까지 분포해 있는 무수히 많은 은하 중 하나일 뿐이었다.

우주론자들은 특별한 숫자, 즉 그의 이름이 붙은 '상수'로도 허블을 기억한다. (앞서 살펴본 플랑크 상수의 경우와 같다.) 빛이 우리에게서 멀어지면 파동의 스펙트럼은 가시광선의 적색 쪽으로 이동한다. 이 현상은 '적색이동red shift'이라고 불린다. 만약 빛이 우리에게 다가온다면 파동은 반대편으로 이동하고, 이는 '청색이동blue shift'이라고 불린다. 이 현상은 천문학자들이 쉽게 측정할 수 있으며, 열차가 다가올 때와 멀어질 때 들리는 소리가 다른 원리와 같다. 허블은 굉장히 멀리 떨어진 별에서 나온 빛이 적색이동 현상을 보이며, 멀리 있을수록 적색이동의 크기가 더 크다는 사실을 확인했다. 이는 별들이 우리에게서 멀어지고 있으며, 멀리 있는 별일수록 더 빨리 멀어진다는 의미였다. 우주는 팽창하고 있으며 점점 더 빠른 속도로 멀어지는 것처럼 보였다. 허블은 별까지의 거리와 적색이동의 크기를 측정했다. 그 측정값을 그래프에 표시하자 직선상에 꽤 잘 맞아떨어졌다. 여기에서 '허블 상수'를 계산했고 그는 1929년에 이 중요한 결과를 논문으로 발표했다. 덕분에 우주론자들은 우주의 나이를 계산할 수 있었다.

이후 허블 상수는 수정되었다. 새로운 관측으로 훨씬 더 멀리 있는 별을 발견했고, 적색이동의 크기를 더 정확히 측정할 수 있게 되었기 때문이다. 어떤 별은 수백만 광년이나 떨어져 있었다. 1광년은 약 9조 5,000억 킬로미터에 해당한다. 빛이 태양에서 지구에 도달하는 데는 8분밖에 걸리지 않는다. 이 빛을 다시 태양으로 반사한다면, 빛은 둘 사이를 1년 동안 3만 2,000번 이상 왕복할 수 있다. 얼마나 어마어마한 거리인지 감이 올 것이다. 물론 어마어마한 시간이기도 하다. 밤하늘에서 우리가 보는 별빛 중 일부는 이미 소멸한 별에서 아주 오래전에 출발한 빛이다. 허블 상수를 정확하게 측정하려면 아주 멀리 있는 별과 은하의 거리를 정확히 알아야 한다. 이런 어려움이 있지만, 이 상수는 별과 은하가 얼마나 오랫동안 움직였는지 알려주기 때문에 중요하다. 즉 허블 상수는 빅뱅에서 시작된 우주의 나이를 알려준다.

빅뱅은 1940년대에 조지 가모프(1904~1968)가 널리 알린 개념이다. 가모프는 1930년대 초에 미국으로 건너간 러시아 태생의 흥미로운 물리학자였다. 그는 물리학과 상대성이론뿐만 아니라 분자생물학에 기여할 정도로 다방면에 뛰어났다. 미시적 수준에서는 동료와 함께 원자핵이 전자(베타 입자)를 방출하는 과정을 탐구했다. 거시적 수준에서는 뜨거운 입자와 우주 먼지로 이루어진 거대한 구름인 성운이 형성되는 과정을 살펴보았다. 1948년부터 가모프와 동료들이 함께 확립하기 시작한 빅뱅 이론은 원자의 가장 작은 구성 요소에 대한 지식을 밑바탕으로 삼아 우주의 탄생 과정에서 일어나는 일을 설명하는 모형과 결합했다.

먼저 우주의 구성 요소인 입자와 힘을 살펴보자. 1940년대 후반, 이를 연구하는 물리학 분야는 '양자전기역학quantum electrodynamics', 줄여서 QED라고 불렸다. 이 분야를 이해하는 데 도움을 준 사람은 미국의 물리학자 리처드 파인만(1918~1988)이었다. 그는 자신의 이론과 수학적 계산 과정을 설명하는 파인만 다이어그램(때로는 레스토랑의 냅킨에 그렸다)과 봉고 연주로 유명하다. 그는 1965년에 QED 연구로 노벨상을 받았고, 이 연구에서는 앞으로 살펴볼 훨씬 더 작은 입자와 힘을 설명하는 복잡한 수학적 도구를 제시했다.

제2차 세계대전이 끝난 뒤 입자물리학자들은 점점 더 강력해지는 입자가속기에서 끊임없이 원자를 가속하다가 나중에는 입자까지 가속했다. 이 입자가속기는 원자를 더 작은 입자로 분해할 수 있었으며, 이는 빅뱅 이후 찰나의 순간에 일어난 일을 반대로 되돌리는 작업과 같았다. 빅뱅이 일어난 직후에는 우주가 식기 시작하면서 물질의 구성 요소들이 만들어지기 시작했을 것이다. 입자에서 원자가 등장하고, 원자에서 원소가 나오면서 결과적으로 행성과 별까지 형성된다.

아인슈타인의 방정식 '$E=mc^2$'에서 알 수 있듯이, 가속기에서 거의 광속에 가까운 속도에 도달하면 질량은 대부분 에너지로 변환된다. 물리학자들은 엄청나게 빠른 이 입자들이 놀라운 일을 벌인다는 사실을 발견했다. 전자는 가속기에서 변하지 않으며 어떤 다른 물질로 구성되지 않은 순수한 상태로 나온다. 이는 힘입자force-particle 계열인 '경입자lepton' 중 하나다. 양성자와 중성자는 '쿼크quark'라는 더 작은 입자로 이루어져 있다는 사실이 밝혀졌다. 쿼크에는 여러 종류가 있으며, 각각은 전하를 띠고 세 개가 결합하여 중성자나 양성자를 형성한다.

우주에는 네 가지의 근본적인 힘이 존재한다. 이 힘이 서로 어떻게 연관되는지 이해하는 것은 20세기의 주요 과제였다. '중력'은 가장 약하지만 작용 범위가 무한하다. 우리는 정확히 말하면 뉴턴의 사과 이후로 중력을 계속 연구했지만, 여전히 완벽하게 알지는 못한다. '전자기력'은 자연의 여러 측면과 관련되어 있다. 전자기력 덕분에 전자가 원자의 궤도를 돌 수 있고, 매일 태양이 빛나고 있다는 사실을 우리가 빛의 형태로 감지할 수 있다. 또한 원자 내부에는 '강한 핵력'과 '약한 핵력'이 있다. 이 두 가지 힘은 원자핵 내부의 입자들을 묶는 역할을 한다.

중력을 제외한 힘들은 힘을 운반하는 특별한 입자, 즉 '보손boson'의 교환으로 작용한다. 여기에는 광자, 즉 아인슈타인의 광양자도 포함되며, 이는 전자기력을 운반하는 보손이다. 그러나 아마도 가장 유명한 보손은 아직 찾지 못한* 힉스 보손일 것이다. 입자물리학자들은 1960년대부터 힉스 보손을 찾고 있었다. 이 보손은 입자에 질량을 부여한다고 여겨졌다. 힉스 보손을 찾으면 빅뱅 이후에 어떻게 입자가 질량을 얻었는지 설명할 수 있을 것이었다. 2012년, 과학자들은 스위스 제네바 근처에 있는 세계 최대의 입자가속기인 대형 강입자충돌기Large Hadron Collider, LHC에서 힉스 입자를 언뜻 보았다고 생각했다. 대형 강입자충돌기는 1998~2008년에 유럽입자물리연구소European Organization for Nuclear Research, CERN에서 건설했다. CERN은 물리학 연구에 엄청난 비용이 드는데다 극한 환경에 있는 물질과 에너지를 다루는 실험을 수행하고 해석하기 위해 과학자와 기술자, 컴퓨터 담당자가 많이 필요해지면서 유럽 국가들이 협력하여 1954년에 설립한 과학 연구소이다.

힉스 보손은 중력을 제외한 모든 것을 설명하는 표준 모형의 퍼즐에서 굉장히 유용한 하나의 조각이다(그러나 마지막 조각은 아니다). 그리고 확인된 표준 모형은 이 모든 힘과 입자를 설명하는 접근법인 끈이론string theory을 통해 '모든 것의 이론Theory of Everything'에 가까워질 가능성이 있다. 끈이론은 자연의 근본적인 힘을 1차원

* 원문에는 힉스 입자가 발견되지 않았다고 쓰여 있지만, 2013년 10월 CERN에서 힉스 보손을 발견했다고 발표했다.

의 진동하는 끈으로 볼 수 있다는 가정에 기초한다. 여기에는 매우 복잡한 수학이 필요하다. 이 이론은 아직 만들어지고 있는 중이다.

이 미시적 수준의 입자물리학은 대개 우리가 살고 있는 일상 세계와 연관 짓기 어렵다. 그러나 과학자들은 원자력, 텔레비전, 컴퓨터, 양자 컴퓨팅, 의료 진단 장비 등 점점 더 많은 용도를 찾고 있다. 이와 같은 중요한 일상적 용도 외에도 빅뱅 개념은 관측할 수 있는 가까운 우주와 관측할 수 없는 먼 우주에 적용되어 많은 정보를 내포하고 있다.

1920년대에 러시아의 물리학자 알렉산드르 프리드만(1888~1925)은 우주를 설명하는 자신의 수학 이론에 아인슈타인의 일반상대성 이론을 빠르게 적용했다. 그가 개발한 프리드만 방정식은 팽창하는 우주를 설명하는 규칙을 제공했다. 또한 프리드만은 지구에서 별을 관측한다는 것이 중요한지에 대해 의문을 품었다. 지구는 물론 우리에게 특별한 장소이지만, 우주를 관측하는 데도 특별한 장소일까? 프리드만은 그렇지 않다고 생각했다. 지구는 우리가 우연히 자리 잡은 장소일 뿐이었다. 우리가 몇 광년 떨어진 다른 행성에 있다고 해도 우주는 다르게 보이지 않을 것이었다. 이것이 바로 프리드만의 우주 원리*이다. 여기에서 우리는 물질이 우주 전체에 균일하게 분포해 있다는 중요한 사실을 알 수 있다. 물

---

* 원문에는 'Cosmological Constant'라고 쓰여 있지만, 일반적으로 알려진 우주 상수는 우주 '팽창'과 관련하여 아인슈타인이 도입한 개념이기 때문에 문맥과 맞지 않는다. 여기서 프리드만이 주장한 우주의 등방성은 보통 'Cosmological Principle'이라는 용어를 사용하기 때문에 '우주 원리'로 옮겼다.

론 지역적 차이가 있으며, 지구는 주변 환경보다 훨씬 밀도가 높다. 그러나 우주 전체를 놓고 보면 상쇄되어 균일하게 보인다. 오늘날 우주론자들은 대부분 프리드만의 모형을 기초로 연구한다. 더불어 블랙홀이나 암흑물질 같은 불가사의한 영역도 다루어야 한다.

18세기 들어 영국 왕립학회 회원 두 명이 '암흑별dark star'이라는 개념을 논의했다. 이 암흑별, 즉 현대의 '블랙홀'은 수학 천재 로저 펜로즈(1931~)와 뛰어난 이론물리학자 스티븐 호킹(1942~2018)의 연구 대상이었다. 호킹은 은퇴할 때까지 케임브리지 대학교에서 한때 아이작 뉴턴이 지냈던 루커스 수학 석좌교수직을 맡고 있었다. 펜로즈와 호킹은 블랙홀을 상상하기는 쉽지만 당연히 볼 수는 없다고 설명했다. 블랙홀은 죽어가는 별이 점차 수축하는 곳에서 형성되기 때문이다. 별의 잔해가 점점 좁은 공간에 밀집되면서 중력이 강해지는 바람에 광자들은 그 안에 갇혀 빠져나올 수 없게 되는 것이다.

우주에는 초대질량 블랙홀도 존재한다. 칠레에 있는 망원경으로 16년간 탐사한 끝에 2008년 우리은하에 있는 초대질량 블랙홀, 궁수자리 A*이 확인되었다. 독일의 천체물리학자 라인하르트 겐첼(1952~)이 이끄는 천문학자들은 은하 중심에 있는 블랙홀을 공전하는 별의 궤도를 관찰했다. 2만 7,000광년 떨어진 블랙홀과 지구 사이에 성간 먼지가 너무 많아서 이 궤도는 적외선으로 관측되었다.

이 초대질량 블랙홀은 은하를 형성하는 데 도움을 주며 우리가 직접 볼 수 없는 우주의 또 다른 구성 요소인 '암흑물질'과도 관련되어 있다. 암흑물질은 우주 질량의 80퍼센트를 차지하며, 4퍼센트 안팎인 눈에 보이는 별과 행성, 기체, 우주 먼지보다 우주에서 훨씬 큰 비중을 차지한다. 암흑물질은 왜 우주의 많은 천체가 예측한 대로 정확하게 움직이지 않는지 설명하기 위해 1930년대에 처음 도입되었다. 과학자들은 눈에 보이는 부분의 질량과 이들이 보여주는 중력의 크기가 일치하지 않는다는 사실을 알아차렸다. 무언가가 빠진 것이었다. 1970년대에 천문학자 베라 루빈(1928~2016)은 은하 가장자리에 있는 별들의 운동 속도를 측정하여 기록했다. 이 별들은 예상보다 빠르게 움직이고 있었다. 일반적으로는 은하의 중심에서 멀수록 더 느리게 공전해야 했다. 암흑물질은 별이 움직이는 속도를 높이는 데 필요한 중력을 추가로 제공한다. 따라서 이는 암흑물질이 존재한다는 간접적인 증거로 널리 받아들여졌다. 그러나 암흑물질의 정체는 여전히 수수께끼로 남아 있다. 미래에 그 정체가 드러날 수도 있고 존재하지 않는 물질이라고 밝혀질 수도 있을 것이다.

현대 우주론은 아인슈타인의 이론과 수천 번의 관측, 컴퓨터로 수행하는 자료 분석, 가모프의 빅뱅 이론에 바탕을 둔다. 훌륭한 과학 이론이 그렇듯, 빅뱅 이론은 가모프 시대 이후로 점차 변화해왔다. 사실 1948년에 빅뱅 이론이 등장한 이후 20년 동안 물리학자들은 우주의 탄생에 거의 관심을 갖지 않았다. 빅뱅 이론은 천문학자 프레드 호일(1915~2001)과 가장 밀접한 우주 모형인 '정상 상태' 우주론과 대립했다. 호일의 모형은 1950년대에 어느 정도의 지지를 받았는데, 그는 새로운 물질이 계속 생성되는 무한한 우주를 가정했다. 이 우주에는 시작도 끝도 없다. 하지만 '정상 상태' 우주론은 문제점이 너무 많아서 오래 살아남지 못했다.

오늘날 물리학자들은 입자가속기를 활용하여 수명이 짧은 입자와 힘에 대한 정보를 알아내고 있다. 먼 우주를 관측하기도 한다. 그리고 빅뱅 이론을 수정해왔다. 세부적인 내용뿐만 아니라 일부 기본 원리에서도 논쟁이 벌어지고 있지만, 과학에서는 드문 일이 아니다. 빅뱅 모형에서는 멀리 있는 별의 적색이동, 우주배경복사, 원자 사이에 작용하는 근본적인 힘을 비롯해 오늘날 측정 가능한 많은 정보를 이해할 수 있다. 거기에는 블랙홀과 암흑물질도 있다. 그러나 빅뱅 모형으로도 빅뱅이 일어난 '이유'는 알 수 없다. 과학은 이유가 아니라 방법을 다룬다. 여느 과학 분야에서처럼 물리학자와 우주론자 중에도 종교를 믿는 사람과 믿지 않는 사람이 공존한다. 과학은 이러해야 하며, 관용의 분위기에서 가장 많이 발전할 수 있다.

CHAPTER 40

디지털 시대의 과학

'계산'을 하려고 컴퓨터를 켜는 사람은 많지 않을 것이다. 보통은 컴퓨터로 무언가를 검색하거나 친구에게 이메일을 보내거나 축구 경기 결과를 확인할 것이다. 그런데 원래 컴퓨터는 인간이 머리로 하는 것보다 더 빠르고 정확한 계산을 하기 위한 기계였다.

우리는 컴퓨터를 최첨단 기술이라고 생각하지만, 컴퓨터라는 개념은 아주 오래되었다. 19세기에 영국의 수학자 찰스 배비지(1792~1871)는 속임수를 쓰도록 '프로그램'이 가능한 기계를 고안했다. 예를 들어 기계가 1,000,000까지 차례대로 세도록 설정한 다음, 그 수에 도달하면 1,000,002로 건너뛰게 했다. 1,000,000까지 세는 과정을 주의 깊게 지켜본 사람은 기계가 숫자를 건너뛰어서 놀라게 될 것이다. 배비지의 요점은 이 기계로 자연의 정상적인 흐름에서는 예상할 수 없는 일을 할 수 있다는 것이었다.

1800년대 후반, 미국의 수학자 허먼 홀러리스(1860~1929)는 천공카드를 사용하여 많은 자료를 분석하는 전기 기계를 발명했다. 구멍이 뚫린 카드를 기계에 넣으면, 기계는 그 카드를 '읽고' 정보를 처리할 수 있었다. 홀러리스가 개발한 기계는 정부에서 인구수를 정확히 파악하려고 수집한 인구 조사표에 사람들이 기록한 정보를 분석하는 데 매우 유용했다. 이 기계는 수입과 가구당 인구수, 나이, 성별 같은 기본 정보를 매우 빠르게 계산할 수 있었다. 제2차 세계대전이 발발하기 전까지 대부분의 컴퓨터에서는 천공카드를 활용했다.

컴퓨터는 전쟁 중에 군사적 용도로 발전했다. 포탄의 발사 거리를 계산하고, 적의 메시지를 해독하려는 기밀 작전에서 극적인 역할을 했다. 독일, 영국, 미국은 모두 전시 안보 목적을 위해 컴퓨터를 개발했다. 여기에 놀라운 모순이 있다. 현대에는 누구나 컴퓨터를 사용할 수 있지만, 처음에는 최고의 보안 등급을 가진 극소수만 접근할 수 있었다.

영국과 미국에서는 컴퓨터를 활용하여 독일의 암호 메시지를 분석했다. 영국에서는 버킹엄셔의 블레츨리 파크라는 오래된 시골집에서 독일의 암호를 해독하기 위해 노력했다. 독일에서는 에니그마와 로렌츠라는 두 대의 암호 생성 기계를 사용했다. 암호가 매일 바뀌었기 때문에 해독 기계는 적응력이 뛰어나야 했다. 영국에서는 봄브와 콜로서스라는 두 대의 암호 해독 기계를 설계했다. 콜로서스Colossus*라는 이름은 이 기계에 잘 어울렸다. 방 전체를 채울 만큼 크고 전기를 엄청나게 소비했기 때문이다. 이 컴퓨터는 전기 신호를 전환하는 진공관을 사용했는데, 엄청난 열을 발산했고 끊임없이 작동을 멈추었다. 그래서 기술자들이 타버린 필라멘트를 쉽게 교체할 수 있도록 진공관 사이를 넓은 통로로 분리했다. 당시 '디버깅debugging'은 소프트웨어 프로그램을 실행한다는 의미가 아니라 뜨거운 유리관으로 날아들어 합선을 일으키는 나방이나 파리 같은 벌레를 치운다는 의미였다. 어쨌든 이 암호 해독기 덕분에 전쟁 기간이 줄어들었고 연합군이 승리할 수 있었다.

당시 블레츨리 파크에서 근무한 뛰어난 수학자 중에는 앨런 튜링(1912~1954)이 있었다. 튜링은 1930년대 초 케임브리지의 킹스 칼리지에서 공부했으며, 그의 천재성은 재학 시절부터 인정받았다. 그는 컴퓨터 수학 분야에서 중요한 개념을 발표했고 블레츨리 파크에서 수행한 연구 또한 탁월했다. 전쟁이 끝난 뒤에도 연구는 계속되었다. 튜링은 컴퓨터의 작동 원리와 인간 두뇌의 작용 원리를 비교했으며 '인공지능AI'을 비롯해 체스를 두는 기계를 개발하는 데도 놀라운 통찰력을 갖고 있었다. 최고 수준의 체스 선수들은 컴퓨터를 이기기도 하지만, 최고의 수를 두는 기계의 능력은 점점 좋아지고 있다. 튜링은 런던의 테딩턴에 있는 국립물리연구소에서 에이스ACE라는 초기의 전기 컴퓨터를 개발했

* '거대한 조각상'이라는 뜻이다.

다. 에이스의 계산 능력은 이전 컴퓨터보다 훨씬 뛰어났다. 그러나 튜링의 삶은 비극적으로 끝났다. 튜링은 동성애자였고, 당시 영국에서는 동성애가 불법이었다. 그는 경찰에 체포되어 성적 지향을 '치료'한다는 목적으로 성호르몬 치료를 받았다. 튜링은 스트리크닌이라는 독이 든 사과를 먹고 자살했다고 알려져 있다. 튜링의 인생에서 우리는 인종, 성별, 종교, 성적 취향과 상관없이 누구나 뛰어난 과학자가 될 수 있음을 확인할 수 있다.

전쟁 중에 만들어진 거대한 기계도 물론 가치 있었지만, 진공관이 과열되면서 한계에 부딪혔다. 이후 컴퓨터를 비롯해 많은 것을 바꾼 발명품이 등장했는데, 그것은 바로 트랜지스터였다. 1947년 말부터 존 바딘(1908~1991), 월터 브래튼(1902~1987), 윌리엄 쇼클리(1910~1989)가 개발한 이 장치는 전기 신호를 증폭하고 전환할 수 있었다. 트랜지스터는 진공관보다 훨씬 작은데다 열도 훨씬 적게 발생했다. 이로써 트랜지스터라디오처럼 모든 종류의 전기 제품을 훨씬 작고 효율적으로 만들 수 있었다. 바딘, 브래튼, 쇼클리는 이러한 성과로 노벨 물리학상을 공동 수상했고 바딘은 트랜지스터와 현대적인 회로를 만들 수 있게 해준 '반도체'를 연구하여 한 번 더 노벨상을 받았다.

냉전 기간인 1945년부터 1991년까지 군에서는 계속해서 컴퓨터를 개발했다. 두 강대국인 미국과 소련은 제2차 세계대전 당시 동맹국이었지만 서로를 불신했다. 양국은 컴퓨터를 활용하여 수집한 자료로 서로의 활동을 분석했다. 이처럼 뛰어난 성능으로 많은 자료를 빠르게 처리하는 컴퓨터가 발전하면서 과학자들에게도 큰 도움이 되었다. 특히 물리학자들이 1960년대에 발전한 새로운 컴퓨터를 가장 잘 활용했다. 당시 고에너지 입자가속기가 아주 많은 자료를 생산했기 때문에 더는 연필과 종이만으로 계산할 수가 없었다.

컴퓨터 과학자들은 점차 다양한 과학 연구팀의 일원이 되었고 연구 예산에도 컴퓨터 과학자의 인건비와 장비 비용이 포함되었다. 따라서 사람 대 사람뿐만 아니라 컴퓨터 대 컴퓨터로 소통한다고 해도 이상한 일은 아니었다. 어차피 전화도 사용한 지 100년이 지났고, 전보는 그보다 훨씬 더 오래되었다. 1960년대 초에는 '패킷 교환packet switching' 방식이 발명되었다. 디지털 메시지는 더 작은 단위로 쪼개질 수 있었고, 각 단위는 가장 쉬운 경로로 이동한 후 목적지인 수신 컴퓨터 화면에서 다시 조립되었다. 일반 전화 통화는 '실시간'으로 이루어지기 때문에 내가 전화하는 동안 아무도 내게 전화를 걸 수 없다. 그러나 컴퓨터로는 이메일을 보내거나 웹사이트에 게시물을 올리는 것처럼 메시지를 주고받을 수 있으며 읽고 싶을 때 언제든 볼 수 있다.

패킷 교환 방식은 미국과 영국에서 동시에 개발되었다. 이 기술은 국가 안보 측면에서 군이나 정치 지도자들이 서로 통신할 수 있게 했으며 통신시설이 일부 파괴되더라도 작동할 수 있었다. 또한 패킷 교환 덕분에 컴퓨터 그룹을 연결하는 '네트워크'를 형성하기가 더 쉬워졌다. 군 이외에 최초로 네트워크를 형성한 집단 역시 과학자들이었다. 현대 과학에서는 대부분 공동 연구의 도움을 받는다. 1960년대에 컴퓨터가 점점 작아지고 빨라지면서 많은 혜택을 받은 곳은 학계였다. 이 컴퓨터는 오늘날의 컴퓨터보다 매우 크고 느리고 비쌌다. 하지만 당시에도 컴퓨터로 게임을 했으니 컴퓨터는 일찍부터 놀이 도구였던 셈이다. 컴퓨터의 성능은 1970년대에 급속도로 발전했다. 화면과 키보드가 있는 컴퓨터, 소위 마이크로컴퓨터는 책상 위에 올릴 수 있을 정도로 작아졌다. 그 안에 들어 있는 마이크로프로세서의 성능이 더욱 강력해지면서 개인용 컴퓨터 혁명이 시작되었다. 이러한 연구는 대부분 미국 캘리포니아의 실리콘밸리에서 이루어졌다.

학계에서 연구하고 소통하는 방식은 컴퓨터로 인해 끊임없이 변화했다. 세계에서 물리학자가 가장 많이 모인 곳 중 하나는 세계에서 가장 빠른 입자가속기인 대형 강입자충돌기가 있는 CERN이다.(제39장 참조) CERN의 컴퓨터 전문가들은 1980년대와 1990년대에 네트워크 형성과 자료 분석을 새로운 차원으로 끌어올렸다. 그들 중에는 팀 버너스 리(1955~)도 있었다. 버너스 리는 언제나 컴퓨터에 빠져 있었다. 그는 부모가 모두 초창기의 컴퓨터 개발자였기 때문에 컴퓨터와 함께 성장했다. 그러다가 옥스퍼드에서 물리학을 공부한 후 CERN에서 일하게 되었다. 1989년에 그는 '정보 관리'를 위한 연구비를 요청했다. CERN의 상급자들이 도와주긴 했지만, 버너스 리는 누구나 컴퓨터와 전화선만 있으면 인터넷에서 많은 양의 정보에 쉽게 접근할 수 있게 하자는 생각을 밀어붙였다. 그리고 동료인 로베르 카이오(1947~)와 함께 월드와이드웹World Wide Web을 개발했다. 처음에는 CERN과 다른 물리 실험실 한두 곳에서만 사용되었다. 그러다가 1993년 대중에 공개되었다. 당시는 직장뿐만 아니라 가정에서도 개인용 컴퓨터를 사용하는 비중이 엄청나게 증가하는 시기였다. 마이크로소프트의 빌 게이츠(1955~)와 애플의 스티브 잡스(1955~2011) 같은 개인용 컴퓨터의 혁명을 이끈 사람들은 현대 과학의 영웅이다(물론 부자이기도 하다). 생각해보면 1955년은 컴퓨터 분야에서 엄청난 해였다. 버너스 리, 게이츠, 잡스 모두 그해에 태어났기 때문이다.

1970년대에 이르자 컴퓨터의 발전 속도와 유전체 염기서열 분석 방법의 개발 속도가 비슷해졌다. 이것은 우연이 아니다. 컴퓨터가 없는 현대 과학은 상상조차 할 수 없다. 신약 개발부터 기후변화 모형에 이르기까지 과학의 수많은 핵심적 문제가 컴퓨터에 의존한다. 가정에서는 숙제를 하거나 휴가 교통편을 예약하고 게임을 하는 데 컴퓨터를 사용한다. 내장형 컴퓨터 시스템으로 비행기를 운항하고 의료 영상을 다루며 옷을 세탁한다. 현대 과학뿐만 아니라 현대인의 일상도 컴퓨터를 기반으로 한다.

이는 놀라운 일이 아니다. 이 짧은 책에서 보여주고자 한 것은 역사의 어느 순간에서든 과학이 그 특정 순간의 산물이라는 사실이다. 히포크라테스의 순간은 갈릴레오나 라부아지에의 순간과 달랐다. 그들은 각각 동시대의 다른 사람들처럼 입고, 먹고, 생각했다. 이 책에 등장하는 인물들은 동시대의 사람들보다 더 날카롭게 사고하고 자신의 생각을 전달하는 능력을 갖고 있었다. 그렇기 때문에 이들이 남긴 생각과 글은 기억할 가치가 있다.

오늘날의 과학은 그 어느 때보다 강력하다. 컴퓨터는 과학자뿐만 아니라 범죄자와 해커에게도 유용하다. 과학과 기술은 공익을 위해 사용될 수도 있지만, 그만큼 쉽게 남용될 수도 있다. 우리에게는 훌륭한 과학자도 필요하지만, 과학이 세상을 더 살기 좋은 곳으로 만드는 데 쓰이는지 감시하는 날카로운 대중의 눈도 필요하다.

| 옮긴이의 말 |

과학은 절대 불변의 진리가 아니다. 끊임없이 변화한다. 발전할 때도 있지만 퇴보할 때도 있다. 수많은 시행착오를 거쳐 진리에 도달하는 과정이 바로 과학이다. 우리는 이미 엄청나게 발전한 과학기술의 시대에 살고 있다. 우리가 매일 사용하는 휴대전화와 컴퓨터, 난치병을 치료하는 의료 기술, 우주로 쏘아 보내는 망원경과 인공위성 모두 첨단 과학기술의 산물이다. 하지만 여기에 도달하기까지 수많은 시행착오를 거쳐 과학적 지식이 쌓여왔다는 사실은 종종 잊힌다. 이 책은 그 과정을 한눈에 볼 수 있는 흥미로운 책이다.

과학의 역사를 책 한 권에 담기란 여간 어려운 일이 아니다. 과학에는 물리학, 화학, 생물학, 지질학, 대기과학, 해양학, 천문학 등 다양한 분야가 있고 각각에도 수많은 세부 분야가 있다. 과학을 전공했더라도 이 모든 분야를 상세히 알기는 어렵다. 게다가 과학도 인간이 하는 것이기에 필연적으로 인류의 사상적 변화나 역사적 흐름을 따를 수밖에 없다. 따라서 과학의 역사를 기술하려면 과학과 철학, 사회학, 인류학을 아우르며 수많은 과학의 세부 분야 속 중요 사건과 인물을 추려내어 종합하는 능력이 필요하다. 이 책의 저자 윌리엄 바이넘은 여기에 깔끔하고도 유려한 글솜씨를 겸비하여 40개의 서로 다른 주제를 자연스럽게 이끌어나간다. 이 믿음직한 안내자 덕분에 우리는 느긋하게 앉아 책을 펴기만 하면 과학사의 주요 인물과 사건을 하나씩 만나볼 수 있다.

이 책은 고대 이집트, 인도, 중국 문명에서 발달한 과학부터 현대 디지털 사회의 컴퓨터 과학까지 다양한 주제를 시간 순으로 다룬다. 각각의 장에서는 하나의 주제를 다루며 어려울 수 있는 과학 개념을 쉬운 언어로 간결하게 설명한다. 번역에서도 그 의도를 살려 간결성을 살리려고 노력했다. 또한 모든 장은 각각 완결성을 가지면서 서로 유기적으로 연결되어 있다. 시간 순으로 과학이 변모하는 모습을 따라가기 때문에, 앞서 언급한 과학적 사실이나 인물이 다시 등장하기도 한다. 그때마다 저자는 간략하게 다시 짚어주면서 독자의 이해를 돕는다.

이 책은 역사 속의 중요한 과학적 사건과 인물을 한눈에 살펴보고 싶은 이들에게 도움이 될 만한 내용을 담고 있다. 역사를 다룬 책인 만큼 순서대로 이어 보는 편이 제일 좋겠지만, 특정한 주제에 관심이 있을 때 몇 장만 골라 읽기에도 완결성을 갖추고 있어서 별다른 무리가 없다. 물론 이 한정된 분량의 책에서 모든 과학적 사건을 다룰 수는 없었겠지만, 적어도 이 책에 나온 내용을 바탕으로 해당 주제를 더 깊이 다룬 책이나 매체를 찾아나갈 수 있을 것이다. 그렇기에 입문서로 추천한다.

저자는 '과학이 특정 순간의 산물'이라고 말한다. 과학은 그 시대적 조건에 맞춰 진화한다는 것이다. 현대에는 어떨까? 현대의 과학기술은 놀라운 속도로 발전하고 있다. 기계학습을 통한 인공지능의 발전이나 아인슈타인이 예측한 중력파의 발견, 허블우주망원경의 다음 세대인 제임스웹우주망원경 발사 등 이 책에서 미처 다루지 못한 주제가 끊임없이 등장하고 있다. 이 책에서 비유한 것처럼, 과학은 '퍼즐'과 같다. 과학자들은 과거에서 현재까지 끊임없이 비어 있는 퍼즐 조각을 찾고 있다. 혹시 이 책에서 퍼즐 조각을 찾는 재미를 알게 된다면, 직접 뛰어들어 현대의 '순간'을 장식할 수 있길 바란다.

| 찾아보기 |

| ㄱ |

가모프, 조지(Gamow, George) 340, 345
갈라파고스 섬(Galapagos Islands) 208
갈레노스(Galen) 50~6, 58, 63, 64, 65, 66, 76~7, 81
갈릴레오 갈릴레이(Galileo Galilei) 92, 93~100, 119, 132, 242
갈바니, 루이지(Galvani, Luigi) 140~1, 142~3
게이츠, 빌(Gates, Bill) 353
겐첼, 라인하르트(Genzel, Reinhard) 344
격변론자(catastrophists) 200~2, 203
결핵(tuberculosis) 232~3, 315, 318
고생물학(palaeontology) 188
골턴, 프랜시스(Galton, Francis) 291~2, 298
공기와 기체(airs and gases) 161~9, 186, 252~3, 254
공기펌프(air pumps) 123~4
공기화학(pneumatic chemistry) 162~9
공룡(dinosaurs) 187~95
광견병(rabies) 230~1
광학(optics) 145
귀납법(induction method) 110
그리스(Greeks) 13, 27~31, 64
  갈레노스(Galen) 50~6
  아리스토텔레스(Aristotle) 41~9
근육(muscles) 54~5, 80~1, 140, 143
글(writing) 12~3, 17
금(gold) 68~70, 120, 250, 266
기(氣) 18
기독교(Christianity) 62~5
  데카르트(Descartes) 110
  보일(Boyle) 119
  지구의 기원 관련(on origin of the earth) 198
  천문학(astronomy) 89, 94, 98, 99~100
  패러데이(Faraday) 180
기술(technology) 10
기체와 공기(gases and airs) 161~9, 186, 252~3, 254
기하학(geometry) 31~2, 115~6, 337~8
길버트, 윌리엄(Gilbert, William) 137
끈이론(string theory) 342~3

| ㄴ |

나일(Nile, 강) 12, 28~9
나치(Nazis) 268~70, 299
  1939년 노벨상(1939 Nobel Prize) 311~2
나트륨(sodium) 175, 179, 248, 250
냉전(Cold War) 271, 350~1
네 가지의 체액(humours, four) 37~9, 52
네안데르탈인(Neanderthal man) 301~2, 305
노벨상(Nobel Prizes) 289
  러더퍼드(Rutherford) 258

매클라우드(Macleod) 317
모건(Morgan) 296
밴팅(Banting) 317
브레너(Brenner) 332~3
생어(Sanger) 330, 331
설스턴(Sulston) 333
아인슈타인(Einstein) 275
채드윅(Chadwick) 261
퀴리, 이렌(Curie, Irène) 266
크릭, 왓슨, 윌킨스(Crick, Watson, Wilkins) 325
파인만(Feynman) 340
플레밍, 플로리, 체인(Fleming, Florey, Chain) 312
호지킨(Hodgkin) 322
뇌전증(epilepsy) 36~7
뉴턴 혁명(Newtonian Revolution) 144
뉴턴, 아이작 경(Newton, Sir Isaac) 125~35
미래 과학에 미친 영향(influence on future science) 144~52

| ㄷ |

다윈, 찰스(Darwin, Charles) 203~4, 205~15, 236, 284, 302~3
유전학(genetics) 290~1
다트, 레이먼드(Dart, Raymond) 305~6
단백질(proteins) 176~7, 321~2, 323~7, 329, 330
달(moon) 96~7, 147, '천문학' 참조.
달력(calendars) 13, 15, 24
당뇨병(diabetes) 315~7
대륙이동설(continental drift) 285, 288~9
대수학(algebra) 59, 115~6
대운하(Grand Canal, 중국) 18
대학(universities) 64, 65
대형 강입자충돌기(Large Hadron Collider, LHC) 342, 352
더미(pile) '전지' 참조.
데모크리토스(Democritus) 29~30
데옥시리보핵산(DNA) 323~7
데이비, 험프리(Davy, Humphry) 174~5, 180
데카르트, 르네(Descartes, René) 110~7, 145
도마크, 게르하르트(Domagk, Gerhard) 311
도슨, 찰스(Dawson, Charles) 306~7
돌턴, 존(Dalton, John) 170~4
동물의 분류(animals, ordering of) 153~5
동위원소(isotopes) 261
동일과정론자(uniformitarians) 202
뒤부아, 외젠(Dubois, Eugène) 305
디랙, 폴(Dirac, Paul) 280
따개비(barnacles) 212

| ㄹ |

라마르크, 장 바티스트(Lamarck, Jean-Baptiste) 291
라부아지에, 앙투안 로랑(Lavoisier, Antoine-Laurent) 151, 166~9
라이엘, 찰스(Lyell, Charles) 202~4, 208, 213
라제스(Rhazes) 60~1
라플라스, 피에르 시몽 드(Laplace, Pierre Simon de) 151~2, 337
러더퍼드, 어니스트(Rutherford, Ernest) 257~9, 267
레이던병(Leyden Jars) 137~8, 139, 140
레이우엔훅, 안토니 판(Leeuwenhoek, Antonie van) 122~3, 216
로마(Romans) 13, 57, 62, 63
로봇(robots) 113
뢴트겐, 빌헬름(Röntgen, Wilhelm) 263~4, 265
루빈, 베라(Rubin, Vera) 345
루시(Lucy) 307~8
루크레티우스(Lucretius) 31
리스터, 조지프(Lister, Joseph) 234
리키, 루이스와 메리(Leakey, Louis and Mary) 306
린네, 칼 폰(Linnaeus, Carl von) 156~60, 205

| ㅁ |

마르쿠스 아우렐리우스(Marcus Aurelius) 51
마법(magic) 10, 36, 69, 70

마이트너, 리제(Meitner, Lise) 268
마취(anaesthesia) 235
만국박람회(Great Exhibition) 193~4
만리장성(Great Wall of China) 17~8
말피기, 마르첼로(Malpighi, Marcello) 107
망원경(telescopes) 96~7, 150~1, 344~6
허블우주망원경(Hubble Space Telescope) 338~9
매독(syphilis) 73
매클라우드, J. J. R.(Macleod, J. J. R.) 316~7
맥스웰, 제임스 클러크(Maxwell, James Clerk) 184~6
맨텔, 기디언(Mantell, Gideon) 191~2
맨해튼 계획(Manhattan Project) 270, 272
맬서스, 토머스(Malthus, Thomas) 209~10
멀러, H. J.(Muller, H. J.) 297, 298
멘델, 그레고어(Mendel, Gregor) 292~3, 294
멘델레예프, 드미트리 이바노비치 (Mendeleev, Dmitry Ivanovich) 251, 252~3
멘델학파(Mendelians) 294~5
『명상록(Meditations)』(마르쿠스 아우렐리우스) 51
모건, 토머스 헌트(Morgan, Thomas Hunt) 295~7, 321, 324, 326, 332
모스, 새뮤얼(Morse, Samuel) 183
모우드, 마이크(Morwood, Mike) 308
목적론적 추론(teleological reasoning) 45~6
무함마드(Muhammad) 57~8
물리학(physics) 100, 115~6, 256~62
방사능(radioactivity) 268
빅뱅(Big Bang) 340~6
양자역학(quantum mechanics) 259~60, 261, 262, 274~5, 279~81
양자전기역학(quantum electrodynamics, QED) 340
엔트로피(entropy) 240~1
컴퓨터(computers) 351
핵물리학(nuclear) 262, 272
물질(matter) 250
데카르트(Descartes) 112~6
물질 분포(distribution of matter) 343~4
반물질(anti-matter) 280
보일(Boyle) 120~1
암흑물질(dark matter) 337, 344, 345, 346
미생물학(microbiology) 216~24
밀물과 썰물(tides) 146, 147~8

| ㅂ |

바다(oceans) 282, 286~8, 289
바딘, 존(Bardeen, John) 350
바빌로니아인(Babylonians) 11~2
바스카라(Bhaskara) 25
바이러스(viruses) 226
바이스만, 아우구스트(Weismann, August) 293~4
박테리아(bacteria) 224, 226, 230, 232, 310~9
DNA 연구(DNA research) 330
'질병' 참조.
반물질(anti-matter) 280
방사능(radioactivity) 263~72, 287
방사선(radiations) 256~7
방사성연대측정(radiometric dating) 267~8, 287~8
배비지, 찰스(Babbage, Charles) 347~8
백과사전(encyclopaedias) 67
백신 접종(vaccination) 230
밴팅, 프레더릭(Banting, Frederick) 316~7
버너스 리, 팀(Berners-Lee, Tim) 352
버클랜드, 윌리엄(Buckland, William) 201, 202
베게너, 알프레트(Wegener, Alfred) 285, 286, 288~9
베르너, 아브라함(Werner, Abraham) 199
베르누이, 다니엘(Bernoulli, Daniel) 147~8
베르셀리우스, 옌스 야코브(Berzelius, Jöns Jacob) 175~7
베살리우스, 안드레아스(Vesalius, Andreas) 77~83
베스트, 찰스(Best, Charles) 316, 317
베이컨, 로저(Bacon, Roger) 66~7

베이컨, 프랜시스(Bacon, Francis) 109~10, 116~7
베이트슨, 윌리엄(Bateson, William) 294~5
베크렐, 앙리(Becquerel, Henri) 265
별(stars) 339~40, '천문학' 참조.
보어, 닐스(Bohr, Niels) 259~60, 279
보일, 로버트(Boyle, Robert) 118~21, 123~4, 161
복제(cloning) 329~30
볼타, 알레산드로(Volta, Alessandro) 141, 142~3
볼턴, 매슈(Boulton, Matthew) 237
볼테르(Voltaire) 145~6
분류학(taxonomy) 158
분자생물학(molecular biology) 253, 326~7
분해(analysis) 247~8
불확정성 원리(uncertainty principle) 279~80
뷔리당, 장(Buridan, Jean) 66~7
뷔퐁, 조르주 백작(Buffon, Georges, Comte de) 155~6, 199
브라운, 로버트(Brown, Robert) 220
브라운, 토머스 경(Browne, Sir Thomas) 198
브라헤, 튀코(Brahe, Tycho) 89~90, 91
브래튼, 월터(Brattain, Walter) 350
브레너, 시드니(Brenner, Sydney) 332~3
브룸, 로버트(Broom, Robert) 305~6
블랙, 조지프(Black, Joseph) 163~4
블랙홀(black holes) 344
블레츨리 파크(Bletchley Park) 348, 349
비샤, 그자비에(Bichat, Xavier) 217
빅뱅(Big Bang) 340~6
빛(light)
  뉴턴(Newton) 129, 134
  아인슈타인(Einstein) 275~8
  플랑크(Planck) 274~5
  허블(Hubble) 338~9

| ㅅ |

사제(priests) 10~1, 14
사진술(photography) 185, 232
사회진화론(social Darwinism) 305
산소(oxygen) 163, 166~9, 172~3, 176, 178, 242, 249, 250, 254, 255, 323
새(birds) 195, 208, 211
색맹(colour-blindness) 171
생물계측학파(biometricians) 294~5
생물학(biology)
  다윈(Darwin) 203~4, 205~15
  린네(Linnaeus) 156~60, 205
  미생물학(microbiology) 216~24
  분자생물학(molecular) 253, 326~7
생어, 프레더릭(Sanger, Frederick) 330~1
설스턴, 존(Sulston, John) 333
세계대전(World War)
  제1차 세계대전(First World War) 299
  제2차 세계대전(Second World War) 262, 269~72, 286, 299, 313, 340
    원자폭탄(atomic bombs) 271
    컴퓨터(computers) 348~50
세균 이론(germ theory) 226, 311
세균학(bacteriology) 232
세포(cells) 48, 217~24, 332~3, '유전학' 참조.
『세포병리학(Cellular Pathology)』(피르호) 219
셀시우스, 안데르스(Celsius, Anders) 243
셈법(counting) 15, 19, 25, 58~9, '수학' 참조.
셰익스피어, 윌리엄(Shakespeare, William) 65~6
쇼클리, 윌리엄(Shockley, William) 350
수소(hydrogen) 162, 164, 168, 169, 172~4, 178, 246, 249, 250, 254, 255, 257, 260, 261, 268~9, 277, 325
수은(mercury) 73
수정궁(Crystal Palace) 193~4
수학(mathematics) 28, 33, 128~9, 145
  기하학(geometry) 31~2, 115~6
  대수학(algebra) 59, 115~6
  행렬(matrix) 279
수혈(transfusions, blood) 122
순환(cycles) 101
슈뢰딩거, 에르빈(Schrödinger, Erwin) 279

슈반, 테오도어(Schwann, Theodor) 218~9
스노, 존(Snow, John) 228, 235
스미스, 윌리엄(Smith, William) 200
스트렙토마이신(streptomycin) 315
시간(time) 276~8, 337
식물(plants) 162~3
분류(ordering) 153~60
식물학(botany) 159
심장(hearts) 44~5, 102, 104~6

| ㅇ |

아낙시만드로스(Anaximander) 29
아리스토텔레스(Aristotle) 31, 41~9, 58, 88
과학에 미친 영향(influence on science) 58, 63~4, 66~7, 95~6, 98~9, 102~3
밀물과 썰물 관련(on tides) 147
지구 관련(on the earth) 197~8
아보가드로, 아메데오(Avogadro, Amedeo) 177~8
아우구스티누스, 성(Augustine, St) 62~3
아인슈타인, 알베르트(Einstein, Albert) 270, 273~9, 280, 337~8
$E=mc^2$ 273, 277, 341
아퀴나스, 성 토마스(Aquinas, St Thomas) 63, 64
알투시(al-Tusi) 60
암(cancer) 219, 220, 265, 266, 327, 333
암흑물질(dark matter) 337, 344, 345, 346
앙페르, 앙드레 마리(Ampère, André-Marie) 142
애닝, 메리(Anning, Mary) 190~1
약(drugs) 310~9, 353
양성자(protons) 259~62, 268, 341
양자역학(quantum mechanics) 259~60, 261, 262, 274~5, 279~81
양자전기역학(quantum electrodynamics, QED) 340
양전자(positron) 280
어셔 대주교(Ussher, Archbishop) 198~9
에너지(energy) 241~5
방사능(radioactivity) 268~72
'빛', '양자역학' 참조.
역학적 에너지(mechanical) 238
에라토스테네스(Eratosthenes) 31~2
에를리히, 파울(Ehrlich, Paul) 311
에테르(aether) 184
엑스선(X-rays) 263~5
유전자(genes) 321~4
엔트로피(entropy) 240~1, 244
엠페도클레스(Empedocles) 29
역사의 정의(history, defined) 197
역학적 에너지(mechanical energy) 238
『연구 일지(Journal of Researches)』(다윈) 207, 208
연금술(alchemy) 22, 69~70, 130~1, 266
열(heat) 241~5
열역학(thermodynamics) 241~2
염색체(chromosomes) 224, 293~8
염소(chlorine) 168, 179, 248, 249, 252
영구 운동(perpetual motion) 240
오렘, 니콜(Oresme, Nicolas) 67
오시안더, 안드레아스(Osiander, Andreas) 88~9
오언, 리처드(Owen, Richard) 193
온도(temperature) 242~4
온도경(thermoscopes) 242
온도계(thermometers) 242~4
와트, 제임스(Watt, James) 237, 238
왁스먼, 셀먼(Waksman, Selman) 314~5
왓슨, 제임스(Watson, James) 324~5, 328, 329
외르스테드, 한스 크리스티안(Oersted, Hans Christian) 181
용(dragons) 187
우라늄(uranium) 257~8, 262, 265~7, 268
우생학(eugenics) 298~9
우주론(cosmology) 199, 337
운동(motion)
뉴턴의 법칙(Newton's laws) 132~3, 151~2
영구 운동(perpetual motion) 240
운동론(kinetic theory) 256

원소(elements) 120, 168~9, 172~3, 175~6, 246~7, 248~53, 341
그리스의 4대 원소(four Greek) 29, 47, 120, 124, 161
'원자' 참조.
원인, 아리스토텔레스(cause, Aristotelian) 47~9
원자(atoms) 170, 171~8, 247~50, 255~6, 340~1
구성 요소(components of) 256~62
우주의 근본적인 힘(basic forces in the universe) 341
원자론(atomism) 29~31, 119~20
원자폭탄(atomic bombs) 270~2, 277
원자가(valence) 254
월드와이드웹(World Wide Web) 352~3
월리스, 앨프리드 러셀(Wallace, Alfred Russel) 213, 284
위생과 의학(hygiene, and medicine) 233~5
윌버포스, 새뮤얼 주교(Wilberforce, Bishop Samuel) 303~4
윌슨, 존(Wilson, John) 289
윌킨스, 모리스(Wilkins, Maurice) 323~4, 325
유기화학(organic chemistry) 176~7, 249
유럽입자물리연구소(European Organisation for Nuclear Research, CERN) 342, 352
유인원(great apes) 300
유전자(genes) 297~8, 321~7
유전학(genetics) 214, 290~9
인간 유전체 프로젝트(Human Genome Project) 328~35
유클리드(Euclid) 31, 58, 63, 337~8
육교(land bridges) 284~5
은하(galaxies) 150, 151, 336~7, 344~5
음양(陰陽) 18~9
의심(doubt) 111~2
의학(medicine)
갈레노스(Galen) 51~6
고대 이집트(ancient Egypt) 14~5
고대 중국(ancient China) 22~3, 25
대학(universities) 64~5
데카르트(Descartes) 116
세균 이론(germ theory) 226
약(drugs) 310~9, 353
위생(hygiene) 233~5
이슬람(Islamic) 60~1
인도(India) 23~4, 25
질병(disease) 225~36
파라셀수스(Paracelsus) 71~5
'해부학', '혈액' 참조.
히포크라테스(Hippocrates) 34~40
이븐 무아드(Ibn Mu'adh) 59
이븐 시나(Ibn Sina) 61, 64, 65
이븐 알샤티르(Ibn al-Shatir) 60
이슬람(Islam) 57~61, 198
이집트(Egypt) 12~5
인간 유전체 프로젝트(Human Genome Project) 328~35
『인간과 동물의 감정 표현(The Expression of the Emotions in Man and Animals)』(다윈) 302~3
인간의 기원(humans, origins of) 300~9
『인간의 유래(The Descent of Man)』(다윈) 215, 302
인도(India) 16~7, 23~5, 58~9
인류학(anthropology) 300~9
인슐린(insulin) 315~7
인위선택(artificial selection) 201~1, 213, 298
인터넷(Internet) 352
일반상대성이론(General Theory of Relativity) 277~8, 337~8
일본과 원자폭탄(Japan, and atomic bombs) 270~1

| ㅈ |

자기(magnetism) 21, 136~7, 142
전자기(electromagnetism) 181, 185, 341, 342
지구 자기장(of the earth) 288
자바 원인(Java man) 305

자연발생설(spontaneous generation) 221~2
『자연사(Histoire naturelle』(뷔퐁) 155~6
자연사(natural history) 45, 155~7, 197, 206
자연선택(natural selection) 210, 212, 213
『자연에서 인간의 위치(Man's Place in Nature)』(헉슬리) 302
『자연의 체계(Systema Naturae』(린네) 157
『자연학(Physics)』(아리스토텔레스) 44
『잠언집(Aphorisms)』(히포크라테스) 39
잡스, 스티브(Jobs, Steve) 353
장(fields) 183
장형(張衡) 21
저온 살균(pasteurisation) 226
전기(electricity) 137~43, 185
전신(telegraph) 183
전자(electrons) 254, 256~7, 258~62, 266, 278~80
  빅뱅(Big Bang) 341~2
전자기(electromagnetism) 181~2, 185, 341~2
『전자기론(Treatise on Electricity and Magnetism)』(맥스웰) 185
전지(batteries) 141, 175
점성술(astrology) 12, 64
제너, 에드워드(Jenner, Edward) 229~30, 235
조직학(histology) 217
존재의 대사슬(Great Chain of Being) 45~6, 154~5, 156, 301
종교(religion) 48~9, 110
  갈레노스(Galen) 56
  '기독교', '이슬람' 참조.
  데카르트(Descartes) 110
  사제(priests) 10~1, 14
  질병(disease) 36, 37
『종의 기원(On the Origin of Species)』(다윈) 209, 213~5, 291, 302
주기율표(periodic table) 252~3
줄, J. P.(Joule, J. P.) 242
중국(China) 16~23, 58
중력(gravity) 147, 151, 184, 277~8, 341
  암흑물질(dark matter) 345
중성자(neutrons) 261~2, 268, 269, 341
쥐스, 에두아르트(Suess, Eduard) 285
증기기관(steam engines) 124, 237~40, 241
지구(earth) '지질학' 참조.
지진(earthquakes) 282
지질학(geology) 20~1, 196~204, 282~9
『지질학의 원리(The Principles of Geology)』(라이엘) 202, 203~4, 208
진공(vacuums) 123
진화(evolution) 30, 203, 207, 213~4, 215, 236, 291, 295, 298
  인간(human) 302~9
질병(disease) 225~36
  결핵(tuberculosis) 232~3, 315, 318
  광견병(rabies) 230~1
  당뇨병(diabetes) 315~7
  암(cancer) 219, 220, 265, 266, 327, 333
  천연두(smallpox) 60~1, 227, 229~30
  콜레라(cholera) 227~9, 233
  탄저병(anthrax) 229~30, 232
  흑사병(Black Death, 전염병) 65~6, 123, 127, 129, 226~7

| ㅊ |

『창조의 자연사적 흔적(Vestiges of the Natural History of Creation)』(체임버스) 212
채드윅, 제임스(Chadwick, James) 261~2
천문학(astronomy) 11~2, 13~4, 15, 84~91
  갈릴레오(Galileo on) 93~100
  그리스(Greek) 32~3
  뉴턴(Newton) 131, 149
  데카르트(Descartes) 116
  라플라스(Laplace on) 151~2
  '빅뱅' 참조.
  우주망원경(Space Telescope) 338
  인도(Indian) 24~5
  중국(Chinese) 19~20
  중동(Middle Eastern) 60

허블(Hubble) 338~40
허셜(Herschel) 150~1
천연두(smallpox) 60~1, 227, 229~30
철학(philosophy) 42~8, 59~60, 109~17
체인, 언스트(Chain, Ernst) 312, 313
체임버스, 로버트(Chambers, Robert) 212
초파리(fruit flies) 296~7, 332
촉매(catalysts) 177

| ㅋ |

카르노, 사디(Carnot, Sadi) 238~40
카이오, 로베르(Cailliau, Robert) 352
칸니차로, 스타니슬라오(Cannizzaro, Stanislao) 251, 252
『캉디드(Candide)』(볼테르) 145~6
캐번디시, 헨리(Cavendish, Henry) 164
컴퓨터(computers) 334, 347~54
케쿨레, 아우구스트(Kekulé, August) 251, 253~4
케플러, 요하네스(Kepler, Johannes) 90~1
켈빈, 경(Kelvin, Lord) '톰슨, 윌리엄' 참조.
코페르니쿠스, 니콜라우스(Copernicus, Nicholas) 86~9
코흐, 로베르트(Koch, Robert) 231~5
콜레라(cholera) 227~9, 233
퀴리, 마리와 피에르(Curie, Marie and Pierre) 265~6
퀴비에, 조르주(Cuvier, Georges) 189~90, 201
크릭, 프랜시스(Crick, Francis) 324~6
클라우지우스, 루돌프(Clausius, Rudolph) 240~1

| ㅌ |

타웅 아이(Taung child) 305~6
타이슨, 에드워드(Tyson, Edward) 301
타일러, E. B.(Tylor, E. B.) 304
탄소(carbon) 172, 174, 176~7, 247, 249, 250, 253~4
연대 측정(dating) 267~8
탄저병(anthrax) 229~30, 232
탈레스(Thales) 28~9
태양(sun) 59, 67, 84, 85~8, 91, 97, 148, 199, 241, 339, '천문학' 참조.
톰슨, J. J.(Thomson, J. J.) 256, 257, 264
톰슨, 윌리엄(Thomson, William) 243
튜링, 앨런(Turing, Alan) 349~50
트루먼, 해리(Truman, Harry) 271
특수상대성이론(Special Theory of Relativity) 275~6

| ㅍ |

파라셀수스(Paracelsus) 70~5
파라오(Pharaohs) 14
파렌하이트, 다니엘 가브리엘(Fahrenheit, Daniel Gabriel) 243
파브리치우스, 아쿠아펜덴테 가문(Fabricius of Acquapendente) 102~3
파스퇴르, 루이(Pasteur, Louis) 222~4, 226, 229~31
파시스트(Fascists) 269~70
파인만, 리처드(Feynman, Richard) 340
패러데이, 마이클(Faraday, Michael) 179~84
패킷 교환(packet switching) 351
페니실린(penicillin) 312~6
페르미, 엔리코(Fermi, Enrico) 269
펜로즈, 로저(Penrose, Roger) 344
포프, 알렉산더(Pope, Alexander) 145
폴링, 라이너스(Pauling, Linus) 322~3
폴즈, 마리안 피에레트(Paultze, Marie-Anne Pierrette, 훗날 라부아지에 부인) 167, 168
폼페이(Pompeii, 이탈리아) 197
푸셰, 펠릭스(Pouchet, Félix) 222, 223
프네우마(pneuma) 54~5
프랭클린, 로잘린드(Franklin, Rosalind) 324, 325
프랭클린, 벤저민(Franklin, Benjamin) 138~40, 142, 171
프론토실(Prontosil) 311
프리드만, 알렉산드르(Friedman, Alexander) 343~4

프리스틀리, 조지프(Priestley, Joseph) 164~6, 167
『프린키피아(Principia)』(뉴턴) 132~5, 146, 185
프톨레마이오스, 클라우디오스(Ptolemy, Claudius) 32~3, 63
플라톤(Plato) 42
플랑크, 막스(Planck, Max) 273~5
플레밍, 알렉산더(Fleming, Alexander) 312~3
플로레스인(Flores man, '호빗') 308
플로리, 하워드(Florey, Howard) 312, 313, 314
플로지스톤(phlogiston) 165~6
피드백 원리(feedback mechanisms) 186
피뢰침(lightning rods) 140
피르호, 루돌프(Virchow, Rudolf) 219~20, 223, 293
피어슨, 칼(Pearson, Karl) 294
필트다운인(Piltdown man) 306~7

| ㅎ |

하비, 윌리엄(Harvey, William) 55, 94, 102~7
하이젠베르크, 베르너(Heisenberg, Werner) 279~80
하트립, 새뮤얼(Hartlib, Samuel) 119
합성(synthesis) 247~8
항생제(antibiotics) 312~6, 317~9
해부(dissection)
  동물(animals) 53, 105, 189, 301
  인간(human) 53, 65, 76~82
해부학(anatomy) 53~6, 65, 76~83
  근육(muscles) 140, 143
  '혈액' 참조.
핵물리학(nuclear physics) 262
핼리, 에드먼드(Halley, Edmund) 131~2
행렬을 활용한 수학(matrix, mathematics) 279
허블, 에드윈(Hubble, Edwin) 338~9
허셜, 윌리엄(Herschel, William) 150~1
헉슬리, 토머스 헨리(Huxley, Thomas Henry) 301~2, 303~4, 309
헤로도토스(Herodotus) 27
헤스, 해리(Hess, Harry) 286
헤일스, 스티븐(Hales, Stephen) 162~3
현미경(microscopes) 96, 107, 122~3, 216~7, 218, 219, 223
혈액 순환(circulation, blood) 101~7, 114
혈액(blood) 54~5, 81, 114, 124
  수혈(transfusions) 122
  순환(circulation) 101~7
  혈압(pressure) 162
호일, 프레드(Hoyle, Fred) 345~6
호지킨, 도로시(Hodgkin, Dorothy) 322
호킹, 스티븐(Hawking, Stephen) 344
홀데인, J. B. S.(Haldane, J. B. S.) 295
홀러리스, 허먼(Hollerith, Herman) 348
홈스, 아서(Holmes, Arthur) 287
화석(fossils) 188~9, 284, 305~9
화약(gunpowder) 21~2
『화학 원론(Traité élémentaire de chimie)』(라부아지에) 169
화학(chemistry) 68~75, 116, 118~25, 246~54
  공기화학(pneumatic) 163~9
  기체(gases) 162~4
  생물학(biology) 219, 320~3
  원자(atoms) 172~8, 255~6
  유기화학(organic) 176~7, 249
  중국(Chinese) 21~2
황(sulphur) 311
훅, 로버트(Hooke, Robert) 121~5, 130
휘발유(petrol) 245
흑사병(Black Death, 전염병) 65~6, 123, 127, 129, 226~7
히틀리, 노먼(Heatley, Norman) 313~4
히포크라테스(Hippocrates) 34~40, 52
힉스 보손(Higgs Boson) 342

과학의 역사

초판 1쇄 인쇄 | 2023년 6월 19일
초판 1쇄 발행 | 2023년 6월 26일

지은이 | 윌리엄 바이넘
옮긴이 | 고유경
펴낸이 | 박남숙

펴낸곳 | 소소의책
출판등록 | 2017년 5월 10일 제2017-000117호
주소 | 03961 서울특별시 마포구 방울내로9길 24 301호(망원동)
전화 | 02-324-7488
팩스 | 02-324-7489
이메일 | sosopub@sosokorea.com

ISBN 979-11-88941-95-7 03400
책값은 뒤표지에 있습니다.